北京石质文物
结构检测与保护研究

张 涛 著

学苑出版社

图书在版编目（CIP）数据

北京石质文物结构检测与保护研究 . 第一辑 / 张涛著 . — 北京：
学苑出版社，2020.10
ISBN 978-7-5077-6039-2

Ⅰ . ①北… Ⅱ . ①张… Ⅲ . ①石器—文物保护—研究—北京
Ⅳ . ① K876.24

中国版本图书馆 CIP 数据核字（2020）第 193741 号

责任编辑：周 鼎 魏 桦
出版发行：学苑出版社
社 址：北京市丰台区南方庄 2 号院 1 号楼
邮政编码：100079
网 址：www.book001.com
电子信箱：xueyuanpress@163.com
联系电话：010-67601101（营销部）、010-67603091（总编室）
经 销：全国新华书店
印 刷 厂：英格拉姆印刷(固安)有限公司
开本尺寸：889×1194 1/16
印 张：27.25
字 数：367 千字
版 次：2020 年 11 月第 1 版
印 次：2020 年 11 月第 1 次印刷
定 价：600.00 元

编著委员会

主　编：张　涛

副主编：王菊琳　张中俭　杜德杰

编　委：姜　玲　胡　睿　王丹艺　夏艳臣　张瑞姣

　　　　刘　恒　房　瑞　刘易伦　岳　明

目录

第一章　绪　论

石质文物是指历史遗留的以天然石材为原料，经过人类加工改造过的具有历史、艺术、科学价值的遗物和遗迹。石质文物在我国各类文物中占有极大的比例，从石器时代的岩画和石质生产工具、石器，到历代的石窟造像、经幢石塔、石牌坊、石桥、石碑、石雕、石刻和各类石质古建筑等等，这些文物在长期的历史岁月中遭受自然作用，破坏严重。

北京有着3000余年的建城史和778年的建都史，从金朝开始，元、明、清也将北京定位首都。北京市内的石质文物数量庞大，是世界文化遗产的重要组成部分，例如故宫、国子监、云居寺、十三陵、天坛、圆明园、颐和园、人民英雄纪念碑等。随着时间的流逝，在自然营力作用下，这些石质文物经历着不同程度的风化侵蚀，严重威胁着文物的继续保存。在对石质文物进行维修和保护之前，首先需要对石质文物病害进行诊断，包括石质文物病害形式是什么？病害是如何产生的？本报告首先拟对北京市石质文物的病害类型进行调查，并对其病害产生的原因进行初步分析。

课题研究前和课题研究过程中对北京地区石质文物的岩性进行调查，发现北京地区石质文物的主要材质是大理岩，且以汉白玉和青白石居多。下表列出了北京地区16处石质文物的名称和石质构件的岩性。

部分北京市石质文物的石材岩性统计表

文物名称	所在区县	建造年代	石材的岩性	说明
故宫	东城区	1406 年～1420 年	大理岩	大理岩主要为汉白玉
颐和园	海淀区	始建于清朝乾隆年间、重建于清光绪年间	大理岩等	大理岩主要为汉白玉
圆明园	海淀区	清乾隆年间	大理岩等	大理岩主要为汉白玉
天坛	东城区	1420 年	大理岩等	主要为汉白玉，部分为青白石

文物名称	所在区县	建造年代	石材的岩性	说明
孔庙	东城区	1302年~1306年	大理岩、石灰岩、砂岩等	包括进士题名碑在内，大理岩为汉白玉和青白石
国子监	东城区	1306年	大理岩等	大理岩主要为汉白玉和青白石
石经山	房山区	605年	大理岩	大理岩主要为汉白玉和青白石
先农坛观耕台	西城区	清乾隆年间	大理岩	汉白玉
五塔寺	海淀区	始建于明永乐（1403年~1424年）	大理岩和石灰岩	五塔寺大部分由石灰岩组成，部分栏杆为大理岩。五塔寺内的诸多石碑以大理岩（汉白玉）和石灰岩为主。
西黄寺清净化城塔	朝阳区	1781年~1782	大理岩、砂岩	大理岩主要为汉白玉
十三陵长陵	昌平区	1409年	大理岩、石灰岩等	大理岩主要为汉白玉
卢沟桥	丰台区	重建于清康熙年间	大理岩、花岗岩	栏杆和石碑为汉白玉，桥面为花岗岩
八大处	石景山区	始建于隋末唐初，后代重修	大理岩等	石碑的材质大多为汉白玉
毛主席纪念堂	东城区	1976年~1977年	大理岩、花岗岩	大理岩主要为汉白玉
人民英雄纪念碑	东城区	1952年~1958年	大理岩、花岗岩	大理岩主要为汉白玉
古崖居	延庆区	不详	砂砾花岗岩	—

上表所列举的石质文物基本涵盖了北京市著名的石质文物，并且这些石质文物时间跨度长（从隋代到现代）、分布也比较广泛（从市区到郊区），可以说具有一定的代表性。从表中可以看出，北京市石质文物以大理岩（尤其是汉白玉）为主，部分为石灰岩、砂岩和花岗岩。

鉴于此，本报告拟以北京市大理岩石质文物为主要调查对象，兼顾石灰岩石质文物。考察中发现汉白玉主要用于栏杆、雕刻、石碑等，而青白石主要用于古建筑的台明石、套顶石以及石桥、石板等承重构件。所以，本报告将以汉白玉和青白石为例，研究房山大理岩的矿物学和岩石学性质，为后续研究课题打下基础。因为文物所处风化环境及石材性质基本相同，北京地区大理岩石质文物的风化病害具有相似性。所以，

本报告拟选取有代表性的文物场所进行石质文物的病害调查：市区主要选择天坛，辅以孔庙＆国子监和先农坛观耕台；郊区主要选择石经山和十三陵。

总之，本报告的研究对象为北京地区汉白玉和青白石两类大理岩石质文物，本报告的研究内容为北京地区汉白玉和青白石石质文物的风化病害、风化机理以及从地质角度研究汉白玉和青白石的矿物学和岩石学性质。

1. 石质文物的病害的定义及其分类

1.1 石质文物病害的定义

1992 年，在由中国地质大学的潘别桐和中国文物保护研究所的黄克忠主编的《文物保护与环境地质》[1] 一书中正式提出了"环境地质灾害"的概念。按照病害的主要成因，将地质灾害环境划分为两大类。一类是由于自然地质作用引起的地质灾害；另一类是由于人类生产或工程活动，引起自然环境改变，在改变后的自然环境营力作用下，引起第一类地质灾害的加剧或诱发新的环境地质病害。基于对我国石窟寺常见的环境地质病害调查研究，提出了 9 类主要病害类型。

然而，上述环境地质灾害的研究对象是石窟寺。石窟寺是在地质体内开凿建造的，与脱离了地质体的石碑、石栏杆、石桥等有差异。基于上述原因，李宏松[2] 对于石质文物病害给出了的定义为"石质类文物在自然营力作用和人为因素影响下所形成的，影响文物结构安全和价值体现的异常或破坏现象"。同时，石质文物病害的按照现象和风化形式可分成三类：结构失稳病害、渗漏侵蚀病害、文物岩石材料劣化病害。

张金凤[3] 也曾给出石质文物病害的概念。她认为石质文物病害与风化、劣化意义相同，是指石质文物由于物理状态和化学组分改变而导致价值缺失或功能损伤。按照石质文物病害的不同表现，可分为三大类：稳定性问题、水的渗漏侵蚀问题、风化问题。

另外，据国家文物局 2008 年颁布的《石质文物病害分类与图示》，所谓石质文物病害，是指在长期使用、流传、保存过程中由于环境变化、营力侵蚀、人为破坏等因素导致的石质文物在物质成分、结构构造、甚至外貌形态上所发生的一系列不利于文物安全或有损文物外貌的变化为石质文物的病害。

1.2 病害形态分类

由于文物岩石材料病害极为复杂，多年来各国从事石质文物保护的科学家都在致力于病害类型划分和界定的研究。目前，意大利、德国、英国、美国和有关国际石质文物保护学术组织都先后提出了相关研究成果。中国国家文物局在 2008 年也颁布了《石质文物病害分类与图示》。目前，国外更多地以德国亚琛工业大学 Fitzner B. 教授提出的 4 级风化形态分类[4,5]和国际古迹遗址理事会石质学术委员会（ICOMOS-ISCS）提出的 3 级分类为标准[6]。

鉴于 Fitzner B. 教授提出的 4 级风化形态分类较为复杂，本报告拟以国际古迹遗址理事会石质学术委员会（ICOMOS-ISCS）提出的 3 级分类为标准给出北京大理岩的风化病害。在此之前，首先简要介绍该风化病害的分类标准。该分类标准是以现象为依据，共有 3 级分类结构（见下图）。其中第一级由裂隙与变形、分离、材料缺失、变色与沉积、生物寄生 5 个部分组成。二级界定的独立类型共计 35 个，三级界定的类型 32 个。

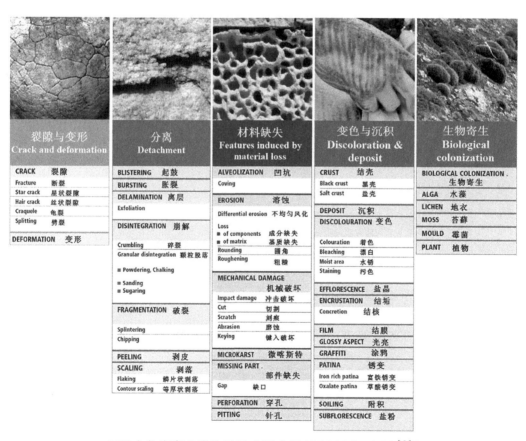

石质文物病害分类体系及术语（据 ICOMOS-ISCS[6]）

另外，本报告还结合中国国家文物局在 2008 年颁布的《石质文物病害分类与图示》[7]标准。该标准共分为文物表面生物病害、机械损伤、表面（层）风化、裂隙与空鼓、表面污染与变色、彩绘石质表面颜料病害、水泥修补等 7 类一级分类及若干二级分类。

2. 北京大理岩石质文物风化病害及风化原因分析

随着时间的推移，这些石质文物都经历着不同程度的病害，有的已经完全毁坏无法修复。下图给出相关病害类型的照片，可以作为参考。

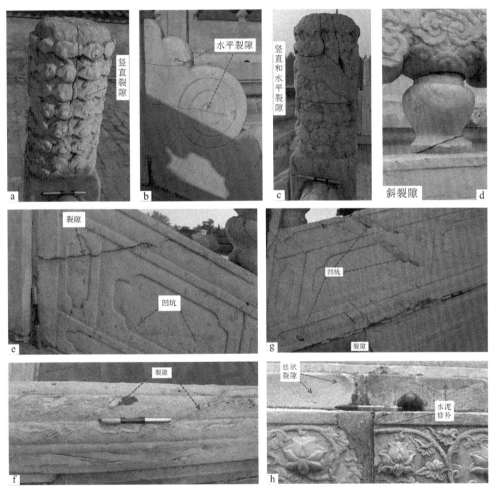

说明：（1）a、b、c、e、g 拍摄于天坛；d 拍摄于十三陵长陵；f、h 拍摄于先农坛观耕台
（2）a、b、c、d、e 裂隙宽度 2 毫米～5 毫米，且都已贯穿石构件，可称之为断裂（见上页图）。
（3）f、g 的裂隙宽度小于 2 毫米、深度不足 5 毫米，并且这些裂隙都是相互平行的，应该与原生的构造裂隙有关。另外，该两条裂隙的形成机理和原因见后文图及相关论述。
（4）h 的裂隙宽度小于 0.1 毫米，称之为丝状裂隙。

裂隙（断裂与丝状裂隙）

在明十三陵石牌坊基座夹柱石表面存在几条较长、宽的裂缝，这些裂缝主要是竖向或者斜向裂缝，是由于其上柱子、梁等产生的压力造成的荷载裂缝，如下图所示。由下表中裂缝宽度、长度数据可知，这些裂缝属于断裂。由图可以看出这些裂隙较为严重，对石牌坊的安全性与稳定性存在较大隐患。

明十三陵石牌坊表面裂缝状况

石牌坊表面裂缝尺寸

图片编号	裂缝表面状况	裂缝长度 / 毫米	裂缝宽度 / 毫米
左上	泛白、植物附着、剥落	50 ± 5	0.1—1
右上	尘土沉积、轻微风化	45 ± 5	2—3
下部	植物附着、轻微风化	40 ± 5	3—27

下图所示的（a）~（d）都拍摄自天坛，（e）、（f）拍摄自国子监。龟裂即为网状的裂隙，也称为鞍裂。

裂隙（龟裂）

　　下图拍摄于天坛，其病害形式为颗粒脱落和结壳。颗粒脱落主要表现为单一颗粒或颗粒的集合体脱落于母岩。在石质文物风化病害调查地点有限，虽然仅在天坛发现颗粒脱落现象。但是作者认为，颗粒脱落是北京大理岩（尤其是汉白玉）石质文物中比较严重、也比较有代表性的一种病害形式。

　　据北京市古代建筑研究所张涛，在 2013 年维修天安门金水桥时，发现桥面最外层为一层的硬壳，硬壳里面都是呈砂状的大理岩粉末。

　　中国地质大学（北京）张彬副教授在房山周口店地区进行地质调查时，曾发现大理岩最外层有一层硬壳，用地质锤轻轻一敲，硬壳就破碎，在硬壳里面都是白色的大理岩粉末。这种地质现象与金水桥桥面发生的病害基本一致。

颗粒脱落和结壳

据某报告，在房山区韩村河镇皇后台村钻孔时，约有 20m 的长度没有取到完整岩芯，打捞上来的全是白色粉细砂；而在大石窝镇北尚乐村和青龙湖镇辛庄村修建水井，在水井竣工后洗井时，发现水中也含有大量白色粉细砂。显然，这些粉细砂都是白云石颗粒。

取自房山大石窝镇的新鲜汉白玉进行单轴抗压强度测试，发现岩样被压裂后几乎呈粉状。另外，部分青白石压裂后也发生了碎裂。

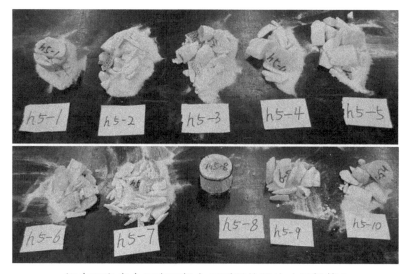

汉白玉和青白石在压机上压裂后的照片（呈粉状）

汉白玉和青白石在压机上压裂后的照片（发生碎裂）

大理岩是一种变质岩。它是原岩较为纯的石灰岩或白云质灰岩、白云岩，经接触变质后，发生重结晶形成的均粒状变晶结构的一种变质岩。其白云石矿物颗粒之间的连接是一种紧密镶嵌结构。然而，在大气降水（包括酸降）等的溶蚀下，会导致：

（1）白云石矿物颗粒被溶解，白云石矿物晶体内会形成裂隙、溶孔等；

（2）白云石矿物晶体之间的裂隙会逐渐增大，岩石的孔隙增大，镶嵌结构也被逐渐遭受破坏，颗粒之间的结构力降低。

随着溶蚀的继续进行，白云石矿物沿着晶体内的裂隙和溶孔裂开，同时白云石矿物颗粒之间的结构力学完全丧失，大理岩最终变成粉末状颗粒。在重力作用下，会形成颗粒脱落病害。

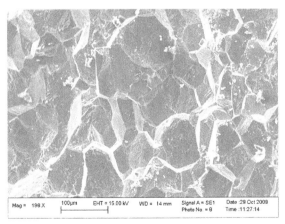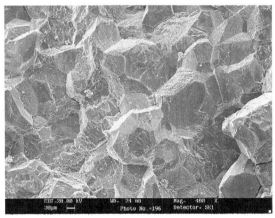

新鲜汉白玉的扫描电镜照片，白云石晶体紧密镶嵌

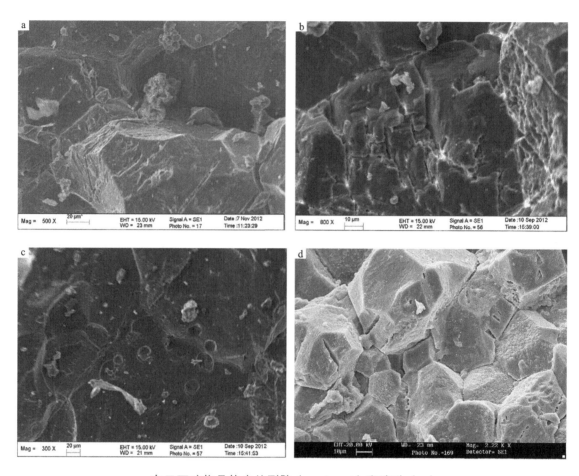

白云石矿物晶体内的裂隙（a、b、d）和溶孔（c）

说明：图a～c为石经山某石栏杆等厚状剥落物；图d为西黄寺清净化城塔鳞片状剥落物（来自李宏松[8]）。

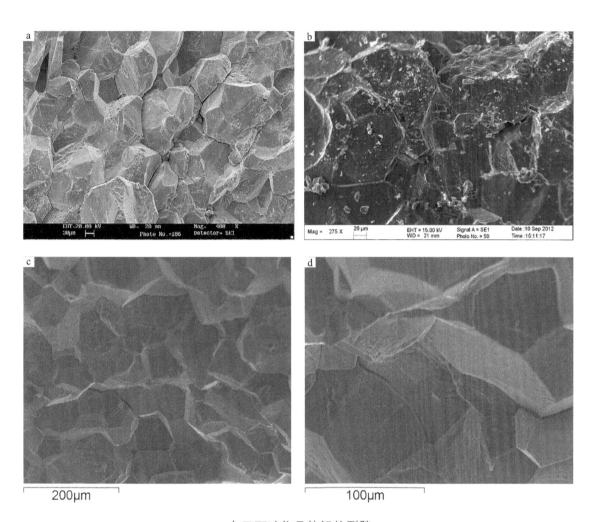

白云石矿物晶体间的裂隙

说明：图 a 为西黄寺清净化城塔鳞片状剥落物（来自李宏松[8]）；图 b 为石经山某石栏杆等厚状剥落物；图 c、图 d 为天坛某栏杆的剥落物。

图中还显示出该处大理岩有结壳病害。该处大理岩的颗粒脱落病害并未从岩石的表层开始脱落。岩面的最外层为一层厚度约 3 毫米～5 毫米、黑色的硬壳，该硬壳可称为结壳病害。初步分析，该黑色硬壳的主要成分应该是石膏（$CaSO_4 \cdot 2H_2O$）。

石膏（$CaSO_4 \cdot 2H_2O$）是一种结晶膨胀性矿物，表面有微孔隙，易吸收灰尘及空气中未燃烧完全的碳氢化合物，便形成了黑色的污垢层。而污垢层多孔，是水、气体、离子等的通道和载体，所以污垢层内部会继续发生病害，污垢层厚度会缓慢增长[9]。作者不仅在天坛汉白玉石质文物中发现了石膏，在云居寺石经山某栏杆中也发现了石膏矿物（如下图左侧照片的箭头所指）。石膏的存在可以根据右侧能谱图及元素含量来证明。作者利用 X 射线衍射和扫描电镜研究河北邯郸南响堂寺灰岩石质文物时也发现了石膏的存在。李宏松[8]利用 X 射线衍射方法在西黄寺大清净化城塔的大理岩剥落物中也检测到石膏。张秉坚[9]在研究杭州白塔时，利用 X 射线衍射发现石材的表面黑垢就是石膏。何海平[10]利用 X 射线衍射和 X 射线荧光分析方法研究北京孔庙进士题名碑时，在多个大理岩石碑的风化剥落物中都发现了石膏的存在。而 Siegesmund[11] 发现在匈牙利布达佩斯灰岩石质文物上的黑色硬壳主要是石膏，并认为该结壳是环境污染（指 SO_2 和灰尘）造成的。

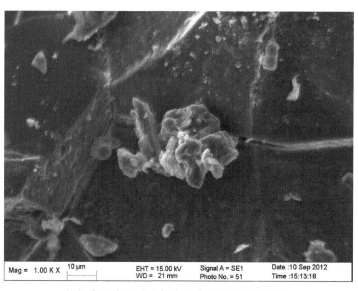

（a）大理岩石质文物中石膏矿物的微观形态

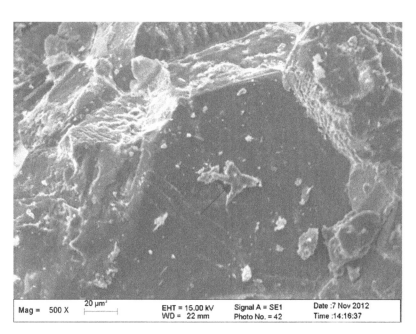

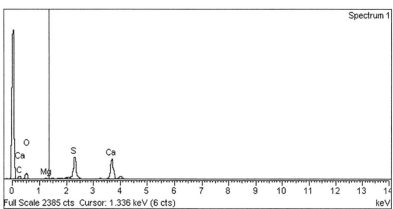

Element	Weight%	Atomic%
C	21.09	35.49
O	29.03	36.67
Mg	0.82	0.68
S	19.15	12.07
Ca	29.9	15.08
Totals	99.99	99.99

（b）大理岩石质文物中扫描电镜照片（左）及能谱图（右）

取自房山云居寺石经山的风化汉白玉中发现石膏矿物

据分析，石膏的出现就是由于空气中的 SO_2 与雨水结合形成亚硫酸（H_2SO_3），而亚硫酸氧化后变成硫酸（H_2SO_4），再与 $CaCO_3$ 反应，形成 $CaSO_4 \cdot 2H_2O$。其具体反应过程如下化学方程式所示：

$$SO_2 + H_2O = H_2SO_3$$
$$2H_2SO_3 + O_2 = 2H_2SO_4$$
$$H_2SO_4 + CaCO_3 = CaSO_4 + CO_2 + H_2O$$
$$CaSO_4 + 2H_2O = 2CaSO_4 \cdot 2H_2O$$

下图分别给出了等厚状剥落风化和鳞片状剥落风化的照片。

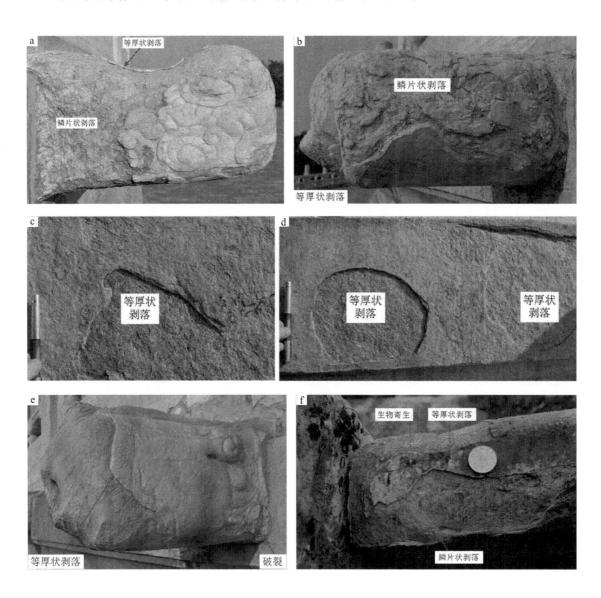

等厚状剥落

等厚状剥落&龟裂

说明：

（1）a、b、c、d、e拍摄于天坛；f、g拍摄于石经山；h拍摄于十三陵长陵。

（2）等厚状剥落是指剥离面平行于岩石表面，且剥落物的厚度基本相等，一般在（2毫米～3毫米）～10毫米。

（3）等厚状剥落应该主要是大理岩中矿物的热胀冷缩作用导致的，具体分析见后文。

剥落（等厚状剥落）

生物寄生　　　　　　　　　　　　　　　　　　　鳞片状剥落

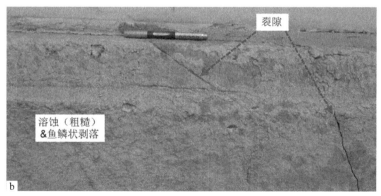

裂隙

溶蚀（粗糙）&鱼鳞状剥落

说明：a、b、拍摄于天坛；c拍摄于十三陵长陵；d拍摄于先农坛观耕台。

剥落（鳞片状剥落）

  笔者认为，龟裂病害和剥落风化病害的主要原因就是大理岩中矿物的热胀冷缩作用导致的。

  北京大理岩的主要矿物成分为白云石。纯的白云石是三方晶系，它们在不同方向的膨胀系数是不同的。当温度反复变化时，白云石的各个方向就有不同程度的胀或缩。另外，北京大理岩中有的还含有一定量的方解石和石英。各个矿物颗粒之间的膨胀系数也不相同。温度反复变化时，不同矿物也有不同的胀或缩。这样，原先连接在一起的白云石颗粒或者不同的矿物颗粒就会彼此脱离开，使完整的大理岩破裂。

  另一方面，岩石（包括大理岩）是热的不良导体，当大理岩的向阳面处在太阳光的直接辐射下时，大理岩表层升温很快，由于热向岩石内部传递很慢，遂使大理岩内外之间出现温差。大理岩中的白云石向三个方向膨胀的量值各有不同，如果大理岩中还含有方解石、石英其他矿物的话，各部分矿物就按照自己的膨胀系数膨胀，于是在大理岩的向阳面内外之间出现与表面平行的风化裂隙。到了夜晚，向阳面吸收的太阳辐射正继续以缓慢的速度向岩石内部传递时，大理岩表面迅速散热降温，体积收缩，而内部岩石仍在缓慢地升温膨胀，此时出现的风化裂隙垂直于岩石表面[12]，彼此网状相连，形成了类似龟裂的现象。久而久之，这些风化裂隙日益扩大、增多，被这些风化裂隙割裂开来的大理岩表皮层层脱落。就形成了等厚状剥落或鳞片状剥落现象。

ICOMOS–ISCS 定义的穿孔指某些生物（如蜜蜂、蜘蛛等）钻入岩石表面一定深度形成的小孔穴。而针孔是指毫米级或小于毫米的小孔，一般呈圆柱形或圆锥形。这些小孔相互之间基本没有连通。所研究的大理岩石质文物的孔穴不像上述穿孔或针孔。根据李宏松[2]的研究，这一类孔穴可定义为溶孔，即"岩石内部不均一，造成石材原表面溶蚀后形成的小型孔洞的现象。多发生在大理岩石材表面"。具体见下图所示，石牌坊基座表面分布若干大小不等的孔洞，通过测量可知这些孔洞孔径为 3 毫米～35 毫米不等，孔深较难测量。且不论这些孔洞是不是溶孔，或许为其他因素（比如人为）造成的，总之，较大较深的孔洞会影响基座的强度和承受荷载的能力，且孔洞中容易积聚腐蚀介质和生物质等而使孔洞有继续深挖的倾向。

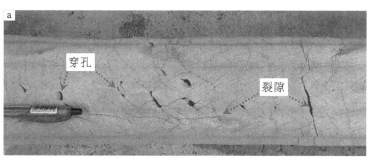

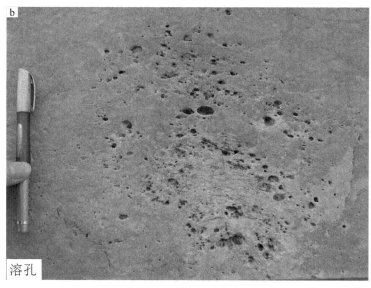

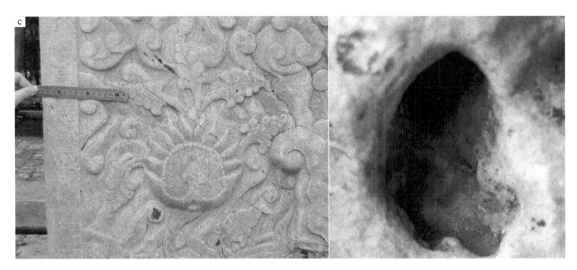

说明：a拍摄于先农坛观耕台；b为青白石，拍摄于天坛；c拍摄自明十三陵石牌坊。

溶孔

至于上图所示溶孔发生的原因，可以作以下解释：

在相同温度下，白云石的溶解度大于方解石的结论。但是白云石的溶解速度仅为方解石的 1/3～1/4。所以，当水（主要指大气降水）降落于含有方解石的白云质大理岩表面时，首先会溶解方解石矿物颗粒，而使整个岩体中产生细小的孔洞，形成如上图所示的溶孔。当溶孔尺寸较大时便形成了凹坑。

虽然白云石的溶解速度慢，但是它在降水（特别是水中 H^+ 离子）的作用下也能发生缓慢的溶解（其溶解度大于方解石的溶解度）。表层的白云石矿物首先发生溶解，且这种溶解比较均匀，导致溶解后的石质文物表层较为平滑。这种石质文物失去初始平面的现象，可称为溶蚀（如下图所示的溶蚀）。在地层岩性方面，房山大石窝所开采的主要石材都属于蓟县系（J_x）雾迷山组（J_{xw}）。它是一套富镁的巨厚碳酸盐岩建造，富含燧石（燧石的矿物成分为石英）。作者在距房山大石窝采石场几公里远的石经山上就发现了含有燧石条带的大理岩（如下图所示）。显然，燧石不容易发生溶解的。当富含燧石的大理岩中的白云石矿物缓慢溶解之后，本来平整的石板面就会凸显出燧石条带。这种现象称之为不均匀风化（或不均匀溶蚀），如下图 c 和 e 所示的不均匀风化。

说明：a 拍摄于先农坛观耕台；b 拍摄于石经山；c～e 拍摄于天坛。

溶蚀（包括圆角和不均匀风化）

云居寺石经山中的汉白玉含有燧石条带（厚0.5厘米～2.0厘米）

下图所示的病害拍摄于国子监，该病害也是由于方解石的溶解形成的。按照ICOMOS-ISCS 的分类，将其称之为微喀斯特（Karst）病害。喀斯特，国内也称之为岩溶。凡是以地下水为主、以地表水为辅，以化学过程为主（溶蚀与淀积）、机械过程为辅（流水侵蚀和沉积、重力崩塌和堆积）的、对可溶性岩石的破坏和改造作用，称为喀斯特作用。由这种作用所产生的水文现象和地貌现象统称为喀斯特。所谓微喀斯特是指碳酸盐岩石表面形成的毫米到厘米尺度、网状的裂隙。微喀斯特现象也是由于差异性溶蚀引起的。

微喀斯特

　　下图所示的部件缺失就是由于某种原因构件的某些部位缺失的现象。一般情况下，某些凸出部位比较容易缺失，比如图 c、d、e 所示的兽首的头部凸出部位。图 a、b 的缺失原因未知，如果是机械外力导致的，则该类病害应该属于机械破坏。

说明：a 拍摄于先农坛观耕台；b、c、d 拍摄于天坛；e 拍摄于十三陵长陵。

部件缺失

下图所示的病害可归为一类即变色，指色彩的三要素中的一种或多种发生了变化。所谓色彩的三要素指色彩的色相、明度和饱和度（纯度）。色相是色彩中最重要的特性，它是指从物体反射或透过物体传播颜色。明度表示色所具有的亮度和暗度。而饱和度指用数值表示色的鲜艳或鲜明的程度。

需要特别说明的是，图 d 所示污色是因为游人的触摸而使汗渍等留在大理岩表面导致的。按照国家文物局颁布的《石质文物病害分类与图示》标准，也可定为人为污染。

说明：a、b、d 拍摄于天坛；c 拍摄于石经山。

变色（包括污色）

因温度和湿度适宜，在石质文物的某些位置会出现生物，包括植物和低等的苔藓、地衣、霉菌，可称之为生物寄生，如下图所示。

说明：a 拍摄于国子监，b 拍摄于天坛

生物寄生

　　下图给出了各种不正当的人工修复、加固的图片。按照国家文物局颁布的《石质文物病害分类与图示》标准，这也是一种病害。

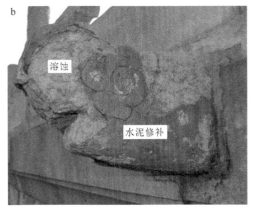

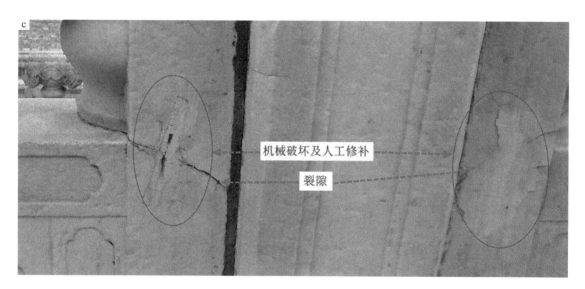

说明：a、b拍摄于天坛，c拍摄于十三陵长陵。

不正当的人工修复和加固

现场考察时，发现某些悬臂突出的石构件在应力集中最大的部位（如悬臂交接部位）容易发生破裂，如下图所示的天坛螭首散水病害情况。

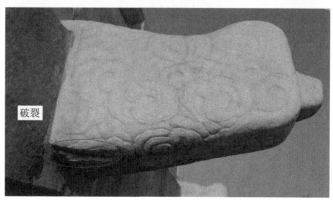

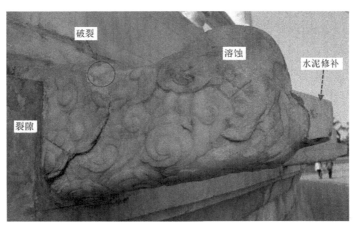

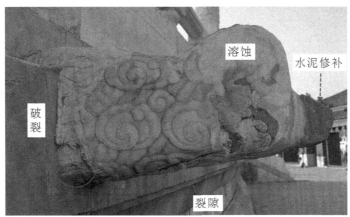

悬臂的螭首散水在应力集中处容易发生破裂病害

据分析，由于悬臂构件的重力作用，会在构件各个部位产生弯矩，该弯矩在交接部位达到最大值。在交接部位的上顶点会产生最大的拉应力，最下点则产生最大的压应力。虽然上述压应力和拉应力还达不到大理岩的抗拉和抗压强度，但是（1）在长期风化作用下，大理岩的抗压和抗拉强度会降低；（2）某些应力集中部位由于原生层面的影响也许会产生微小的裂隙，这些微小的裂隙受到进一步风化作用时会进一步扩展。某些不利因素或不利因素的组合作用下，悬臂突出的构件可能会从交接处断裂。2011年故宫汉白玉某螭首因裂纹贯穿而突然断裂[13]。

3. 北京地区石质文物的矿物学和岩石学特征

前面已经说明，本报告主要研究北京大理岩的基本性质（包括其矿物学和岩石学特征），简单涉及石灰岩的矿物学和岩石学特征。

3.1 房山大石窝的地层岩性

大石窝镇在房山区西南部，位于北京城区西南 70 千米。它东邻长沟镇，南接河北省涿州市，西连张坊镇，西南接壤河北省涞水县，北接韩村河镇的上方山地区，如下图所示。

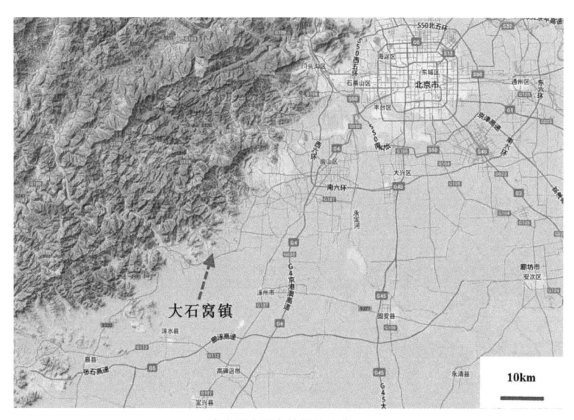

房山区大石窝镇的地理位置

房山区已探明的大理岩资源储量为 2450 万立方米，汉白玉储量达 80 万立方米。而大石窝镇又是房山大理岩的主产区。据《房山县志》卷三记载"大石窝在房山西南六十里黄龙山下，前产青白石后产白玉石，小者数丈，大者数十丈，宫殿建筑多采于此"。房山大石窝镇的大理岩矿石储藏量丰富，品种多达 13 种（俗称 13 弦），即汉白玉、艾叶青、明柳、大六面、小六面、青白石、砖碴、芝麻花、大弦、小弦、黑大石、黄大石、螺丝转。

在房山地区大理岩岩层中，靠近地表的一层是青白石，而汉白玉一般距地表十几米深。据报道[14]，汉白玉作为一种高品质大理石，一般深藏于地下。它是石层中最深

的一层，一般有 90 厘米到 150 厘米厚。在开塘采石时，一般要经过 12 层发掘才能见到汉白玉。这十二层依次为：一层土、二层青白玉、三层混柳子、四层小六面、五层大六面、七层麻沙、八层花铁子、九层麻沙、十层三胖、十一层麻沙、十二层汉白玉。

北京大理岩的主产区大石窝镇在房山区西南部。从地层上讲，大石窝所开采的主要石材属于中元古界蓟县系雾迷山组（Pt_2^2w）。下图给出了大石窝镇附近区域的地质概况。雾迷山组是一套富镁的巨厚碳酸盐岩建造。其主要特征为：（1）岩性以白云岩为主，其次为硅质岩，含少量泥质岩；（2）岩性层序比较稳定、富含各种形态的藻叠层石；（3）形态多样的硅质岩（值硅质条带、团块）；（4）种类繁多的粒（砾）屑白云岩；（5）显著的沉积韵律等[15]。

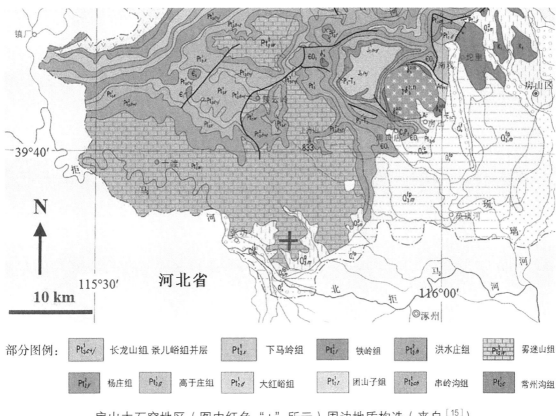

部分图例：[Pt_{3cj}^1] 长龙山组 景儿峪组并层　[Pt_{3x}^1] 下马岭组　[Pt_{3t}^1] 铁岭组　[Pt_{2h}^1] 洪水庄组　[雾迷山组] 雾迷山组

[Pt_{2y}^1] 杨庄组　[Pt_{2g}^1] 高于庄组　[Pt_{2d}^1] 大红峪组　[Pt_{2t}^1] 团山子组　[Pt_{2ch}^1] 串岭沟组　[Pt_{2c}^1] 常州沟组

房山大石窝地区（图中红色"+"所示）周边地质构造（来自[15]）

由于动热变质作用，雾迷山组的白云岩在房山大石窝一带变为白云质大理岩，其中色白纯洁如玉者被称为汉白玉。由于雾迷山组含有硅质岩，在部分变质大理岩中含有硅质矿物。下图为位于大石窝 NNW 方向约 6 千米的云居寺石经山上富含层状燧石条带的大理岩。

石经山景区含有燧石条带（厚0.5厘米～2.0厘米）
的中厚层大理岩

（b）所开凿的青白石石材

（a）青白石采坑　　　　　　　　（c）所开凿的汉白玉石材

位于大石窝镇的大理岩采矿坑及所采石材

3.2 矿物学特征

本报告所研究的大理岩主要为汉白玉和青白石，且都分为新鲜样品和风化样品。新鲜样取自位于大石窝镇的玉石源石材加工厂；而风化样品则为北京市的各个大理岩石质文物的剥落物。然后利用地质上常用的测试手段，如镜下薄片观察、X 射线衍射、X 荧光光谱分析、扫描电镜、电子探针等手段对上述样品的矿物学性质进行了研究。

镜下观察

对取自房山大石窝的一级汉白玉（编号为 H1）、三级汉白玉（编号为 H3）、青白石（编号为 Q）和砖碴（编号为 Z）进行现场取样，切薄片并进行镜下观察。制样和鉴定都是由河北省廊坊市科大岩石矿物分选技术服务有限公司完成。

鉴定结果如下所述：

对于一级汉白玉（H1）：岩石结构为粒状变晶结构，块状构造。岩石几乎全部由白云石组成。白云石呈它形粒状、粒度一般为 0.02 毫米～0.6 毫米，镶嵌状分布，多数相邻颗粒之间相交面角近 120°，形成三边镶嵌的平衡结构。白云石高级白干涉色，部分可见聚片双晶，原岩为镁质碳酸盐岩石经变质作用形成。岩石定名为白云石大理岩。其正交偏光和单偏光照片见下图所示。

（a）正交偏光　　　　　　　　　　　　　（b）单偏光

一级汉白玉镜下显微照片

对于三级汉白玉（H3）：岩石为状粒状变晶结构，块状构造。岩石由白云石（约 75%）、石英（约 20%）及少量白云母（约 5%）组成。白云石呈它形粒状、粒度一般为 0.05 毫米～0.6 毫米，镶嵌状分布，多数相邻颗粒之间相交面角近 120°，形成三边镶嵌的平衡结构。具高级白干涉色，一轴晶负光性，闪突起明显，No 方向为正高突起，Ne 方向为负低突起。石英呈它形粒状，粒度一般为 0.1 毫米～0.8 毫米，与白云石一起镶嵌状分布，部分集合体呈条带状分布，粒间多具三边镶嵌平衡结构。一级黄白干涉色，正低突起，无解理，粒内可见波状消光。白云母呈片状，粒度一般为 0.05 毫米～0.4 毫米，星散分布。薄片中无色，具一组极完全解理，平行消光，正延性，闪突起明显。其正交偏光和单偏光照片如下图所示。

（a）正交偏光   （b）单偏光

三级汉白玉镜下显微照片

青白石（Q）：岩石为粒状变晶结构，似变余层理构造。岩石由白云石（约 99%）和少量的石英、炭质（1%～2%）组成。白云石它形粒状，一般 0.05 毫米～0.1 毫米，部分 0.01 毫米～0.05 毫米，少量可达 0.3 毫米～0.5 毫米。白云石呈镶嵌状、定向分布。石英它形粒状，部分似砂状，大小一般 0.05 毫米～0.1 毫米，部分 0.1 毫米～0.2 毫米，星散状、定向分布。炭质呈尘点状，部分细分散状分布，少量集合体似细条纹状定向分布。以上各组分、粒度分布不均匀，构成似变余层理。其正交偏光和单偏光照片如下图所示。

（a）正交偏光   （b）单偏光

青白石镜下显微照片

上图和下图分别给出了青白石和砖碴在显微镜下的微观照片，可作为参考。

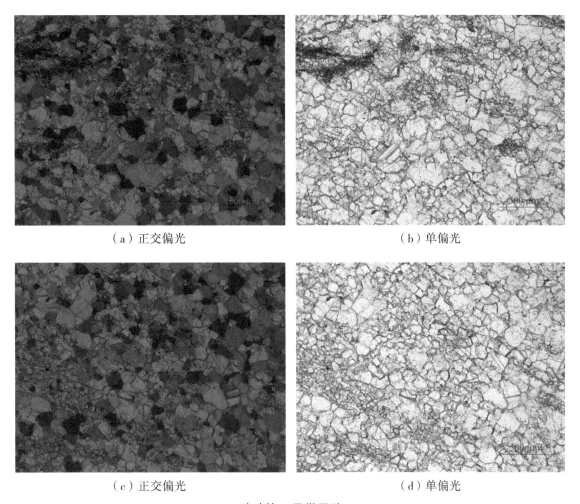

（a）正交偏光　　　　　　　　　　　（b）单偏光

（c）正交偏光　　　　　　　　　　　（d）单偏光

砖碴镜下显微照片

汉白玉（包括一级和三级）、青白石矿物晶体的颗粒尺寸有所差别。颗粒尺寸是变质岩（包括大理岩）的一个分类标准。例如，可以根据主要变晶粒度，将变晶结构分为粗粒（>2毫米）、中粒（1毫米～2毫米）、细粒（0.1毫米～1毫米）、微粒（<0.1毫米）[16]。经镜下观察，汉白玉和青白石的粒度大都小于100微米，属于微粒大理岩。

矿物成分测试

矿物成分及含量是利用X-射线衍射仪进行测试的。XRD即X-Ray Diffraction的缩写，X射线衍射，通过对材料进行X射线衍射，分析其衍射图谱，获得材料的成分、材料内部原子或分子的结构或形态等信息的研究手段。

对新鲜样品和风化剥落样品刚玉研钵盆中碾磨，并在中国科学院地质与地球物理研究所进行 XRD 测试，下图给出了一级汉白玉的 XRD 的谱图。所用的仪器为 D/max 2400 射线衍射仪，实验条件：Cu 靶，1°–1°–0.3，0.02°/ 步长，8°/ 分钟，40 千伏，60 毫安。

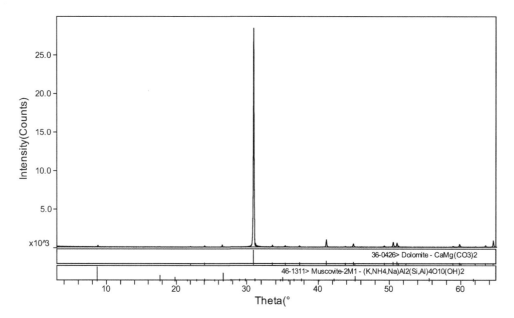

一级汉白玉的 X– 射线衍射谱图（含白云石 >97%，云母 <1%）

下表给出了其他新鲜大理岩以及对北京多个大理岩石质文物剥落物的 XRD 测试结果。

北京大理岩矿物成分的 XRD 测试结果

种类及取样位置		矿物成分			
		白云石	方解石	石英	白云母
新鲜岩样	汉白玉一级	+++++	–	–	TR
	汉白玉一级	+++++	–	–	–
	汉白玉三级	+++	–	++	–
	青白石	+++++	–	–	–
	砖渣	+++++	–	–	–
风化剥落样	天坛	+++++	–	–	–
	观耕台 1	+++++	–	–	–
	观耕台 2	+++++	–	–	–
	故宫 1	++++	–	++	–

续表

种类及取样位置		矿物成分			
		白云石	方解石	石英	白云母
风化剥落样	故宫 2	+++++	–	–	–
	十三陵定陵	+++++	–	–	–
	隆福寺碑	+++++	–	–	–
	普惠生祠香火地亩疏碑	+++++	–	–	–
	杜尔户贝勒敕建碑	+++++	–	–	–
	西黄寺清净化城塔 *	+++++	–	+	–
	石经山云居寺	+++++	–	+	–
	天仙圣母感应碑	–	+++++	TR	–
	五塔寺金刚宝座塔 1	–	+++++	+	–
	五塔寺金刚宝座塔 2	–	+++++	++	–
	五塔寺金刚宝座塔 3	–	+++++	+	–
	普安寺碑	TR	+++++	–	–

说明：（1）* 来自李宏松（参考文献［8］）。

（2）+++++ 表示含量 >90%（甚至 >95%），+++ 表示含量在 60% 左右，++ 表示含量 30% 左右，+ 表示含量在 10% 左右，TR 表示含量小于 5%。

由上表可以看出，北京大理岩主要矿物成分为白云石，一级汉白玉和青白石的白云石矿物含量都大于 90%（甚至 95%），因为 X 射线衍射仪仅检测出了白云石矿物。对于三级汉白玉，除了主要的白云石矿物外，还含有部分石英矿物。天坛、观耕台、故宫、十三陵长陵等古代建筑都使用了一级汉白玉石材，而石经山、西黄寺清净化城塔及部分故宫的汉白玉建筑也使用了三级汉白玉石材。

由上表可以看出，北京大理岩主要矿物成分为白云石，一级汉白玉、青白石、砖碴的白云石矿物含量都大于 95%。故宫、天坛、十三陵、观耕台等古代建筑都使用了一级汉白玉石材，部分也使用了三级汉白玉石材。而对于三级汉白玉，除了主要的白云石矿物外，还含有少量的石英矿物。另外，天仙圣母碑、五塔寺金刚宝座塔、普安寺碑主要为方解石矿物，应该是石灰岩（而不是大理岩）。

另外，在五塔寺不同风化位置处取样，采用 X 射线衍射仪分析，得到如下测试结果。由下图所示的 XRD 谱图可以看出五塔寺石材试样中主要矿物成分为 $CaCO_3$，还含

有少量的 SiO_2，并且在不同取样位置其 SiO_2 含量有所不同，所以其石材岩性应该为石灰岩。

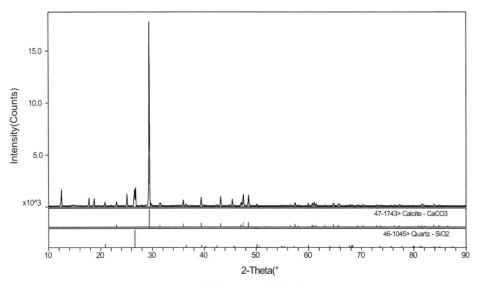

（a）取样位置：五塔寺北侧

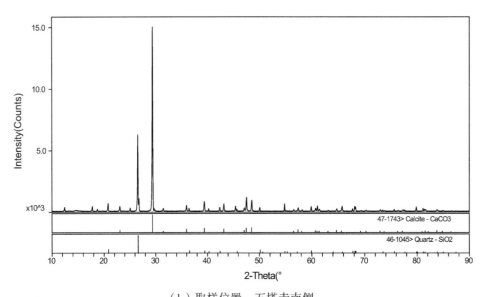

（b）取样位置：五塔寺南侧

五塔寺不同位置取样的 XRD 谱图

3.3 化学成分

大理岩中各元素浓度利用溶片 X–射线荧光光谱法（XRF）测定。该测试技术是一种比较分析技术。测试原理为：在较严格条件下用一束 X 射线或低能光线照射样品材料，致使样品发射特征 X 射线。这种特征 X 射线的能量对应于各特定元素，样品中元素的浓度直接决定特征 X 射线的强度。

对上述新鲜和风化大理岩进行测试，测试地点为中国科学院地质与地球物理研究所。相关的测试结果见下表。相关测试结果与上表测试结果完全对应，二者可以相互验证。除了上述结论外，需要补充或强调的是：（1）石经山某栏杆所用的大理岩除了主要的白云石和少量的石英外，还应该含有微量的重晶钡石；（2）通过微量元素的相关分析，可以认为所分析的大理岩石质文物的石材产地大体相同，且都与新鲜大理岩相同，也就是说所分析的大理岩石质文物的石材来自房山大石窝镇；（3）天仙圣母碑、五塔寺金刚宝座塔、普安寺碑主要为方解石矿物，应该是石灰岩。

4. 总结

（1）根据国际古迹遗址理事会石质学术委员会（ICOMOS-ISCS）提出的石质文物病害标准，结合李宏松提出的标准以及中国国家文物局颁布的标准，北京汉白玉石质文物的病害类型主要有裂隙、剥落、崩解、结壳、溶孔、溶蚀、部件缺失、变色、生物寄生、不正当的人工修复等。

（2）汉白玉中白云石三个方向的膨胀系数各不相同，并且不同矿物（如白云石、石英等）晶体之间的膨胀系数也不相同。在太阳辐射作用下，矿物的热胀冷缩作用导致剥落病害（包括等厚状剥落和鳞片状剥落）的发生。

（3）对于崩解病害则主要是由于白云石矿物的缓慢溶蚀造成矿物颗粒间的结构力降低造成的。利用扫描电镜的微结构分析发现了白云石晶体内和晶体间都有溶缝和溶孔，而溶缝和溶孔的进一步发展将导致白云石矿物颗粒之间的黏结力丧失，进而形成崩解病害。

（4）在相同条件下，白云石的溶解速度仅为方解石的 1/3～1/4。某些汉白玉中含有少量的方解石，而溶孔则是由于方解石的首先溶解造成的。实际上，某些裂隙也是因为方解石的溶解形成的。而白云石矿物的缓慢溶解就造成了溶蚀病害。

（5）经过薄片镜下观察，发现汉白玉和青白石的主要矿物成分为白云石矿物，部分含有一些石英矿物。另外，一级汉白玉、二级汉白玉和青白石的粒径大都小于 100 微米，属于微晶大理岩。

北京大理岩主量元素的 XRF 测试结果（wt%）及微量元素的测试结果（ppm）

	种类及取样位置	SiO₂(%)	TiO₂(%)	Al₂O₃(%)	TFe₂O₃(%)	MnO(%)	MgO(%)	CaO(%)	Na₂O(%)	K₂O(%)	P₂O₅(%)	LOI(%)	TOTAL(%)	Ba(ppm)	Cr(ppm)	Ni(ppm)	Sr(ppm)	V(ppm)	Zr(ppm)
新鲜岩样	汉白玉一级	0.19	0.01	0.19	0.1	0.02	22.88	30.4	0.01	0.05	0.01	46.56	100.42	456	7	6	39	6	9
	汉白玉一级	0.75	0.03	0.21	0.21	0.01	22.10	30.31	0.02	0.10	0.01	45.95	99.70	765	15	7	26	8	5
	汉白玉三级	37.36	0.05	0.7	0.20	0.01	13.90	19.20	0.04	0.37	0.02	28.86	100.71	832	9	1	27	6	43
	青白石	0.51	0.01	0.09	0.07	0.01	22.10	30.55	0.01	0.01	0.01	46.0	99.37	222	6	6	26	9	3
	砖渣	1.44	0.01	0.27	0.27	0.01	22.0	30.25	0.02	0.05	0.01	45.74	100.07	42	10	14	28	2	4
	天坛	0.52	0.02	0.13	0.12	0.01	22.28	30.57	0.02	0.04	0.01	46.4	100.12	98	9	5	38	4	15
	观耕台1	0.78	0.02	0.11	0.25	0.01	22.27	30.63	0.01	0.04	0.02	46.0	100.14	408	15	7	30	7	4
	观耕台2	0.38	0.02	0.06	0.08	0.01	22.35	30.88	0.01	0.02	0.01	46.41	100.23	652	4	0	50	3	0
	故宫1	19.15	0.02	0.39	0.26	0.02	17.91	24.87	0.05	0.20	0.02	37.35	100.24	171	6	3	28	5	31
	故宫2	0.30	0.01	0.05	0.15	0.01	22.15	30.38	0.01	0.03	0.01	46.77	99.87	387	6	4	30	8	1
	隆福寺碑	0.34	0.0	0.03	0.14	0.01	22.33	30.71	0.02	0.01	0.07	46.17	99.83	24	0	0	40	6	0
风化剥落样	普善生祠香火地亩疏碑	0.40	0.01	0.03	0.11	0.01	22.22	30.38	0.03	0.02	0.01	46.32	99.54	62	0	0	22	15	1
	杜尔户贝勒救建碑	0.28	0.02	0.06	0.10	0.01	22.42	30.77	0.02	0.01	0.01	46.26	99.96	641	0	0	35	10	1
	西黄寺清净化城塔*	10.42	--	0.52	0.39	--	19.48	26.92	0.02	0.28	--	41.33	99.36	--	--	--	--	--	--
	石经山云居寺	13.32	0.64	0.44	0.27	0.01	18.37	25.15	0.05	0.21	0.01	38.38	96.85	28569	0	1	117	6	24
	天仙圣母感应碑	1.85	0.02	0.74	0.23	0.01	0.16	53.54	0.08	0.13	0.04	42.67	99.47	20	3	0	204	10	0

续表

种类及取样位置		SiO$_2$ (%)	TiO$_2$ (%)	Al$_2$O$_3$ (%)	TFe$_2$O$_3$ (%)	MnO (%)	MgO (%)	CaO (%)	Na$_2$O (%)	K$_2$O (%)	P$_2$O$_5$ (%)	LOI (%)	TOTAL (%)	Ba (ppm)	Cr (ppm)	Ni (ppm)	Sr (ppm)	V (ppm)	Zr (ppm)
风化剥落样	五塔寺金刚宝座塔[1]	13.49	0.07	1.68	0.74	0.04	0.37	45.84	0.36	0.26	0.21	36.54	99.60	60	7	2	173	10	11
	五塔寺金刚宝座塔[2]	20.76	0.07	1.70	0.60	0.04	0.38	41.76	0.39	0.57	0.20	32.95	99.42	54	1	0	165	20	12
	五塔寺金刚宝座塔[3]	15.77	0.05	1.16	0.71	0.05	0.35	44.95	0.20	0.10	0.21	35.91	99.46	36	0	0	145	11	7
	普安寺碑	0.66	0.01	0.19	0.13	0.01	2.26	52.44	0.06	0.02	0.01	43.66	99.45	6	0	0	135	8	0

说明：（1）*来自李宏松（参考文献［8］）。（2）白云石中 MgO 和 CaO 的理论含量为 21.7% 和 30.4%，方解石中 CaO 和 CO$_2$（即烧失量 LOI）的理论含量为 56.0% 和 44.0%.

（6）经过镜下观察、XRD、XRF 等测试手段，证实一级汉白玉就是较为纯净的白云石大理岩，三级汉白玉则除了白云石矿物外，还含有一定的二氧化硅。故宫、天坛、十三陵、观耕台等古代建筑都使用了一级汉白玉石材。另外，天仙圣母碑、五塔寺金刚宝座塔、普安寺碑主要为方解石矿物，应该是石灰岩。

参考文献

［1］潘别桐，黄克忠.文物保护与环境地质.武汉：中国地质大学出版社。1992：1-228.

［2］李宏松.文物岩石材料劣化特征及评价方法.博士学位论文.北京：中国地质大学（北京），2011.

［3］张金风.石质文物病害机理研究.文物保护与考古科学，2008（20）：60-67.

［4］Fitzner，B.，Heinrichs，K.，Kownatzki，R. 2002. Weathering forms at natural stone monuments：classification，mapping and evaluation. International Journal for restoration of buildings and monuments，Vol.3，No.2，PP.105-124，AedificatioVerlag / Fraunhofer IRB Verlag，Stuttgart，1997.

［5］Fitzner，B.，Heinrichs，K.，2002. Damage diagnosis on stone monuments-weathering forms，damage categories and damage indices，in：Prikryl，R.，Viles，H.A.（Eds.）Understanding and managing stone decay.Proceedings of the International Conference on stone weathering and atmospheric pollution network（SWAPNET 2001），Charles University，Karolinum Press，Prague，pp. 11-56.

［6］ISCS Website，glossary in English list of terms of stone deterioration，updated in Bangkok，2003.

［7］WW/T 0002-2007，石质文物病害分类与图示.中华人民共和国文物局发布 2008.

［8］中国文化遗产研究院.西黄寺清净化城塔及其附属石质文物石材表面劣化机理分析及工程性能评价报告（项目负责人：李宏松），2005.

［9］张秉坚.碳酸岩建筑和雕塑表面黑垢清洗研究.新型建筑材料.1999，（3）：39-40.

［10］何海平.北京孔庙进士题名碑病害及防治技术研究［博士学位论文］.北京：北京科技大学.2011 年.

［11］Siegesmund S，Török A，Hüpers A，et al. Mineralogical，geochemical and microfabric evidences of gypsumcrusts：a case study from Budapest. Environmental Geology，2007，52：385－397.

［12］成都地质学院普通地质教研室编.动力地质学原理.北京：地质出版社.1978：1-304.

［13］李杰.古建筑石质构件健康状况评价技术研究与应用.硕士学位论文.北京：北京化工大学，2013.参考文献

［14］隐汗线藏金星 大石窝专出"国宝"http：//fzwb.ynet.com/3.1/0612/26/2055114.html

［15］北京市地质矿产局.北京市区域地质志［M］.北京：地质出版社，1991.

［16］路风香，桑隆康.岩石学［M］.北京：地质出版社.2002. pp：295.

第二章　卢沟桥结构安全检测鉴定

1. 建筑概况

1.1 建筑简况

卢沟桥位于北京西南 20 千米的丰台区永定河上，始建于金大定二十九年（1189年），建成于金章宗明昌三年（1192 年）。卢沟桥为十一孔联拱石桥。桥总长 266.5 米，桥身总宽 9.3 米，面宽 7.5 米。共有桥墩 10 个，桥孔 11 个。

卢沟桥从建成开始，经历了多次修缮。明代自永乐十年（1412 年）到嘉靖三十四年（1555 年）共修桥 6 次，6 次均无大工程。清代自康熙元年（1662 年）至光绪年间，共修桥 7 次，其中 5 次工程不大，只有两次工程稍大一些。新中国成立后，于 1967 年 8 月，加宽了步道，建立了混凝土挑梁，更换了部分望柱、栏板增加了狮子的数量；1971 年，北京市政府决定在距卢沟古桥约 1000 米远处再建造一座"卢沟新桥"，并于 1985 年建成，旧卢沟桥从此成为文物，保留下来。1986 年，北京市政府专门成立了"卢沟桥历史文物修复委员会"，全面修缮了古桥。拆除了 1967 年加宽的步道和混凝土挑梁，完全恢复了古桥原貌。2018 年～2019 年实施了卢沟桥保护修缮工程。修缮工程范围为卢沟桥本体、四座华表、二座卢沟桥碑、卢沟晓月碑及碑亭、永定河碑及碑亭、西端小广场地面及院墙。

1.2 现状立面照片

卢沟桥西侧

卢沟桥东侧

卢沟桥南立面

卢沟桥北立面

卢沟桥 1 号拱券北侧

卢沟桥 1 号拱券南侧

卢沟桥 2 号拱券北侧

卢沟桥 2 号拱券南侧

卢沟桥 3 号拱券北侧

卢沟桥 3 号拱券南侧

卢沟桥 4 号拱券北侧

卢沟桥 4 号拱券南侧

卢沟桥 5 号拱券北侧

卢沟桥 5 号拱券南侧

卢沟桥6号拱券北侧

卢沟桥6号拱券南侧

卢沟桥7号拱券北侧

卢沟桥 7 号拱券南侧

卢沟桥 8 号拱券北侧

卢沟桥 8 号拱券南侧

卢沟桥 9 号拱券北侧

卢沟桥 9 号拱券南侧

卢沟桥 10 号拱券北侧

卢沟桥 10 号拱券南侧

卢沟桥 11 号拱券北侧

卢沟桥 11 号拱券南侧

1.3 建筑测绘图纸

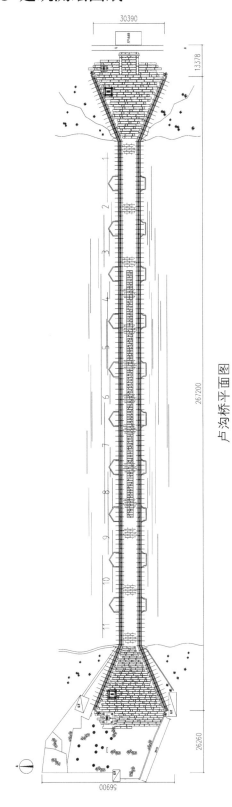

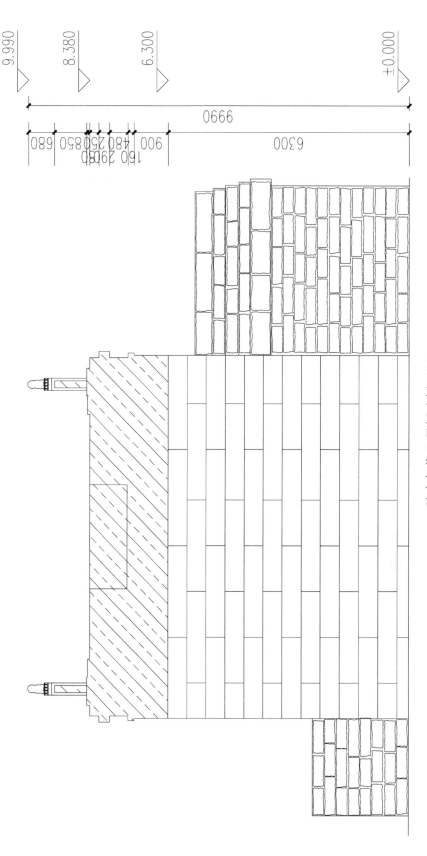

跨中部位 6 号桥孔剖面图

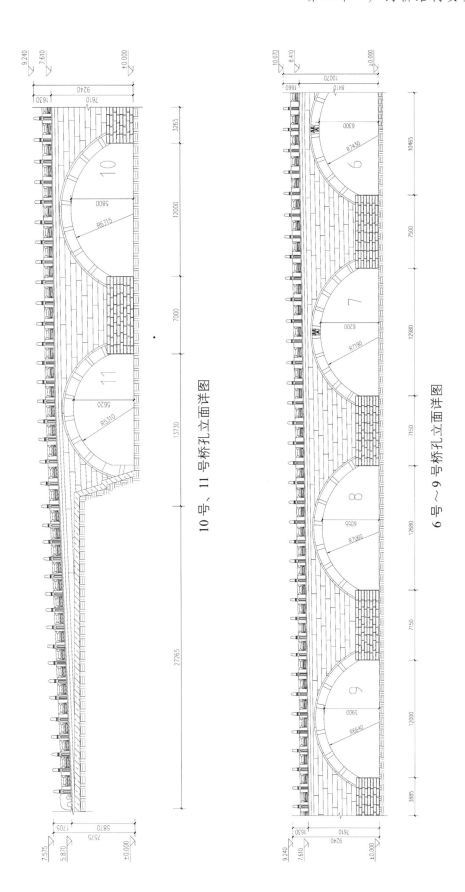

10 号、11 号桥孔立面详图

6 号～9 号桥孔立面详图

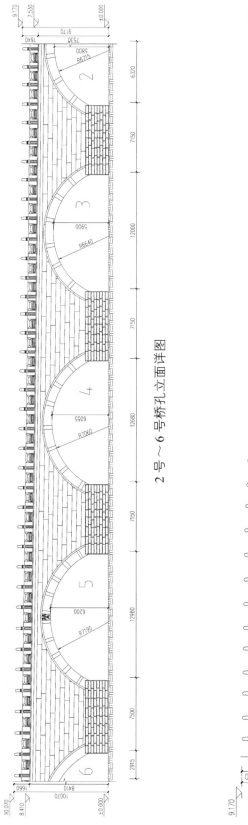

2 号~6 号桥孔立面详图

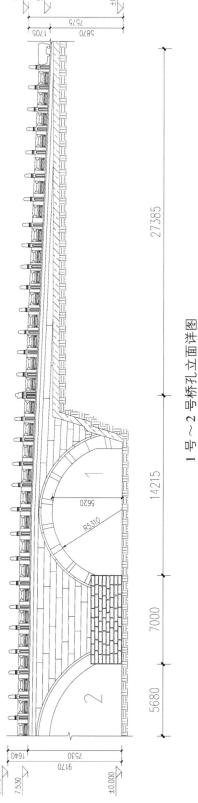

1 号~2 号桥孔立面详图

2. 检测依据与内容

2.1 检测依据

（1）《城市工程地球物理探测规范》（CJJ7—2017）；

（2）《公路桥梁承载能力检测评定规程》（JTG/T J21—2011）；

（3）《公路工程质量检验评定标准 第一册 土建部分》（JTG F80/1—2017）；

（4）《公路桥涵养护规范》（JTG H11—2004）；

（5）《公路桥梁技术状况评定标准》（JTG/T H21—2011）；

（6）《公路桥涵设计通用规范》（JTG D60—2015）等；

（7）相关技术资料。

2.2 检测内容

桥梁外观质量检查

（1）桥面系及其他附属设施损坏状况详细调查，主要针对桥面铺装，护栏、伸缩缝及桥面排水设施等进行检查评定。

（2）桥跨结构表观病害及裂缝损伤评定。

（3）下部结构检查，主要针对桥墩、桥台、基础、河床等构件技术状况评定。

结构技术状况评定

根据《公路桥梁技术状况评定标准》（JTG/T H21—2011），公路桥梁技术状况评定包括桥梁构件、部件、桥面系、上部结构、下部结构和全桥评定。公路桥梁技术状况评定应采用分层综合评定与5类桥梁单项控制指标相结合的方法，先对桥梁各构件进行评定，然后对桥梁各部件进行评定，再对桥面系、上部结构和下部结构分别进行评定，最后进行桥梁总体技术状况的评定。

公路桥梁技术状况评定工作流程包含如下内容：

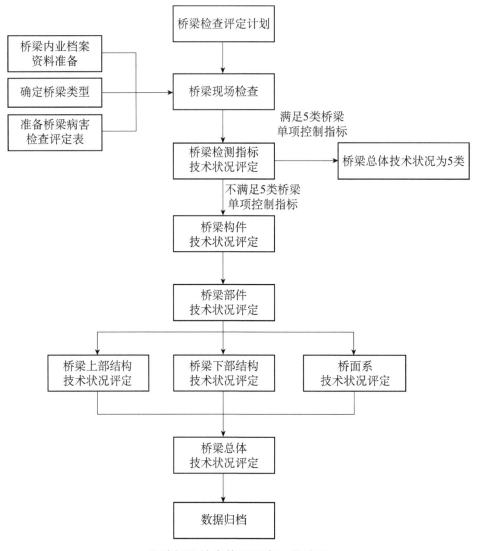

公路桥梁技术状况评定工作流程

桥梁内部及基础探查

通过地质雷达方法检测指定区域是否存在不密实、空洞和水囊等不良地质体，查明异常所在位置、大小、埋深等基本参数，为建设、设计、施工等单位提供基础资料，以便采取有效措施消除安全隐患，确保该工程涉及区域内道路、建筑及周边环境安全。

三维激光扫描数字化测量

为实现卢沟桥桥梁结构安全评估，需要获取桥梁精确的现状结构信息，利用现代三维激光扫描技术可以满足要求，获取桥梁的三维点云模型进而通过建模剖切分析等操作，获取到桥梁的现状结构信息，在此基础上实现卢沟桥整体桥身数字化测量及病害评估。

此次主要测量卢沟桥现状结构及桥身、拱券的变形等病害状况。通过三维扫描获取的整体数据，对桥面及桥身的变形程度，拱券的相对变形现状及南北两侧桥墩的沉降状况进行分析。

2.3 仪器设备

地质雷达检测仪器

地质雷达检测采用拉脱维亚 Zond-12 地质雷达与 300 兆赫天线。Zond-12 地质雷达是一款可单人操作的便携式的数字地质雷达，整个地质雷达由中心控制器、应用软件、附件和计算机和用于不同频率范围的天线系列组成。

在勘探过程中，将得到剖面的实时测量数据，同时将数据存储在计算机中以便今后的处理。Zond-12e 探地雷达的 Prism 软件可以人工设置异常物体为高亮状态，从而可以快速、容易地将目标与周围环境区分开来。Prism 软件同样可以显示目标深度、距离、信号强度以及其他更多的信息。主机性能如下：

Zond-12 型地质雷达主机性能指标表

通道数	2
探测时间范围：	1 至 2000ns，步长 1ns
扫描速率（max）	56/秒（单通道）；80/秒（双通道）
探测采样率	128，256，512/s
分辨率	16 bit
增益范围	用户可根据不同的增益选择线性增益或指数增益
增益控制范围	0 to 80 dB
动态范围	128 dB
滤波器	用户可选择高通滤波器：0；400；800Hz
探测模式	连续或步进堆叠

三维激光扫描数字化测量

卢沟桥数据采集主要分为桥面和桥身两部分，其中桥面部分可直接设站获取，桥身部分在冬季河面结冰情况下，在河面两侧布设扫描站点，获取卢沟桥三维激光扫描，由于桥面与桥身结构不通视，需要结合控制点进行整体连接，本项目采用 RTK 控制点。

现场设站扫描桥体的最远距离一般小于 50 米，采用使用 FARO 相位式三维激光扫描仪分别对卢沟桥底部及桥面进行三维激光扫描，其基本参数如下：

Faro Focus3D X130 扫描仪主要技术指标表

配置	ER_XS
测程：（米）	0.5 ~ 130+
距离精度指标（毫米@米）	0.6 毫米 @ 10 米
扫描视角	360 度（水平）x 120 度（垂直）
最小扫描分辨率：	0.1 毫米 /50 米
数据获取速率：	120 万点 / 秒
50 米处的线性误差：	≤ 3 毫米
20 米处的误差噪音范围：> 反射率 80% 时（白色）：	均方根误差 2.0 毫米 RMS
100 米处的误差噪音范围：> 反射率 80% 时（白色）：	均方根误差 5.0 毫米 RMS
激光点云平均建模精度	2 毫米
激光安全等级：	一级激光

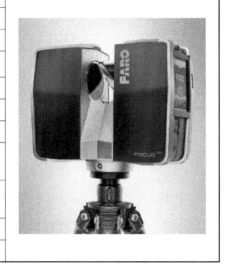

共扫描 72 站，其中桥体南侧共扫描 22 站，北侧共扫描 21 站，桥面共扫描 29 站。现场控制及扫描如下：

三维激光扫描现场

每两站之间通过标靶球进行粗拼接，之后采用基于重叠点云条件的拼接方式，点云条件中误差优于 ±6 毫米，拼接精度基本符合要求。

3. 地质雷达检测

此次卢沟桥雷达检测沿桥面上侧共布设 2 条测线，测线 1 为沿桥面北侧由东到西，测线 2 为沿桥面南侧由西到东，雷达扫描路线示意图、结构详细测试结果如下：

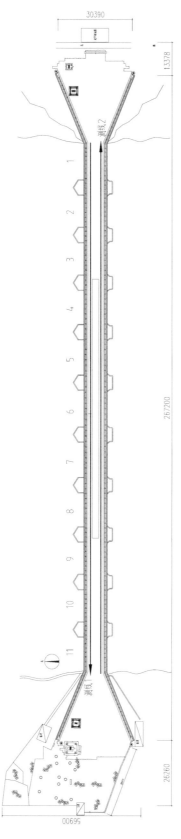

桥面地质雷达检测线布置图

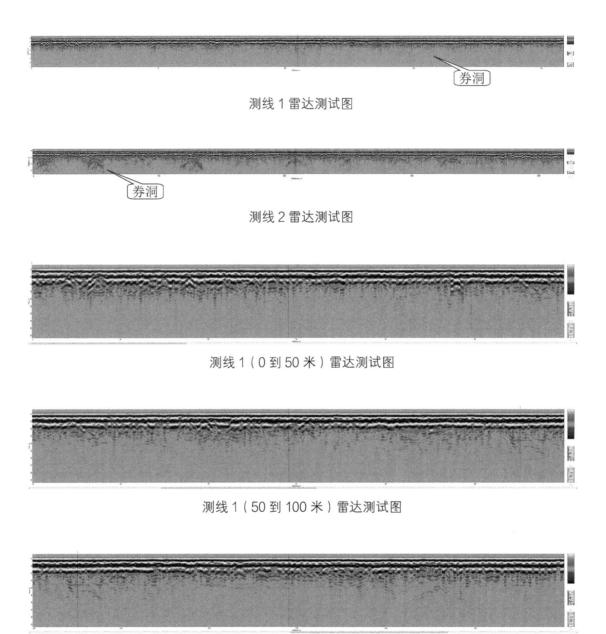

测线 1 雷达测试图

测线 2 雷达测试图

测线 1（0 到 50 米）雷达测试图

测线 1（50 到 100 米）雷达测试图

测线 1（100 到 150 米）雷达测试图

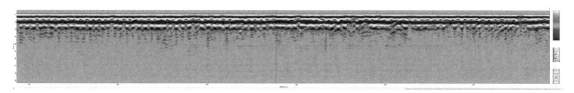

测线 1（150 到 210 米）雷达测试图

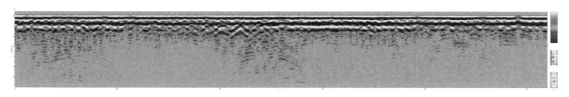

测线 2（0 到 50 米）雷达测试图

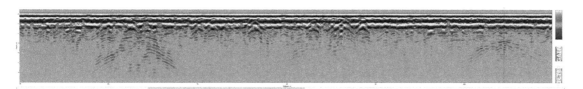

测线 2（50 到 100 米）雷达测试图

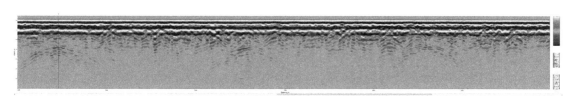

测线 2（100 到 150 米）雷达测试图

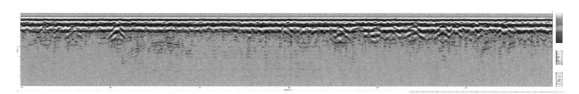

测线 2（150 到 210 米）雷达测试图

通过现场数据采集、室内资料处理及分析，得出如下结论：

在卢沟桥上方布设的测线上未发现明显的异常，测区范围内桥体密实，桥面道路结构层无空洞和水囊等不良地质体。

由于地面无法开挖与雷达图像进行比对，解释结果仅作为参考。

4. 三维激光扫描数字化测量

卢沟桥结构病害分析主要包含桥身、拱券、桥面及桥墩等相关部位的相对形变、沉降等状况。项目分析拟采用整体分析，结合单点分析方法进行病害分析。其中单点分析方法中，需要以下 7 点（A～G 点）的坐标数据，如下：

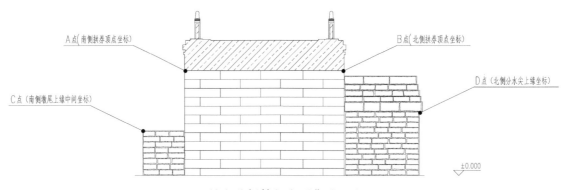

单点分析特征点采集（一）

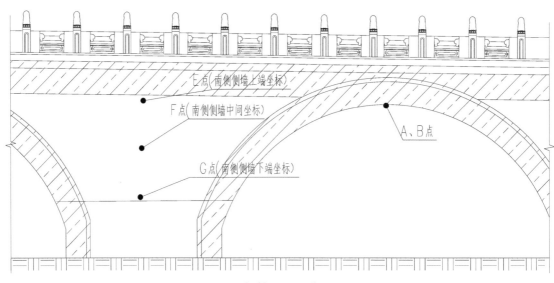

单点分析特征点采集（二）

其中 A、B 点数据用于判断各拱券顶部相对下沉变形状况；C、D 点数据用于判断各桥墩相对不均匀沉降状况；E、F、G 点数据用于判断各侧墙歪闪状况。

4.1 拱券变形分析

采取单点分析的方法进行拱券的下沉分析

对 11 个拱券的 A、B 两点进行测量的结果如下所示，其中存在较大变形的拱券是 7 号拱券，南北高差为 0.251 米（南高北低），其次是 10 号以及 9 号拱券变形较大。

卢沟桥拱券顶部相对沉降分析表

桥孔编号	A 点（南侧）			B 点（北侧）			AB 高差
	X	Y	Z	X	Y	Z	dZ
1	238.392	37.842	4.824	238.393	46.227	4.796	−0.028
2	219.575	37.862	4.946	219.572	46.196	5.045	0.099
3	200.308	38.716	5.002	200.313	46.129	5.073	0.071
4	180.450	37.745	5.155	180.445	46.096	5.182	0.028
5	159.902	37.595	5.357	159.897	46.356	5.357	0.001
6	138.788	37.807	5.429	138.778	46.476	5.467	0.038
7	117.709	37.866	5.082	117.696	46.535	5.333	0.251
8	97.113	37.737	5.298	97.108	46.186	5.321	0.023
9	77.257	37.871	5.122	77.240	46.303	5.314	0.191
10	57.934	37.946	5.145	57.896	46.450	5.311	0.166
11	39.219	38.055	5.034	39.222	46.482	5.061	0.026
max		38.716	5.429		46.535	5.467	

拱券定点相对沉降（AB点高差）

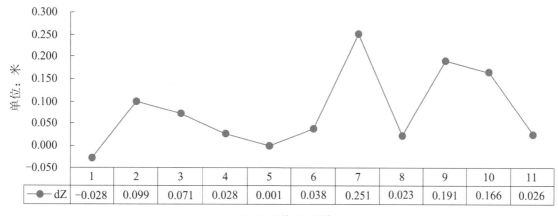

	1	2	3	4	5	6	7	8	9	10	11
dZ	−0.028	0.099	0.071	0.028	0.001	0.038	0.251	0.023	0.191	0.166	0.026

AB 两点位置高差

利用桥拱券的整体点云数据进行拱券的形状分析

标准面选取：根据拱券断面点云拟合的标准弧线，沿拱券方向拉伸而生成的标准弧面作为拱券变形的参照基准。具体拟合标准参照拱券面如下：

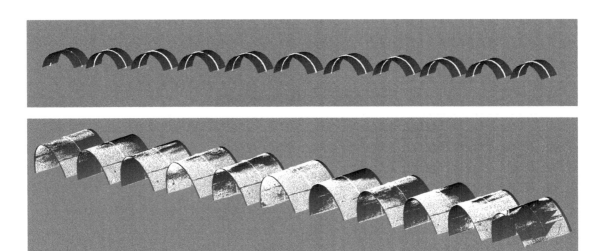

拱券参照面拟合

以拱券参照面为基准，分割各个拱券点云，与参照面对比进行 3D 变形分析，得到整体拱券变形状况如下所示，可见拱券整体变形在 ±200 毫米内，大部分区域相对参考基准面偏差优于 20 毫米，考虑到拱桥材料及构造偏差，可认为这些区域基本无变形，局部区域变形超过 100 毫米，这些区域可能存在较大形变。

卢沟桥拱券 3D 变形分析整体（左一为第 11 号拱券）

针对每个拱券进行典型偏差标注结果序列图如下所示：

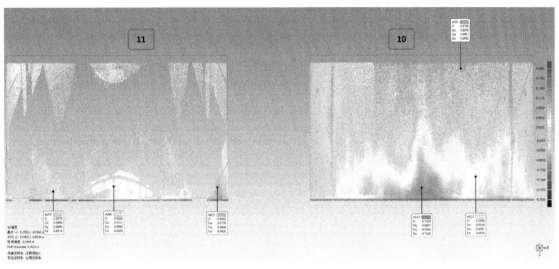

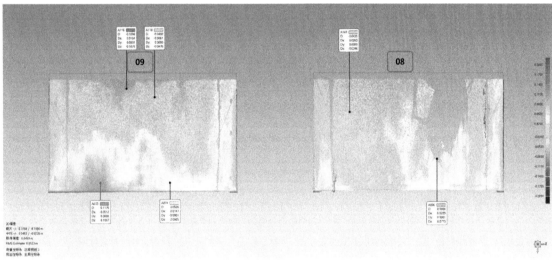

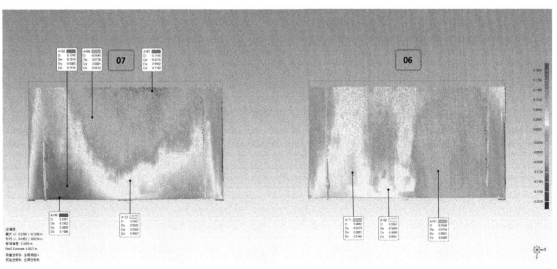

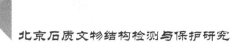

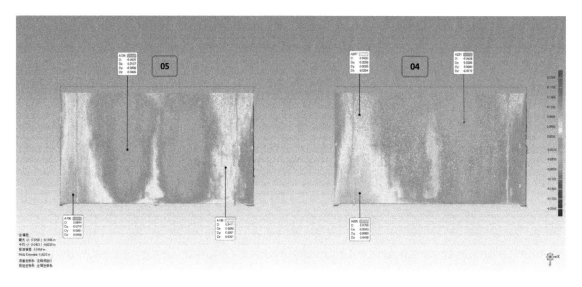

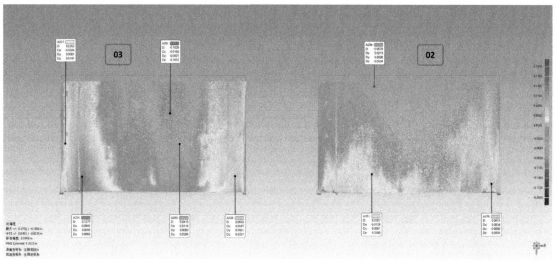

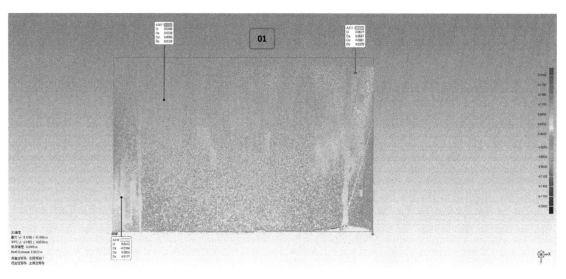

4.2 桥身变形分析

在进行分析的过程中，分别对卢沟桥的南北侧面桥身的相对倾斜程度、桥孔的形状变形程度、桥面的变形程度、各拱券顶部是否有相对下沉变形以及各桥墩是否有相对不均匀沉降进行分析，得到以下的分析结果。

南侧桥身的歪闪分析

标准面选取：以穿过桥身侧面靠近墙壁内侧一点且垂直于 Y 轴的竖直平面为参照面，如下所示：

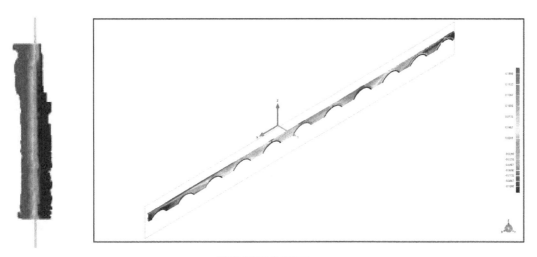

桥身侧面参照面

根据南侧桥身的数据，可以看出卢沟桥南侧的桥身存在，最大的偏差为 –0.15 米。

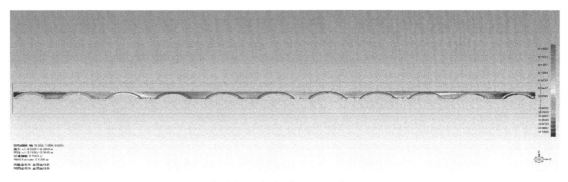

卢沟桥南侧桥身歪闪分析图

分别取桥面两个桥孔之间的上中下三个进行偏差分析：整体呈中间外凸，两侧内凹；外凸部分与内凹部分最大都在 100 毫米左右。

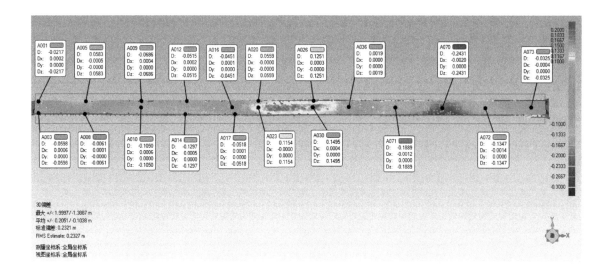

北侧桥身歪闪分析

根据北侧桥身的数据，可以看出卢沟桥南侧的桥身歪闪，最大的偏差在 0.23 米左右。

分别取桥面两个桥孔之间的上中下三个进行偏差分析，可见桥身整体呈中间（6～9 拱）微向内凹，右侧微凸形态；外凸部分多呈右侧，在 0.3 米左右，内凹部分集中在 3～6 拱孔之间，在 –0.05 米左右。

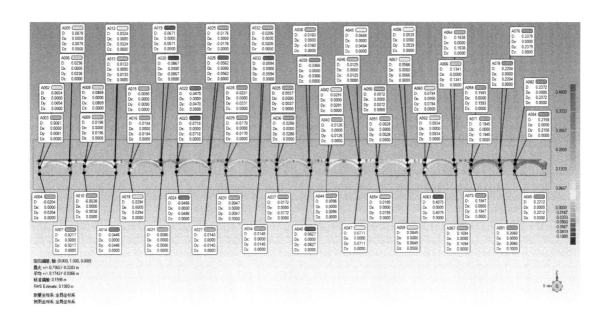

标准面选取：选取靠近墙壁一点，平行于墙面做一平面为标准面，如下所示：

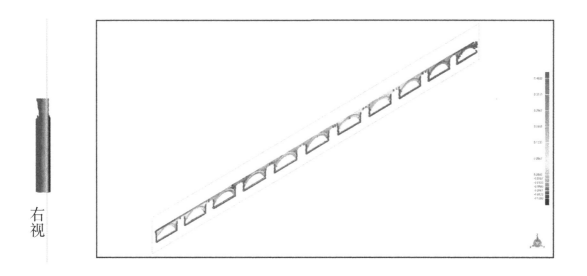

右视

4.3 桥面变形分析

根据顶部数据，可以看出桥面存在一定偏斜，最大偏差在 –0.24 米左右。

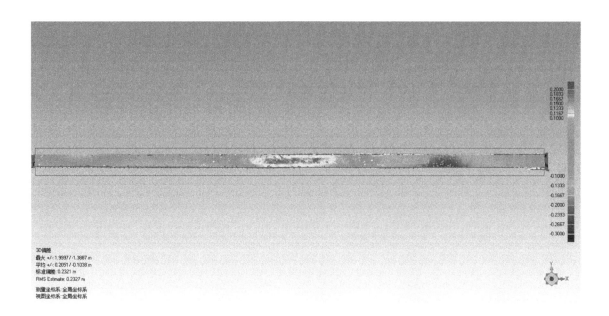

在桥面上选择不同位置进行偏差分析：中间凸起，两侧凹陷。整体桥面分析结果如下图所示：

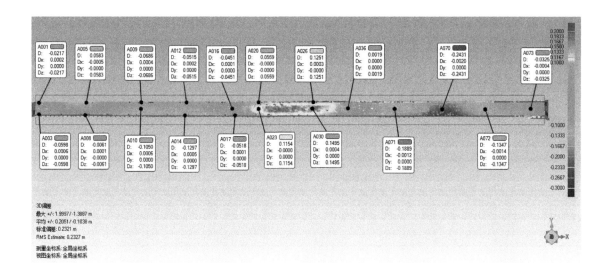

从上图分析结果可见，以参照弧形桥面分析桥面沉降状况，表面起伏在 +0.2 米 ~ -0.3 米间，考虑桥面铺设石块起伏误差，桥面本身相对于理论拟合曲面偏差在 ±0.1 米。

4.4 桥墩沉降分析

桥墩沉降主要以桥墩两侧选择典型特征为代表，分析其相对沉降程度，如图所示，本项目分别选择C、D两点作为桥墩高程特征分析桥墩沉降状况。

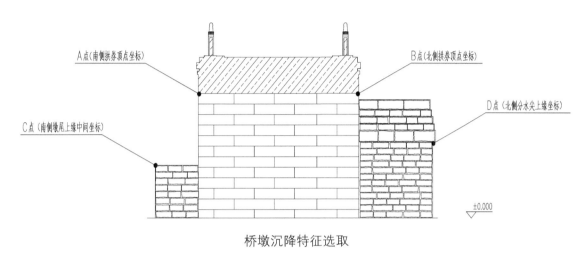

桥墩沉降特征选取

从三维扫描点云采集特征点坐标，对比分析其沉降状况，南北两侧C、D点状况如下：

卢沟桥南侧桥墩相对沉降表

南侧 C 点坐标					
桥墩编号	X	Y	Z	dz	
1	−94.486	10.874	1.247	0.094	
2	−75.331	10.747	1.341	0.000	
3	−55.772	10.645	1.317	0.024	
4	−35.446	10.463	1.183	0.158	
5	−14.604	10.425	1.164	0.177	备注：C点为南侧桥墩尾上缘中间坐标
6	6.676	10.340	1.208	0.132	
7	27.501	10.254	1.138	0.203	
8	47.671	10.176	1.208	0.133	
9	67.264	10.151	1.128	0.213	
10	86.303	10.201	1.251	0.090	

卢沟桥北侧桥墩相对沉降表

北侧 D 点坐标					
桥墩编号	X	Y	Z	dz	
1	48.53	50.98	2.89	0.00	备注： D 点位于 2 个桥孔之间，为北侧分水尖上缘顶点坐标
2	67.53	51.00	2.86	0.03	
3	87.04	50.97	2.70	0.20	
4	107.23	50.96	2.72	0.17	
5	128.11	50.93	2.65	0.24	
6	149.34	51.06	2.76	0.13	
7	170.34	50.85	2.75	0.14	
8	190.53	50.93	2.82	0.07	
9	210.05	50.89	2.73	0.17	
10	228.95	50.85	2.70	0.19	

桥墩沉降分析（北侧D点）

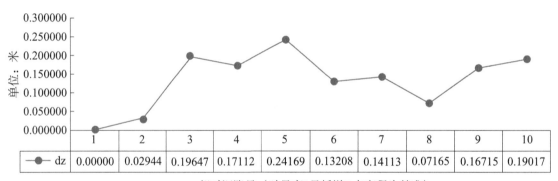

	1	2	3	4	5	6	7	8	9	10
dz	0.00000	0.02944	0.19647	0.17112	0.24169	0.13208	0.14113	0.07165	0.16715	0.19017

相对沉降量（以最高1号桥墩D点高程为基准）

━●━ dz

桥墩沉降分析（南侧C点）

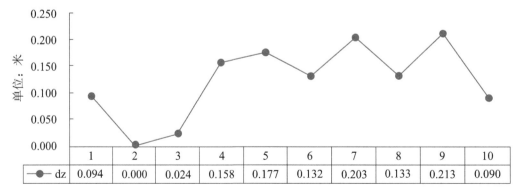

	1	2	3	4	5	6	7	8	9	10
dz	0.094	0.000	0.024	0.158	0.177	0.132	0.203	0.133	0.213	0.090

相对沉降量（以最高2号桥墩D点高程为基准）

━●━ dz

综合分析上述结果，其中北侧 5 号桥墩相对沉降量达 24 厘米，其余桥墩相对沉降量均小于 20 厘米；南侧桥墩相对沉降最大为 9 号桥墩，约 21 厘米，其余桥墩均接近或小于 20 厘米。

5. 病害检查评定

5.1 桥面铺装及公用系检查评定

（1）桥面为花岗岩条石横向铺砌路面。桥面石分为新旧两种，中间局部为旧桥面条石拼凑铺装，其余部位为新桥面石。桥面目前仅供行人通行。

西侧桥面

中间桥面

（2）经现场检查，新桥面石基本完好，表面平整，未见明显损坏；旧桥面石保留了表面的车辙，以供参观，表面凹凸不平，凹槽较多。

旧桥面凹槽

（3）经现场检查，望柱及栏板多处存在风化剥离现象，石狮严重风化，栏板处损伤部位大部分已采取过修补措施。

望柱及石狮风化

栏板风化及修补（一）

栏板风化及修补（二）

5.2 上部结构构件

（1）经现场检查，主拱券未发现存在明显开裂及变形，主拱券受力状态基本正常。

（2）经现场检查，主拱券上侧仰天石及金边普遍存在风化剥落，其中东侧1号～2号孔上侧仰天石基本完好，此两孔的仰天石可能为后期更换。

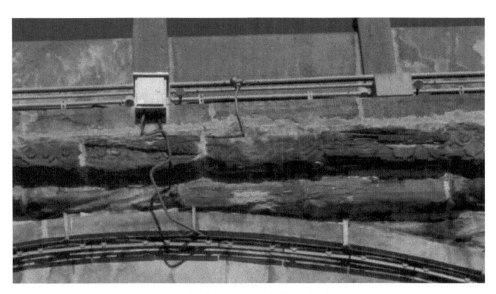

3-11号孔仰天石及金边风化剥落

1-2号孔仰天石基本完好，金边风化剥落

（3）经现场检查，1号拱券脸石开裂已修补；2号拱券南侧券脸石局部小块断裂。

2号拱券南侧券脸石局部小块断裂

1号拱券脸石开裂已修补

（4）经现场检查，拱券内多处存在明显渗水现象，局部伴有晶体析出，局部券石酥碱。

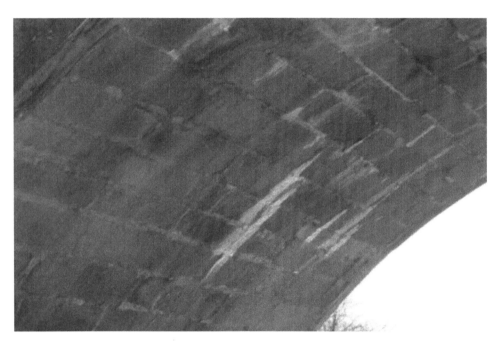

2号拱券渗漏痕迹

1号拱券渗漏痕迹

（5）经现场检查，拱券内灰缝均已经过修补，基本完好。8号及11号拱券石局部存在开裂脱落，表面已经过修补。

3号拱券灰缝修复及空洞修补

4号拱券灰缝修复及空洞修补

5号拱券灰缝修复及空洞修补

6号拱券灰缝修复

7号拱券灰缝修复及空洞修补

8号拱券灰缝修复及空洞修补

8号拱券石开裂及归安修复前

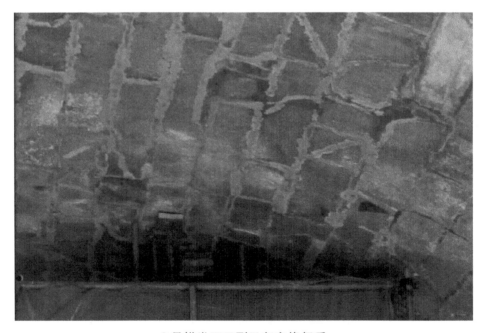

8号拱券石开裂及归安修复后

8 号拱券灰缝修复及空洞修补

9 号拱券灰缝修复及空洞修补

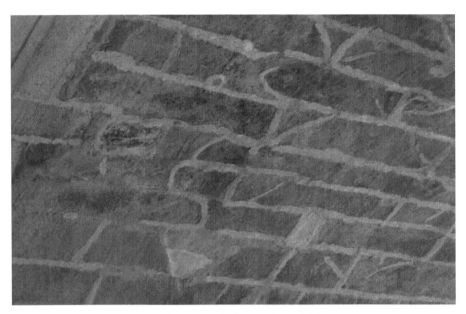

10 号拱券灰缝修复及空洞修补

11 号拱券灰缝修复

11号拱券石归安

（6）经现场检查，拱券侧墙灰缝均已经过修补，基本完好。

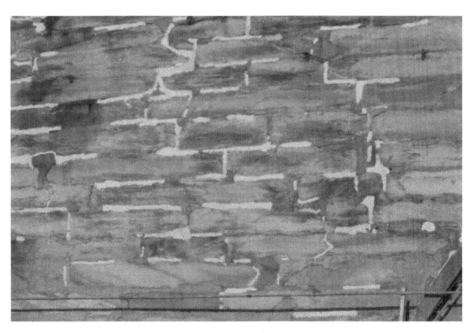

2-3号拱券南侧侧墙灰缝修复现状

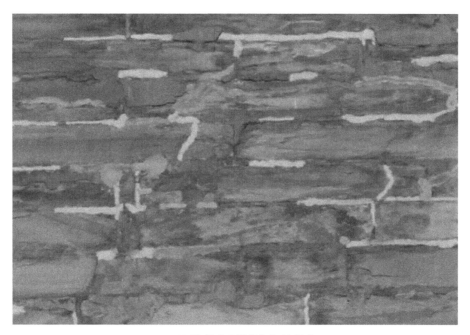

4-5 号拱券南侧侧墙灰缝修复

8-9 号拱券南侧侧墙灰缝修复

5.3　桥梁下部结构构件

卢沟桥下部结构主要由桥台、桥墩（北侧分水尖及南侧墩尾）和下部基础组成。

经现场检查，桥墩桥台外观基本良好，表面局部存在轻微风化剥落现象，灰缝普遍经过修补。

西南角桥台

东南角桥台

1-2号南侧桥墩

2-3号北侧桥墩

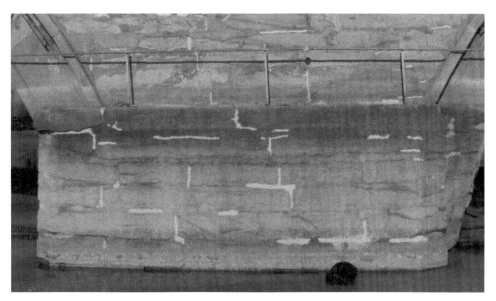

3-4 号南侧桥墩

4-5 号北侧桥墩

5-6 号南侧桥墩

7-8 号北侧桥墩

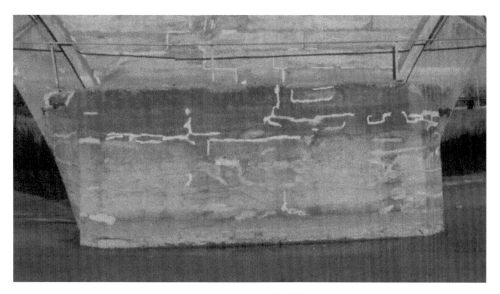

9-10 号南侧桥墩

10-11 号北侧桥墩

5.4 全桥技术状况评定

根据《公路桥梁技术状况评定标准》（JTG/T H21—2011）中评定方法，桥梁技术状况评定包括桥梁构件、部件、桥面系、上部结构、下部结构和全桥评定。公路桥梁技术状况的评定采用分层综合评定与五类单向指标相结合的方法，先对桥梁各构件进行评定，然后对桥梁各部件进行评定，再对桥面系、上部结构和下部结构分别进行评定，然后进行桥梁总体技术状况的评定。

在对桥面系、上部结构、下部结构技术状况进行评定时，各部件的权重值根据桥梁类型按规范规定值取值，对于缺失构件的权重用将缺失部件权重值按照既有部件权重在全部既有部件权重中所占比例进行重新分配。

卢沟桥技术状况评定结果详见下表：

卢沟桥技术状况评定表

部位	类别	评价部件	部件权重	部件重新分配后权重	部件评定值	部位评定值	部位权重
上部结构	1	拱券	0.70	0.78	57.24	61.69	0.4
	2	拱上结构	0.20	0.22	77.47		
	3	桥面板	0.10	0	0		
下部结构 ADS 从	4	翼墙、耳墙	0.02	0.02	100	82.54	0.4
	5	锥坡、护坡	0.01	0	0		
	6	桥墩	0.30	0.31	71.84		
	7	桥台	0.30	0.31	71.84		
	8	桥墩（台）基础	0.28	0.29	100		
	9	河床	0.07	0.07	100		
	10	调治构造物	0.02	0	0		
桥面系	11	桥面铺装	0.40	0.80	100	94.37	0.2
	12	伸缩缝装置	0.25	0	0		
	13	人行道	0.10	0	100		
	14	栏杆	0.10	0.20	71.84		
	15	排水系统	0.10	0	0		
	16	照明、标志	0.05	0	0		
技术状况评分 Dr		76.57		技术状况等级 Dj		3 类	

根据技术状况评定结果，得出如下结论：

卢沟桥的技术状况评分 Dr 值为 76.57，桥梁总体技术状况等级评定为 3 类，有中等缺损，尚能维持正常使用功能。

6. 结论与建议

（1）建议对存在风化剥离的栏板望柱、严重风化的石狮采取相应的保护措施。

（2）鉴于 8 号孔、9 号孔及 11 号孔拱券石多处脱落，建议对以上拱券采取相应加固措施。

（3）鉴于 7 号孔、9 号孔及 10 号孔拱券顶点的南北高差相对较大，建议对以上拱券采取变形监测措施。

（4）鉴于北侧 5 号桥墩、南侧 9 号桥墩相对沉降较大，建议对以上桥墩采取沉降监测措施。

（5）严格按照公路桥梁相关养护维修规范做好卢沟桥桥梁结构的日常检查、维修、管养工作，对出现的问题及时按照规范要求进行处理。如：定期清理缝隙中植物根茎、券顶渗漏时及时进行修复、对桥面灰缝及时进行重铺或灌缝处理等。

第三章　居庸关云台结构安全检测鉴定

1. 建筑概况

云台建于元朝至正五年（1345年），最初的建筑形式是元代永明寺的过街塔门，台上筑有三塔，元末三塔已毁其二，明正统十二年（1447年）改名泰安寺，云台上建为五阁大殿，云台之名始于明代，现有的云台台上已无建筑，云台墙壁上的石雕，已有酥裂和剥落，最严重的是门洞内壁"南方增长天王"头部及"北方多目天王"力士双手捧塔全部残失，1961年、1983年曾对云台进行过维修，主要是保护修缮墙面石雕，1993年北京市文物建筑保护设计所的云台修缮工程图是本次检测查到的唯一技术资料，当时维修项目有，拆除两侧堆土马道，用石料镶补条石路面、散水中缺失处。台顶地面进行抗渗处理，改善了屋顶的排水功能，防止云台内壁渗水，彻底清除云台缝隙中的杂草、树木，用树脂胶泥修补裂缝、嵌缝。

2. 主体结构状况

云台是一座用石砌体建造的实体建筑，其外廓尺寸：东西向长 28.6 米，南北向 15.67 米，基石面至台顶高度 9.19 米，外墙面的侧角为 1∶7，城台中部门洞宽 7.28 米，顶高 6.7 米，门洞下是条石路（古路），洞顶为条石筑三折线拱，拱高 2.19 米。

云台主体结构用规整的条石块和石灰浆砌筑，台顶起坡，有组织排水，云台顶四周有 1.6 米高石栏，底部四周有条石散水。目前台顶不上人，结构静荷载主要为自重。

云台价值最高的部分是台外檐，上券脸和门洞内墙壁的石雕，这些石作依附在云台主体结构上，主体结构的稳固和安全性应具有可靠的保证。

云台外廓尺寸图

3.地基基础承载状况

月城基础土质已经受了上部结构对其数百年的压密作用，现已很稳定。现场检查：城墙上部墙基砌体无明显变形、移位；受力坏损的迹象；上部结构和城墙无因地基基础不均匀沉降引起的倾斜、裂缝。表明在现有使用条件下，月城地基基础承载状况良好，无静载缺陷。

4.云台外观结构状况

全面检查了云台内、外墙面和台顶面的现状，检查项目为：结构整体性、坏损和墙面局部残损。

4.1 结构整体性坏损

云台南、北、东、西四个墙面上没有结构裂缝，墙面无鼓闪变形。

云台南墙面

东、西北墙

门洞内墙的石雕存在表层残损和裂缝，内墙面下部的条石墙面中部，有几条贯通石块接缝的竖向裂缝。

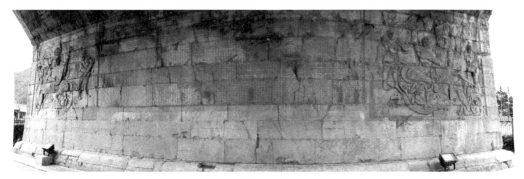

全景图东

全景图西

这种裂缝是陈旧性结构裂缝，由早期云台基础的弹性沉降变形引起。现在云台上早已无建筑荷载，门洞路面无通行车辆扰动，地基也已稳固，加之墙底开裂后，产生内力重分布，仍保持正常承载状态，故这种裂缝早已稳定，不再发展。由照片可见经修补过的裂缝大多数完好。除了这种陈旧结构裂缝，再未见新生裂缝的迹象，经比对测量结果，内墙面外观也无大面积鼓闪变形的迹象。

维修时，云台顶面铺设新的砖面层见下图，整个台顶面层平直，无局部沉陷变形和裂缝，这种情况也表明云台整体性好。

4.2 云台墙面局部残损状况检查

经1993年以来的保护修缮，云台墙面的旧有残损部位均已得到维修，外墙面的砌体灰缝饱满，旧有的石材残损的裂隙和残缺部位均已被修补。

云台顶面

内墙面的条石墙面的旧有残损部位也经过修补，石雕的裂隙和残损处用树脂胶泥进行精细的粘接修补。绝大多数墙面旧残损点的修补效果较好，旧残没有扩大。目前，墙面仍有少量局部残损点，主要分部在墙面底部。下图可见外墙南、北、东、西四个墙下部的新残损点。

新的残损点，多是条石砌缝坏损剥落，有少数已修补的旧残点又坏损，还有几块条石产生断裂，墙面下部砌体承受上面传来的压力较大，相接地基基础比较潮湿，受风化和冻融的环境作用较大，相对上部墙面易产生残损。

4.3 云台外观结构状况

墙体外观现状检查评定表

序号	墙体检查评定		部位			
			北墙	南墙	东墙	西墙
1	砌体缺陷	残损程度	环境侵蚀造成墙面石块酥裂、剥落和断裂			
		评定程度	整体良好，局部坏损			
2	变形、位移	残损程度	无明显迹象			
		评定程度	良好			
3	裂缝	残损程度	内墙面有陈旧性结构裂缝已稳定，各墙面无新产生的结构裂缝			
		评定程度	良好			
墙体安全性评级			B_u 级			

南墙西侧

南墙东侧

97

北墙西侧

北墙东侧

东墙

西墙

5. 城门洞砖拱券外观质量检查

门洞上方的三折线条石砖拱券是重要的承重结构。拱券的技术状况检查结果见下表。

砖拱券技术现状检查评定表

检查项目	变形	裂缝	砌筑灰缝	渗水	砌块断裂	风化	拱脚位移
	1	2	3	4	5	6	7
砖拱券	无明显迹象	较严重	完好	局部	个别	较微	无

观测券顶平直段，无裂缝，无挠度变形。检查结果表明，拱券的承载状况良好。

云台内部拱券

6.云台主体结构安全性评价

1993 年维修时,城墙顶面增设了防渗地面和有组织排水构造,墙面和拱券无严重的渗水现象。女儿墙均经加固修缮,现状良好。

云台主体结构安全性评定表

结构部位	检查项目		子单元安全性评级	存在问题
地基基础	基础变形		B_u 级	
	上部结构不均匀沉降反映			
上部结构	组成部分	城墙	B_u 级	
		城门拱洞		
		城墙地面		
	整体性	构造连接	B_u 级	
		结构侧向位移		
围护结构	女儿墙		B_u 级	
	墙顶排水			

根据上表各结构部位的安全性评定结果,云台的整体安全性评级为 B_{su} 级。

云台墙面下部存在石材酥裂,条石断裂,砌筑灰缝脱落的坏损现象。应进行经常性的保护修缮,阻止风化作用对石材内部的侵蚀。目前,仍无长期有效的防石材、石雕表层风化的技术措施。鉴于云台体积不太大,建议考虑用透明玻璃幕墙半封闭石雕的保护方案。

第四章　永通桥结构安全检测鉴定

1. 建筑概况

1.1 建筑简况

永通桥距通州城西八里，俗称八里桥，四分之三部分在朝阳区界内，属管庄乡管辖。永通桥建于明正统十一年（1446年），明、清、民国和20世纪80年代屡加修葺，桥两侧护栏在光绪二十六年（1900年）八里桥保卫战遭八国联军破坏后重修，每侧望柱各33根，柱头雕有姿态各异的石狮。20世纪40年代末桥面铺设沥青路面。1986年永通桥南券东段遭暴雨和洪水冲击而坍塌，翌年按原样修复。永通桥为北京地区现存的三大古桥之一。1984年公布为北京市级文保单位。

永通桥是采用花岗岩大石块和白灰浆砌筑的实腹拱桥。桥长57.96米，宽16.00米。桥面现为沥青路面，两侧设有石栏板。大桥有3连体石拱券拱券。拱券拱券为微尖锅底形。中间拱券拱券跨度6.22米，高度3.20米。两端拱券拱券跨度为5.73米，高2.89米。桥墩西侧迎水面有石筑分水尖。

1.2 现状立面照片

永通桥西侧

永通桥中拱券东侧

永通桥南拱券东侧

永通桥北拱拱券东侧

2. 建筑测绘图纸

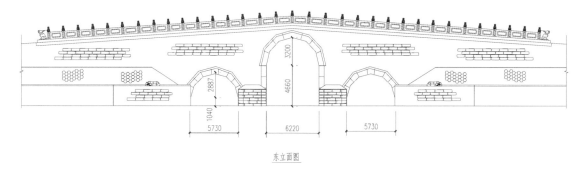

东立面图

永通桥东立面测绘图

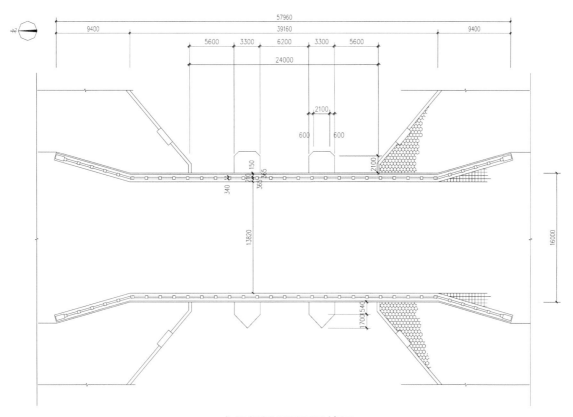

永通桥桥顶平面测绘图

3.上部结构技术状况检查评定

3.1 石拱券

石拱券用大石块和石灰浆砌筑。按照券石的排列方法，拱券构造属于并联拱券。石拱券的现场检查项目有7项，检查结果如下：

石拱券技术状况检查评定表

序号	主拱券检查评定		北拱券	中拱券	南拱券
1	变形	残损	完好	完好	拱券西端边拱外倾现象
		评定	标度1	标度1	标度2
2	裂缝	残损	完好	完好	西端拱横向严重裂缝
		评定	标度1	标度1	标度2
3	砌筑灰缝	残损	较大范围灰缝松散脱落		
		评定	标度3		

续表

序号	主拱券检查评定		北拱券	中拱券	南拱券
4	渗水	残损	完好	西端局部潮湿迹象	完好
		评定	标度 1	标度 1	标度 1
5	砌块断裂	残损	完好	局部砌砌体小块断裂	完好
		评定	标度 1	标度 1	标度 1
6	风化	残损	表层轻微风化		
		评定	标度 1		
7	拱脚位移	残损	完好	端部轻微沉降位移	
		评定	标度 1	标度 2	标度 1
构件评定		评分	65	65	39
部件评定		评分	50		
		等级	4 类（技术状况等级）		

　　各拱券的砌筑灰缝均有较大范围的脱落。南拱券西侧拱券的券门、边拱上存在严重的横向裂缝，裂缝宽度为 20 毫米，拱券存在轻微局部外闪变形。开裂边拱券的纵向深度约 2 米。

永通桥北拱券券顶西端

永通桥中拱券券顶东端

永通桥南拱券西侧边拱券裂缝（一）

永通桥南拱券西侧边拱券裂缝（二）

3.2 拱上结构

拱上结构侧墙用石块和石灰浆砌筑，填料情况不详，现桥面铺设沥青路面。拱上结构的技术状况检查有 5 项，检查评定结果如下：

拱上结构技术状况检查评定表

序号	拱上结构检查评定		北拱券	中拱券	南拱券
1	侧墙与主拱连接	残损	完好		
		评定	标度 1		
2	侧墙变形、位移	残损	完好		
		评定	标度 1		
3	填料沉陷、开裂	残损	完好		
		评定	标度 1		
4	结构裂缝	残损	完好		
		评定	标度 1		
5	填料排水不畅	残损	完好		
		评定	标度 1		
构件评定		评分	100	100	100
部件评定		评分	100		
		等级	1 类（技术状况等级）		

3.3 上部结构技术状况评定等级

根据标准 JTG/TH21—2011 上部构件的技术状况评分为：

上部结构评分＝拱券部件评分 × 相应权重＋拱上结构评分 × 相应权重

$$= 50 \times 0.77 + 100 \times 0.23 = 62$$

上部结构技术状况评分为 62 分，评分为（60，80）区间的相应技术状况等级位 3 类。技术状况最差的南拱券，其拱券变形和裂缝主要发生在西端约 2 米宽的边拱范围，对桥梁承载状况的影响仅限于局部。

4. 下部结构技术状况检查评定

本次检评工作在冬季河流枯水期进行，拱券下无水。可检查河底以上的桥墩外观。河底以下基础部位无条件进行直观检查。该桥是一座正在使用中的公路桥，处于公路部门的安全性监管之中，且应详细掌握水下的结构情况。在此基础上，可根据工程经验，按上部结构的整体性变形、坏损情况，评定下部结构支承部件的承载状况。

4.1 地基基础承载状况

现场检查：桥梁上部结构现无因地基基础不均匀沉降引起的裂缝和受力坏损的迹象；也无由基础滑移和倾斜引起的歪、扭损伤。石桥的地基基础承载状况良好，无静载缺陷。目前，该桥作为公路桥，在现管理使用条件下，桥梁地基基础的承载状况良好。基础露明砌体检查评定结果如下：

基础露明砌体残损检查表

序号	基础检查评定		北拱券	中拱券	南拱券
1	冲刷、掏空	残损	完好		
		评定	标度 1		
2	河底铺砌	残损	完好		
		评定	标度 1		
3	沉降	残损	完好		
		评定	标度 1		
4	滑移和倾斜	残损	完好		
		评定	标度 1		
5	裂缝	残损	完好		
		评定	标度 1		

续表

序号	基础检查评定		北拱券	中拱券	南拱券
构件评定		评分	100		
部件评定		评分	100		
		等级	1 类（技术状况等级）		

现场检查：桥基砌体无明显变形、移位；受力坏损的迹象；桥梁各部无因地基基础不均匀沉降引起的倾斜、裂缝。表明在现有使用条件下，石桥的地基基础承载状况良好，无静载缺陷。地基基础的技术状况评定标度为 1 类。

4.2 桥墩

桥台用花岗岩石块和石灰浆砌筑。桥台的外观质量基本良好，结构承载状况正常。桥台检查评定结果如下：

桥墩检查评定表

序号	桥墩检查评定		北拱券	中拱券	南拱券
1	砌体缺陷	残损	完好	西端局部变形、坏损	完好
		评定	标度 1	标度 3	标度 1
2	位移	残损	完好	完好	完好
		评定	标度 1	标度 1	标度 1
3	裂缝	残损	完好	西端局部竖向裂缝	完好
		评定	标度 1	标度 1	标度 1
构件评定		评分	100	60	100
部件评定		评分	83		
		等级	3 类（技术状况等级）		

永通桥中拱洞西侧南
拱角严重鼓闪

永通桥鼓闪墙面顶点处的原标注 36 厘米

永通桥拱角鼓闪处墙面

2008 年 7 月 8 日的裂缝记录

4.3 桥台

桥台在大桥的两端，连接河岸与大桥的过渡段，用与桥体相同的方式砌筑。检评的项目为5项，结果如下：

桥台检评表

序号	桥台		位置	
			桥北端	桥南端
1	砌体缺陷	残损	完好	西侧局部鼓闪
		评定	标度1	标度2
2	桥头跳车	残损	完好	台背路面西侧局部轻微沉陷
		评定	标度1	标度2
3	位移	残损	完好	完好
		评定	标度1	标度1
4	结构裂缝	残损	完好	完好
		评定	标度1	标度1
5	台背排水状况	残损	完好	完好
		评定	标度1	标度1
构件评定		评分	100	62
部件评定		评分	77	
		等级	3类（技术状况等级）	

永通桥南拱洞

4.4 翼墙

翼墙是大桥两端的护岸砌筑石墙，原桥的上、下游各两段。修筑南、北涵桥时，翼墙被扩建为分流调治构造物，同时加固了新、老桥衔接部位的连接。翼墙的检评项目为4项，结果如下：

翼墙检测评定表

序号	翼墙检查评定		位置			
			西北	西南	东北	东南
1	破损	残损	较完好			
		评定	标度1			
2	位移	残损	完好			
		评定	标度1			
3	鼓肚、砌体松动	残损	较完好			
		评定	标度1			
4	裂缝	残损	完好			
		评定	标度1			
构件评定		评分	100			
部件评定		评分	100			
		等级	1类（技术状况等级）			

永通桥上游入口处的分流调治构造物

4.5 河岸护坡

河床两岸为土体护坡，检评内容 2 项，详见如下：

护坡检测评定表

序号	护坡检查评定		位置			
			西北	西南	东北	东南
1	缺陷	残损	完好			
		评定	标度 1			
2	冲刷	残损	完好			
		评定	标度 1			
构件评定		评分	100			
部件评定		评分	100			
		等级	1 类（技术状况等级）			

4.6 河床

1987 年于桥南端、北端扩宽河面，各修建了三孔水泥涵洞，以利泄洪分流。冬季，河床水少，水走分流桥涵。河床检评结果如下：

河床检查评定表

序号	河床		位置	
			上游	下游
1	堵塞	残损	完好	
		评定	标度 1	
2	冲刷	残损	完好	
		评定	标度 1	
3	河床变迁	残损	完好	
		评定	标度 1	
构件评定		评分	100	
部件评定		评分	100	
		等级	1 类（技术状况等级）	

永通桥西侧

4.7 下部结构技术状况评定

按照标准 JTG/TH21—2011，下部结构的技术状况评分按下式计算：

下部结构评分＝∑各部件评分 × 相应权重

计算参数：
部件	评分	权重值
地基基础	100	0.30
桥墩	83	0.30
桥台	77	0.28
翼墙	100	0.02
护坡	100	0.01
河床	100	0.09

下部结构评分为 86，评分为（80，95）区间的相应技术状况等级为 2 类。桥台与桥面经维修后，原有的严重残损部位已加固修缮。现存的砌体轻度风化现象，残损发展缓慢，基本不影响桥台承载性能。

5. 桥面系技术状况检查评定

桥面系技术状况检评结果如下：

桥面系检查评定表

序号	桥面系	残损	评定
1	桥面铺装	无	完好
2	人行道	无	完好
3	护栏	基本无坏损	完好
4	防、排水	桥下有局部漏水迹象	完好

　　桥面现状见下图，桥面起坡，有利于排除雨水。桥的南、北入口处，均有交通管理部门设置的车辆限型钢门架，不允许大型运输车辆过桥，车辆限重2.5吨。车辆限型措施有利于保护古桥的安全使用。

永通桥桥面北入口

6. 桥梁总体的技术状况评级

桥梁总体的技术状况评级表

桥梁名称	八里桥		主跨结构	3 跨实腹石拱桥	上次检查日期	—
			桥长	57.96 米	建成年月	1546 年
			最大跨径	9.85 米	上次大中修日期	2001 年
序号	桥梁组成及评级		桥梁部件及评级			
	桥梁组成	评定等级（1—5）	部件名称		评定等级（1—5）	
1	上部结构	3 类	主拱圈		4 类	
2			拱上结构		1 类	
4	下部结构	2 类	翼墙		1 类	
5			护坡		1 类	
6			桥墩		2 类	
7			桥台		3 类	
8			地基基础		1 类	
9			河床		1 类	
10	桥面板		桥面铺装		完好	
11			人行道		完好	
12			栏杆		完好	
13			排水系统		完好	
总体技术状况等级			3 类			

第五章 五塔寺金刚宝座塔结构安全检测鉴定

1. 建筑概况

1.1 建筑历史简介

真觉寺（五塔寺）创建于明永乐年间。清乾隆二十六年（1761 年）曾大修过。寺于 21 世纪初被毁，仅存留下这座明代成化九年（1473 年）建成的塔。这种高台上建有五塔的特殊类型的佛塔，被称为金刚宝座塔。

塔内部用砖砌成，外表全部用青白石包砌。它的下部是一层平面略呈长方形的须弥座式的石台基，台基外表周匝刻有梵文和佛像、法器等纹饰，台基上面就是金刚宝座的座身，座身分为五层，每层均有挑出的石制短檐，檐头刻出筒瓦、勾头、滴水及椽子，短檐之下周匝全是佛龛，每龛内雕坐佛一尊，佛龛之间用雕有花瓶纹饰的石柱相隔，柱头并雕出斗拱以承托短檐。宝座的南北两面正中各开券门一座，通入塔室。拱门券面上刻有金翅鸟、狮、象、孔雀、飞羊等图饰。从南面券门进入，经过一方形过室，就到达塔室了。塔室中心有一方形塔柱，柱四面各有佛龛一座。在过室的东西两侧，各有石阶梯 44 级，盘旋而上，通向宝座顶上的罩亭内。

罩亭为琉璃砖仿木结构，亭之南北也各开一座券门，通向宝座顶部的台面，台面四周都有石护栏围绕。琉璃罩亭的北面，就是五座密檐式小石塔。小塔也是方形，中间一塔较高，有檐十三层，顶部是铜制的覆钵式塔形的刹。四隅的小塔较中央的稍低，檐十一层，塔刹为石制。五座小塔的雕刻也集中在塔檐下的须弥座和第一层塔身上，纹饰也是以狮、象、马、孔雀等为主要题材，间刻金刚杵、花瓶等图饰。

金刚宝座塔在造型上属于印度形式，但在结构上（如宝座上的短檐、斗拱和宝座顶上的琉璃罩亭等），明显地表现了中国建筑特有的传统风格，成为中国建筑和外来文化互相融合的创造性杰作。

真觉寺金刚宝座塔的建筑平面呈矩形。宝座塔的外廓尺寸为：面阔向 15.9 米，进深向 19 米。宝座塔主体结构由两个结构子单元构成。

最底层为塔基，外砌虎皮石，围汉白玉石栏，正面有石阶。正面中开券洞，洞两侧可沿石级而上至金刚座顶面。

塔座上的出口处呈一方形石屋，塔顶正中央，置一座十三层密檐方形石塔，四周各有一座略小于中央塔的方形石塔。所有小塔顶部都有铜铸塔刹。

1～5 号塔为八面十三层密檐式石塔。地上结构由三部分组成。塔的基部是两层须弥座组成的平座，平座上坐落十三层密檐塔身。第十三层檐顶上，居中放射出八条垂脊，在垂脊中央聚合处出塔刹。1～3 号塔的体型相差不多，八角形塔基边宽约 7 米，高度约 20 余米，高宽比约为 3：1。

1.2 现状立面照片

金刚宝座塔北立面

金刚宝座塔北立面

2. 建筑测绘图纸

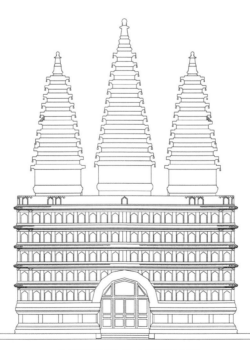

金刚宝座塔北立面测绘图

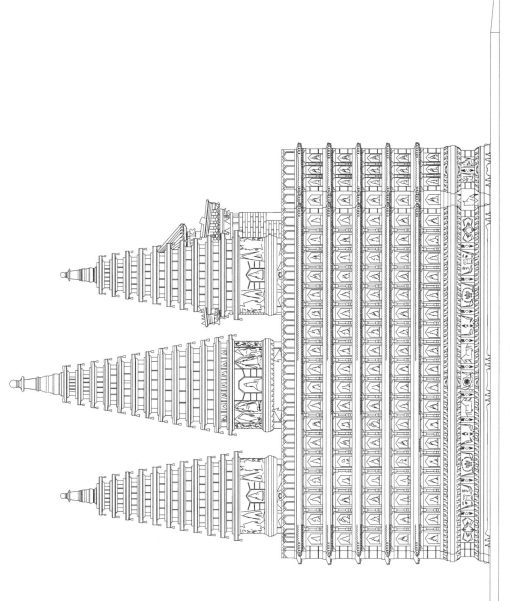

金刚宝座塔西立面测绘图

121

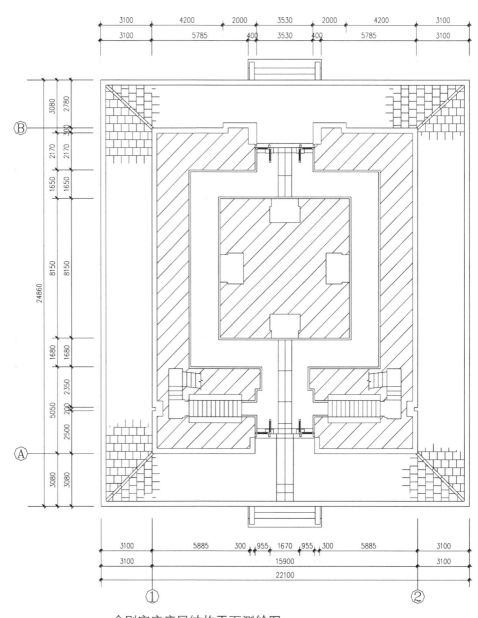

金刚宝座底层结构平面测绘图

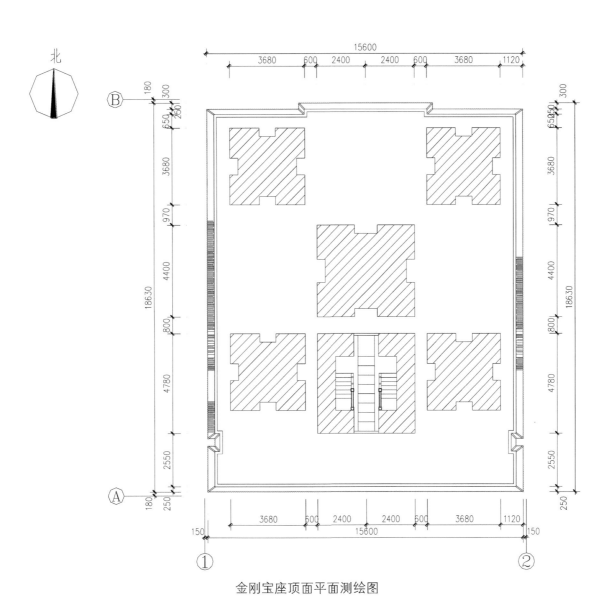

金刚宝座顶面平面测绘图

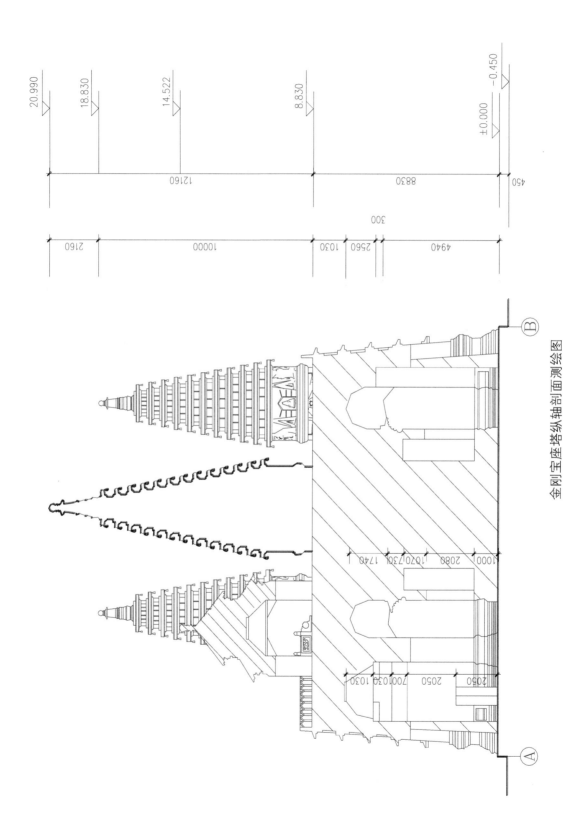

金刚宝座塔纵轴剖面测绘图

3. 宝座塔的地基基础承载状况

建研地基基础工程有限责任公司对宝座塔的四周场地进行了岩土工程初步勘察，详见附件"五塔寺修缮工程岩土工程勘察报告"。根据现场钻探、原位测试及室内土工试验结果，结合区域地质资料和宝座塔性质特点综合分析，场地地基条件如下：

（1）场地内未发现不良地质作用。

（2）地表素填土层，因结构松散，均匀性差，不经处理不宜作为地基持力层；素填土层下20米深各土层地基土承载力标准值不小于150千帕。

（3）地地震烈度为8度时，场地地基土不会发生地震液化。

（4）场地土类型为中软土，场地覆盖层厚度Dov>50米，建筑场地类别为Ⅲ类。

（5）因该场地地下水埋藏较深，可不考虑地下水对混凝土基础及对本工程的影响。

由于宝座塔的地基持力层位置和基础构造不明，地基基础的承载状况主要根据其不均匀沉降在上部结构反应进行评定。现场检查，宝座塔没有产生明显的倾斜，塔座砌体和洞口处没有因地基不均匀沉降引起的结构裂缝局部变形。外观现象表明塔座的地基基础承载现状良好，无静载缺陷。地基基础基本经受住了数百年的承重检验，地基承载现状稳定。参照规范（GB50292—1999），金刚宝座塔的地基基础的安全性等级可评为 A_u 级。

4. 金刚宝座的结构质量检查

检查方法为：外观检查，接触探查和仪器测量。目的是查找已不能正常受力、不能正常使用或濒临破坏状态墙段。以下为金刚宝座的检查情况。

4.1 砌体结构
城恒外墙面是黏土砖石灰浆砌体，墙基为条石石灰浆砌体。

实测西侧墙面相对坐标

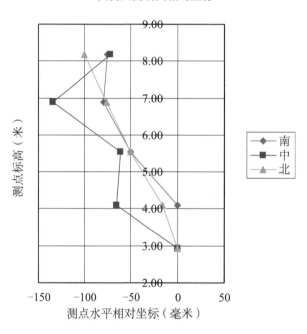

实测东侧墙面相对坐标

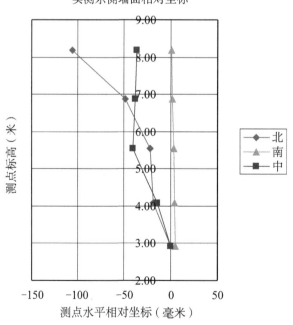

实测南侧墙面相对坐标

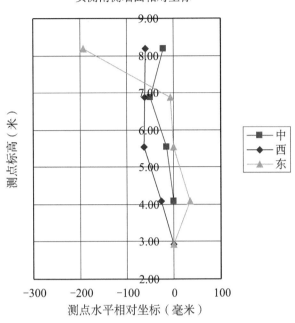

实测北侧墙面相对坐标

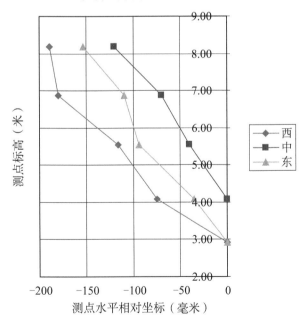

4.2 内室拱券及墙体的外观质量检查

门洞砖拱是重要的承重结构，拱圈原砖面已大面积风化、酥碱。但经拆砌修缮，拱券结构现状良好，承载状况良好。砖拱券的技术状况检查结果如下：

主拱券技术状检查评定表

检查项目	变形	裂缝	砌筑灰缝	渗水	砌块断裂	风化、酥碱	拱脚位移
	1	2	3	4	5	6	7
南城门洞	无明显迹象	无结构裂缝	完好	不明显	无	已修缮	无
北城门洞	无明显迹象	无	完好	不明显	个别	已修缮	无

塔室南入口前庭的砖拱顶

塔室中柱南侧须弥座

塔室西侧通道砖拱券

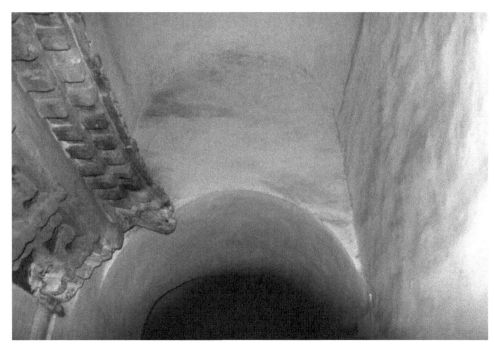

塔室南侧通道砖拱券

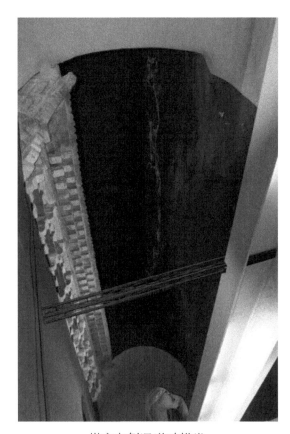

塔室东侧通道砖拱券

塔室北侧砖拱券

塔室北侧砖拱券东侧登塔楼梯

4.3 墙面石雕

宝座外壁石雕东北部

宝座石雕局部严重残损

宝座石雕局断裂

宝座石雕局严重风化

城恒顶面的铺砖地面已得到全面的修缮保护。根据墙体渗水情况较少，推测砖面层下有防水层。城垛、拔檐砖经修缮后，砌体质量较好。

5.4 石栏板结构质量检查

金刚宝座东南角

金刚宝座西南角

金刚宝座东北角

金刚宝座西北角

4.5 金刚宝座外观状况检查评定结果

台基外观结构状况检查评定表

序号	墙体检查评定		部位	
			内墙面	外墙面
1	砌体缺陷	残损	原墙面轻度风化，少数部位渗漏雨水	
		评定	良好	
2	变形、位移	残损	无明显迹象	
		评定	良好	
3	裂缝	残损	个别现象，不严重	
		评定	良好	
墙体安全性评级			B_u 级	

5. 各塔体外观质量检查

检查方法为：外观检查，接触探查和仪器测量。目的是查找已不能正常受力、不能正常使用或濒临破坏状态的塔身区段和组件，检查维修处理的部位，是否发生新的坏损。主要细节有砌体的变形、裂缝、砌块残损、砌筑灰缝、风化、渗漏等。

5.1 罩亭

罩亭南侧

罩亭琉璃砖檐

5.2 号塔

目前，主体结构承载状况正常，十三层密檐外观质量基本良好。存在自然的砌体老化现象。塔体各部分砌体没有严重的的残损、变形和裂缝。1991 年的资料记载该塔当时的主体结构基本完好，修缮部位见附录一，图 1。原修缮的残损部位基本无再次坏损，没有新坏损点。平座以下，接近地基部分砌体有些灰缝脱落。

1 号塔东侧密檐

1号塔东侧密檐

5.3 2~5号塔

2号塔（东南）西侧

3 号塔（西南）东侧

4 号塔（西北）南侧

5号塔（东北）南侧

残损

开裂

5 塔残损部位照片

5.4 石塔的脉动频率测量

目前，这两座塔保存较完好。平座和主体结构承载状况正常。虽存在自然的砌体老化现象，但平座和七层密檐塔身的砌体外观质量基本良好。塔体各部分砌体没有严重的残损、变形和裂缝。

5.5 各塔外观检查评定结果

1～5 号塔外观检查评定结果如下：

外观状检查评定表

检查项目	变形	结构裂缝	砌块残损	砌筑灰缝	风化	安全性评级
1 号塔			个别			B_u 级
2 号塔			个别			B_u 级
3 号塔	无明显迹象	无	个别	个别残损	面层	B_u 级
4 号塔			个别			B_u 级
5 号塔			个别			B_u 级
6 号塔			无			B_u 级

4、5 号塔的高度 10 余米，高宽比 2:1，稳固性好。塔体外观无明显受力偏斜迹象。在现承载状况下，各塔无整体性承载力不足的迹象。依据检测结果，1～5 塔的整体性评级均为 B_u 级。

141

6.6 宝座塔上部结构安全性评定

1号塔的结构安全性检评结果汇总如下

1号塔的结构安全性评定表

结构部位	检查项目		子单元安全性评级	存在问题
地基基础	基础变形		B_u级	
	上部结构不均匀沉降反映			
上部结构	组成部分	平座	B_u级	平座下部灰缝残损
		塔身		
		密檐		
	整体性	各结合部	B_u级	
		结构侧向位移		
塔顶	垂脊		B_u级	
	砖饰			

根据上表各结构部位的分项安全性评定结果，1号塔的整体安全性评级为B_{su}级。应修缮平座底部的残损砌体。

6. 宝座塔结构安全性评定

金刚宝座塔的结构安全性评级表

结构部位	检查项目		子单元安全性评级	存在问题
地基基础	基础变形		B_u级	—
	上部结构不均匀沉降反映			
上部结构	组成部分	城墙墙面	B_u级	个别部存在非结构裂缝和风化残损
		城门拱洞		
		城顶地面		—
	整体性	构造连接	B_u级	
		结构侧向位移		
围护结构	墙垛和地面抗渗		B_u级	少数部位渗漏
	墙顶排水			

根据上表各结构部位的安全性评定结果，金刚宝座塔的整体结构安全性评级为B_{su}。

第六章　琉璃河大桥结构安全检测鉴定

1. 建筑概况

1.1 建筑简况

琉璃河大桥建成于嘉靖二十五年（1546 年）。该桥为 11 孔连拱石桥，横跨在琉璃河上，连通南北两岸。琉璃河发源于房山西北山区，历史上琉璃河经常洪水泛滥。光绪十六年（1890 年），洪水异常凶猛，将大桥冲断 20 余丈，一年后才修复通行。1949 年后琉璃河大桥处在 107 国道上，作为重要的公路桥先后进行过多次整修。1984 年定琉璃河大桥为"北京市文物保护单位"。2000 年 10 月，大桥西侧新建成三跨预应力桥梁，古桥退役。2001 年北京市对古桥进行了大规模的修缮保护，并恢复了原条石桥面。

琉璃河大桥是采用大石块砌筑的实腹拱桥。石砌体构造严密。桥全长 174.695 米，桥面宽 10.4 米。桥面用大石条铺筑，两侧设有石栏板。拱券拱券为微尖锅底形，拱券厚度 0.75 米左右。大桥有 11 个石拱券拱券，中间拱券拱券直径 9.850 米。分向桥两端，拱券拱券直径逐步减小，桥端拱洞为 7.020 米。桥墩西侧迎水面有石筑分水尖。

2001 年维修的主要项目有：修补个别局部残损较严重的石拱券和桥体；水泥砂浆勾缝修补所有拱券的砌筑灰缝；维修分水尖、金刚墙；清理拱券至底石，补配桥底装板石；修配残损、缺失的护栏板；修复原条石桥面，桥面补做防水层。

为便于描述，将拱券按序编号，由北向南为 1 至 11 号拱券。

1.2 现状立面照片

琉璃河桥东侧面

琉璃河桥西侧面

琉璃河大桥 1 号拱券西侧

琉璃河大桥 2 号拱券东侧

琉璃河大桥 3 号拱券西侧

琉璃河大桥 4 号拱券东侧

琉璃河大桥 5 号拱券西侧

琉璃河大桥 6 号拱券东侧

琉璃河大桥 7 号拱券西侧

琉璃河大桥 8 号拱券东侧

琉璃河大桥 9 号拱券西侧

琉璃河大桥 10 号拱券东侧

琉璃河大桥 11 号拱券西侧

2. 建筑测绘图纸

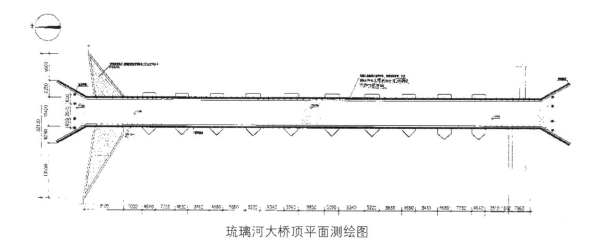

琉璃河大桥顶平面测绘图

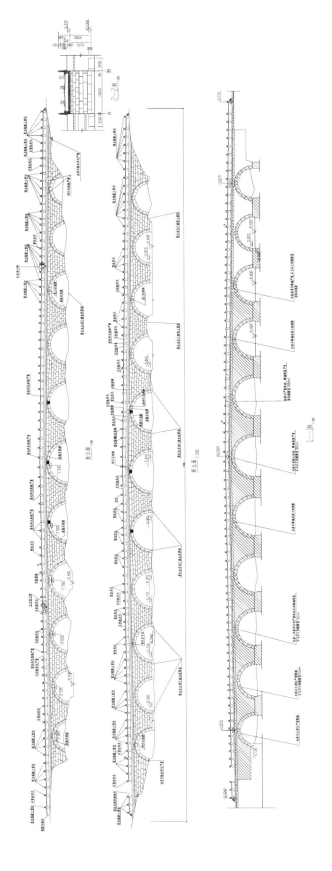

琉璃河大桥东、西立面及剖面测绘图（拆图）

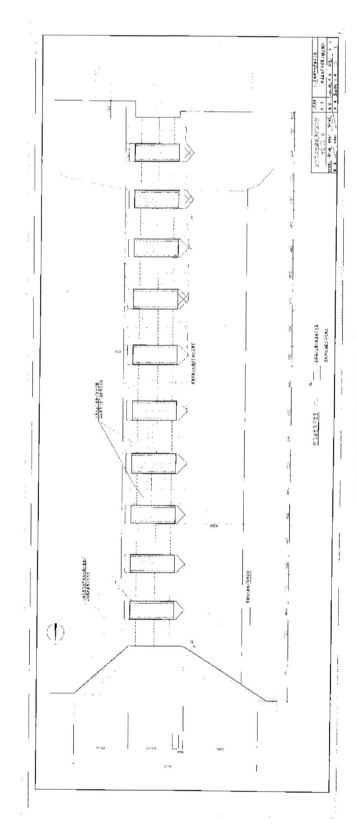

桥底装板石面测绘图（拆图）

3.上部结构技术状况检查评定

3.1 石拱券

石拱券用大石块和石灰浆砌筑。按照券石的排列方法，拱券构造属于并联拱券。

石拱券的现场检查项目有 7 项，检查结果如下：

石拱券技术状况检查评定汇总表

序号	石拱券		拱券编号										
			1	2	3	4	5	6	7	8	9	10	11
1	变形	残损	无明显迹象						拱线陈旧变形	无明显迹象			
		评定	标度 1						标度 2	标度 1			
2	裂缝	残损	无结构裂缝										
		评定	标度 1										
3	砌筑灰缝	残损	基本完好						局部灰缝松散脱落	基本完好			
		评定	标度 1						标度 2	标度 1			
4	渗水	残损	局部										
		评定	标度 2										
5	砌块残损	残损	基本完好						券脸石残损	基本完好	龙门石残损	内券石多点残缺	基本完好
		评定	标度 1						标度 1	标度 1	标度 1	标度 2	标度 1
6	风化	残损	石材表面有浅风化层										
		评定	标度 1										
7	拱脚位移	残损	完好						陈旧性变形	完好			
		评定	标度 1						标度 1	标度 1			
构件评定	评分		80				56		43	56	80	56	80
部件评定	评分		63										
	等级		3 类（技术状况等级）										

3.2 拱上结构

拱上结构侧墙用石块和石灰浆砌筑，填料情况不详，桥面现已恢复成古桥的原条石铺设路面。拱上结构的技术状况检查有 5 项，检查评定结果如下：

拱上结构检查评定汇总表

序号	拱上结构		拱券编号										
			1	2	3	4	5	6	7	8	9	10	11
1	侧墙与拱券脱裂	残损	完好				个别小裂缝			完好			
		评定	1				1			1			
2	侧墙变形、位移	残损	较完好				陈旧性鼓胀变形			较完好			
		评定	1				2			1			
3	填料沉陷、开裂	残损	完好										
		评定	1										
4	结构裂缝	残损	较完好										
		评定	1										
5	填料排水不畅	残损	较完好										
		评定	1										
构件评定		评分	100				65			100			
部件评定		评分	86										
		等级	2 类										

3.3 上部结构技术状况评定

根据标准 JTG/TH21-2011 上部构件的技术状况评分为：

上部结构评分＝拱券部件评分 × 相应权重＋拱上结构评分 × 相应权重

$$= 63 \times 0.77 + 86 \times 0.23 = 68$$

上部结构技术状况评分为 68 分，评分为（60，80）区间的相应技术状况等级位 3 类。

4. 下部结构技术状况检查评定

此次检评工作在冬季河流枯水期进行，水面上仅露出桥墩顶部，探测桥基约在水下 5.5 米处。水下结构部位无条件进行直观检查。根据工程经验，按上部结构的整体性变形、坏损情况，评定下部结构支承部件的承载状况。并根据该桥上次维修技术资料和近年工作环境，大致了解结构部件的质量情况。

4.1 地基基础承载状况

现场检查：桥梁上部结构现无因地基基础不均匀沉降引起的裂缝和受力坏损的迹象；也无由基础滑移和倾斜引起的歪、扭损伤。表明在现有使用条件下，石桥的地基基础承载状况良好，无静载缺陷。

从桥北端的 2 号拱券的西侧观察到：该区段比相邻拱券明显下凹。从 2 号拱券的东侧观察，其下凹现象不明显。鉴于上部结构完好，可认为这是陈旧变形，稳定已久。尽管原因尚不明，但可确定该区段下部结构部件承载状况正常。

2001 年的修缮图记录了当时桥下河底装板石的原状和修补情况，维修时，修砌了桥北端和 4、5 号拱券口下残存的装板石，用混凝土板补配了缺失的装板石，构成了完整的河底铺砌。由于 2001 年以来，琉璃河水一直没有出现较大的流量，河谷处于湿地状态，修复后的河底铺砌产生被河水冲刷和掏空坏损的可能性较小，假定存在局部轻微冲刷或坏损。基础检查评定结果如下：

基础承载状况评定表

序号	地基基础		拱券编号										
			1	2	3	4	5	6	7	8	9	10	11
1	沉降	残损	完好	陈旧变形	完好				陈旧变形	完好			
		评定	标度 1	标度 2	标度 1				标度 2	标度 1			
2	滑移和倾斜	残损	上部结构无歪、扭损伤										
		评定	标度 1										
3	河底铺砌	残损	局部轻微冲刷或坏损										
		评定	标度 2										
构件评定		评分	75	54	75	75	75	75	54	75	75	75	75
部件评定		评分	65										
		等级	3 类										

琉璃河立面（一）

琉璃河立面（二）

4.2 桥墩

古代石拱桥的桥墩称为金刚墙。琉璃河桥金刚墙用石块和石灰浆砌筑，迎水面设有分水尖。2001 年的修缮图中要求清理全部的金刚墙和分水尖，并酌情进行了维修处理。检查桥墩露出水面的砌体质量，未见明显的坏损，检评结果如下：

156

桥墩出水砌体质量检查评定表

序号	桥墩		编号											
			1	2	3	4	5	6	7	8	9	10	11
1	砌体缺陷	残损	有个别灰缝脱落现象											
		评定	标度 2											
2	位移	残损	完好											
		评定	标度 1											
3	裂缝	残损	露出水面部分未见结构裂缝											
		评定	标度 1											
构件评定		评分	75											
部件评定		评分	72											
		等级	3 类											

　　桥墩是受压构件，如果水下部分砌体质量存在问题，会直接扩散到桥墩顶部，结合上部结构无下沉变形坏损的情况，上表的检评结果具有一定的桥墩质量代表性，可评定桥墩的承载状况良好。

4.3 桥台

　　桥台在大桥的两端，连接河岸与大桥的过渡段，用与桥体相同的方式砌筑。检评的项目为 5 项，结果如下：

桥台检评表

序号	桥台		位置	
			桥北端	桥南端
1	侧墙与主拱连接	残损	存在个别灰缝脱落现象	
		评定	标度 1	
2	桥头跳车	残损	完好	
		评定	标度 1	
3	位移	残损	完好	
		评定	标度 1	

续表

序号	桥台		位置	
			桥北端	桥南端
4	结构裂缝	残损	完好	
		评定	标度 1	
5	台背排水状况	残损	完好	
		评定	标度 1	
构件评定		评分	100	
部件评定		评分	100	
		等级	1 类	

4.4 翼墙

桥台在大桥的两端护岸砌筑石墙，上、下各两段。2001 年维修时，全面整修了当时残损的翼墙。检评的项目为 4 项，结果如下：

翼墙检测评定表

序号	翼墙检查评定		位置			
			西北	西南	东北	东南
1	破损	残损	较完好			
		评定	标度 2			
2	位移	残损	较完好			
		评定	标度 1			
3	鼓肚、砌体松动	残损	较完好			
		评定	标度 1			
4	裂缝	残损	较完好			
		评定	标度 1			
构件评定		评分	75			
部件评定		评分	72			
		等级	3 类			

158

5.5 河岸护坡

河床两岸为土体护坡，检评内容2项，详见下表。

护坡检测评定表

序号	护坡检查评定		位置			
			西北	西南	东北	东南
1	缺陷	残损	局部表层剥落			
		评定	标度2			
2	冲刷	残损	完好			
		评定	标度1			
构件评定		评分	75			
部件评定		评分	72			
		等级	3类			

4.6 河床

大桥上下游的河床淤泥较多。冬季，只有河床中部有流水沟。大桥上游不远处新建了混凝土高架桥。新桥与古桥之间的河床中修筑了石砌坝体，坝体可能有益于新桥，但对古桥极为不利，河中洪流较大时，河床突起物会造成激流，冲击古桥。河床检评结果如下：

河床检查评定表

序号	河床		位置	
			上游	下游
1	堵塞	残损	完好	
		评定	标度1	
2	冲刷	残损	完好	
		评定	标度1	
3	河床变迁	残损	局部轻微淤积	
		评定	标度2	
构件评定		评分	75	
部件评定		评分	73	
		等级	3类	

石筑坝体

上游河床

4.7 下部结构技术状况评定

按照标准 JTG/TH21—2011，下部结构的技术状况评分按下式计算：

下部结构评分＝∑各部件评分 × 相应权重

计算参数：部件	评分	权重值
地基基础	65	0.30
桥墩	72	0.30
桥台	100	0.28
翼墙	72	0.02
护坡	72	0.01
河床	73	0.09

下部结构评分为 78，评分为（60，80）区间的相应技术状况等级为 3 类。

5. 桥面系技术状况检查评定

桥面系技术状况检评结果如下：

桥面系检查评定表

序号	桥面系	残损	评定
1	桥面铺装	无	完好
2	人行道	无	完好
3	护栏	基本无坏损	完好
4	防、排水	桥下有局部漏水迹象	局部不畅

桥面起坡，有利于排除雨水，存在的问题是有桥下局部渗漏迹象。

桥面

6. 桥梁总体的技术状况评级

桥梁总体的技术状况评级表

桥梁名称	琉璃河大桥		主跨结构	11 跨实腹石拱桥	上次检查日期	—
			桥长	175.0 米	建成年月	1546 年
			最大跨径	9.85 米	上次大中修日期	2001 年
序号	桥梁组成及评级		桥梁部件及评级		维修建议	
	桥梁组成	评定等级（1—5）	部件名称	评定等级（1—5）		
1	上部结构	3 类	主拱圈	3 类		
2			拱上结构	2 类		
3			桥面板			
4	下部结构	3 类	翼墙	3 类	经常性的维修是保护古桥的重要措施。根据检评结果，须采取以下维修措施：压力灌注水泥浆修补拱券漏水灰缝。按附录 1 的图 2 方法修补残损砌筑灰缝。	
5			护坡	3 类		
6			桥墩	3 类		
7			桥台	3 类		
8			地基基础	3 类		
9			河床	1 类		
10	桥面板		桥面铺装			
11			人行道			
12			栏杆			
13			排水系统			
总体技术状况等级		3 类				

第七章　国子监辟雍池桥结构安全检测鉴定

1. 建筑概况

1.1 建筑简况

国子监是第一批全国重点文物保护单位，是北京市的名胜旅游景点，辟雍大殿为北京"六大宫殿"之一，是国子监的中心建筑。辟雍建于清乾隆四十九年（1784 年），是我国现存唯一的古代"学堂"。辟雍古制曰"天子之学"。从清康熙帝开始，皇帝一经即位，必须在此讲学一次。辟雍按照周代的制度建造，坐北向南，平面呈正方形，四周以回廊和水池环绕，池周围有汉白玉雕栏围护，池上架有石桥，通向辟雍的四个门，构成周代"辟雍泮水"之旧制。

东南西北四面的池桥是通往辟雍的必经道路。桥体为三孔石平桥，桥墩为花岗石砌筑，桥面为青白石铺就，两侧汉白玉制三幅云净瓶石榴头禅杖栏杆与池岸栏杆交圈。在两百余年的使用中，桥板石材逐渐老化，出现了安全隐患。2008 年 6 月，南池桥的一块桥板突然断裂，坠落池中。桥板的断裂提醒我们，池桥的安全隐患可能已经发展到很严重的程度。

南池桥断裂的桥面板位于中跨西数第二。该面石断裂前无明显先兆，是在一队游客通过此处后突然发生的。石桥板断裂后落入水中，南半段落底后又摔成两块。初始断裂截面上有明显的陈旧断碴，面积已达石桥板横截面的 50%，为早已存在的安全隐患。

四座池桥已建成使用 200 余年了。石桥板材本身材质不均、存在裂隙，风雨侵蚀、反复冻融等自然力破坏，以及常年的通行使用，都可能使石桥板先天的不足日益恶化、石桥板内部裂缝持续加宽加深。

1.2 现状立面照片

辟雍池桥

南池桥桥面板断裂

南池桥桥面板断裂

2. 建筑测绘图纸

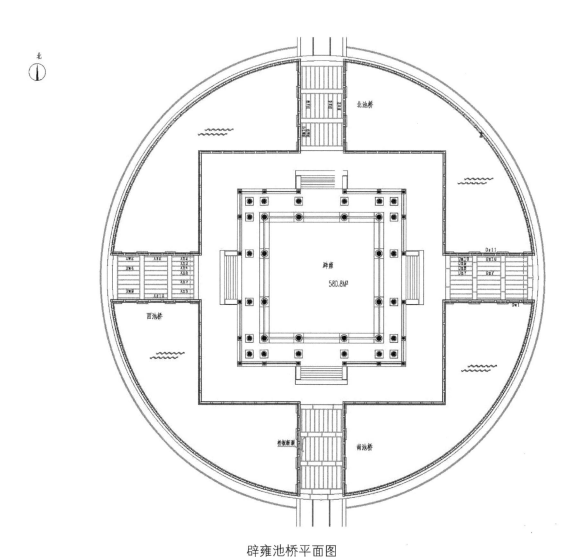

辟雍池桥平面图

3. 结构外观质量检查

3.1 外观检查

抽干池水后，对池桥的结构进行了外观检查。四座桥结构大体相同。实测结构详细尺寸为：中跨净跨尺寸 2.5 米，边跨均为 2.0 米；桥面宽度 6.6 米，各跨均由 11 块天然石面板组成，桥墩用矩形花岗岩块体砌筑。池水深 0.5 米，水面至桥板底面高度 0.5 米。

池桥侧貌

3.2 构造现状勘察

全面检查了北、东、西三座桥的结构现状。各桥墩整体性完好，承载状况正常。

石质构件的几何尺寸

石桥板属于主要承重构件。石桥板宽均为 0.6 米；中跨的长度 3.0 米，边跨的 2.5 米；厚度为 0.30 米左右。石桥板两端支承在桥墩上，相邻两跨石桥板支座之间，设压面石填平。石桥板受力状态属于简支板，承受的荷载为自重和桥面活荷载。

石桥板由天然毛石料加工而成，顶面和两侧经磨平处理，底面为毛糙劈面。桥板的原始厚度并不一致，历经 200 余年的使用和自然风化，很多石桥板底面产生了严重的剥落坏损，有效厚度明显减小。采用激光自动扫平仪测量的北、东、西三桥各板实际厚度如下：

实测三座池桥桥板厚度表（毫米）

桥板编号	北桥			东桥			西桥		
	边跨	中跨	内跨	边跨	中跨	内跨	边跨	中跨	内跨
1	332	338	297	352	349	305	300	315	356
2	340	363	332	347	367	317	350	315	224
3	325	338	337	324	330	367	262	370	375
4	327	293	257	237	332	317	250	340	280
5	322	358	337	307	255	379	391	360	304

续表

桥板编号	北桥			东桥			西桥		
6	305	253	267	337	320	362	342	330	335
7	322	345	347	302	356	365	348	330	293
8	258	363	257	302	330	240	345	325	325
9	185	308	335	362	340	326	290	330	325
10	379	263	212	305	335	285	305	342	280
11	350	350	307	337	315	345	370	350	330
平均厚度	313	325	299	319	330	328	323	337	312

表中99块板的平均厚度为321毫米，与平均厚度相比，6块板厚度小约10%，11块小约20%，2块小约30%，1块板小42%。桥板厚度减小，会不同程度的降低桥板的承载力。

桥板底面损伤情况

外部作用对石桥板的影响，主要表现为由表及里的损伤。逐块检查了北、东、西三座桥的板底表面，发现的板底损伤主要有两种情况：

结构裂缝：裂缝由板底沿竖向或斜向板顶延伸。这种裂缝主要与桥板受力有关，属于石材的弯曲或弯剪裂缝。检查时，还发现西桥岸边有过去替换下的半块断板，从断口看，也是由这种裂缝导致断裂破坏。由于石材是脆性材料，扩展到一定深度时，会造成桥板突然断裂。这种裂缝的危险性极大。

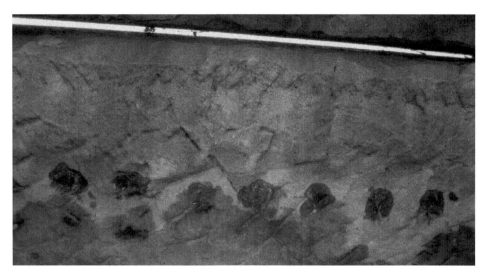

桥板 Bz 2（板底斜、横裂缝严重）

西桥旁的断桥板

剥落裂缝：裂缝沿板底水平发展，严重的由几条水平缝在板底形成一个酥松剥落层。剥落层明显减小了桥板的有效厚度。剥落层脱落，是造成桥板厚度减小的直接原因。剥落裂缝由于石材风化引起，桥板内力加剧了裂缝的发展。剥落裂缝缓慢侵蚀桥板厚度，直到桥板失去承载力。

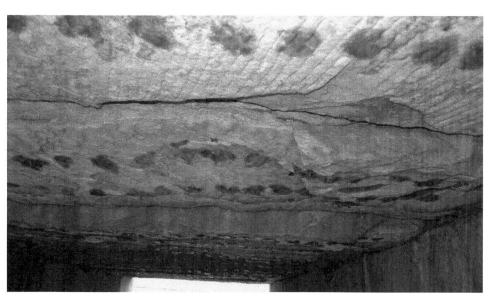

桥板 Bz 3（板底局部剥落）

受力方式

石桥板的受力状态为简支板。在荷载作用下，桥板顶部受压，底部受拉，同时还受剪。板跨中部拉、压力大，靠支座部位剪力大。

天然石材属于脆性材料。桥板石材的抗压强度很高。在现使用条件下，板顶部受压区不会先于其他部位破坏。这类青白石的抗弯强度比一般脆性材料高。在标准中，房山白的抗弯强度为15兆帕。但石材对裂缝很敏感，带有裂缝的石材在拉力的作用下，强度比无裂缝的明显降低，并脆性破坏。因此，石材底部存在严重竖向裂缝或斜向裂缝的石桥板，直接评为危险构件。

厚度明显减小，或因板底剥落层减小了有效厚度的桥板，其承载能力产生不同程度的下降。为定量评估厚度减小对承载力的影响，计算分析了6种厚度（150毫米～320毫米）桥板的极限抗弯承载力。计算条件为：简支板；桥中跨板的跨度取2.5米，边、内跨板取2.0米，板宽0.6米；石材容重2.9克／立方厘米；恒载为自重，活载3.0千牛／平方米。参照砖石结构的可靠度系数，安全系数取2.2。分析结果表明，保证桥板安全使用的最小厚度为200毫米。考虑桥板底部很不平整，实测厚度存在误差，偏保险认为桥板有效厚度不宜小于260毫米。

物理力学性能

桥板石材为大理石。清朝皇家建筑的大理石多取自北京房山。与现行的石材分类图谱比较，桥板石属于房山白或相近的类型。主管单位帮助我们找到了2块过去遗留的同类残石料。为了解桥板石的材性，钻取直径100毫米的芯样进行材性试验。石材样品和芯样试件如下：

同类残石料（一）

同类残石料（二）

钻取的试验芯样（一）

钻取的试验芯样（二）

碰巧，这两块石材具有这类天然石材的典型性。一块石料的材质均匀密实，内部无裂缝。另一块石料内部自然纹理很多，微裂密集，并有几条长裂缝从不同的方向贯穿石料。

从无缺陷石材取了 4 个芯样试件，检测其容重和抗压强度。该石材的平均容重为 2.85 克 / 立方厘米。抗压强度平均值为 170 兆帕。采用超声波检测仪，测定了超声波穿透石材的声时和波幅。这种无缺陷石材的超声波速平均值为 4.15 千米 / 秒，波幅平均值为 105.2（dB）。检测值如下：

房山白石材芯样试件试验表

试件编号	容重（克 / 立方厘米）	抗压强度（兆帕）	超声波检测		
			波速（千米 / 秒）	波幅（dB）	
1	2.8	173	4.5	105.8	102.2
2	2.9	164.8	3.7	105.8	101.4
3	2.8	176.6	4.1	104.3	99.8
4	2.9	166	4.3	105.1	100.9

注：波幅栏中，左行值的界面剂为黄油，右行为牙膏。

有缺陷的石材的芯样与无缺陷芯样相比：超声波检测微裂缝密集部位时，波速变化不明显，波幅衰减明显；探测大裂缝时，波速变化明显、波幅衰减明显。试验表明，可以根据波速、波幅探测石料内部的缺陷，但测试结果离散性较大。

通过试验表明：超声探伤法可用于检测桥板石材内部的缺陷，但由于以往缺少石材探伤的工程经验，还需要结合实际工程应用总结经验。

超声波在现场应用时，必须解决好探头与被测体之间的声耦合方法。模拟实际情况，分别检验了黄油和牙膏两种偶合剂的效果，试验表明二者的耦合效果基本相近。二者相比，声速相同，牙膏的波幅比黄油略小，偏差5%以内。黄油黏稠，适于板粗糙底面。牙膏易清洗，不会污染桥面。

3.3 表层病害勘察

经现场检查东、西、北池桥的全部石桥板、压面石，都普遍存在着裂缝。石桥板本身也存在着材质不均、有带状间隙等的先天问题，如下：

石桥板、压面石勘察表

位置	总数	有裂纹	比例	材质不均	材质不均
东池桥	27	11	40.7%	17	63.0%
北池桥	27	8	29.6%	12	44.4%
西池桥	27	16	59.3%	16	59.3%
总计	81	35	43.2%	45	55.6%

根据南池桥桥板断裂的情况，可以推断其他各处石桥板断裂的危险是存在的，仍然有可能再次发生突然断裂。但仅从外观还不能直接判断石材是否会断裂，还需要进一步查明构件内部隐蔽性的损伤。

3.4 内部缺陷检查

天然石材内部难免存在先天的材质缺陷。历经200余年的使用中，原始轻微缺陷可能因外部作用而发展成严重的缺陷，成为降低石桥板承载性能的安全隐患。

通过超声波法检测石材内部缺陷，对石桥板内部的材质进行无损检测。根据石桥的受力状况，重点检查会削弱板材纵向受力性能的裂缝或缺陷。在每块桥板底面、表面的横向三分点处，沿板纵向设置两行测点，测点间距为100毫米。检测时采用斜交叉法，水平测距300毫米，逐行扫描。

池桥的第1块和第11块为桥沿边板，板面设置了石栏杆，无法检测。故每桥跨检测9块板，为2～10号板。东、西、北三座桥总计检测81块板，总计数据7000多个。

超声波检测桥面

超声波检测桥板下接收情况

西桥各桥板的声速、波幅的平均值，声速差异范围。数据差异表明桥板的整体质量的差异程度。

西桥超声波检测表

板序	外跨		中跨		内跨	
	波速（千米/秒）	幅度（dB）	波速（千米/秒）	幅度（dB）	波速（千米/秒）	幅度（dB）
2			2.79	44.07	3.97	47.68
			2.60	41.87	3.87	48.30
3	3.93	48.41	3.34	44.85		
	4.22	51.97	3.28	42.56		
4	3.45	43.56	3.61	44.67	3.04	39.43
	3.45	45.71	3.34	38.89	3.12	40.08
5	5.69	58.53	3.33	46.77		
	5.63	47.52	3.74	45.31		
6	4.62	46.46	3.55	43.90	4.04	44.12
	4.15	53.63	3.75	43.53	4.15	42.69
7	4.07	47.94	3.75	45.87	3.66	44.37
	4.19	48.45	3.49	45.15	3.41	47.10
8	4.72	49.15	3.50	48.34	3.83	49.97
	4.86	54.13	3.34	45.05	4.15	42.77
9			3.82	45.76	3.36	25.53
			3.63	45.03	3.04	21.73
10	3.90	52.30	3.58	45.06	3.67	45.46
	3.67	46.85	3.50	45.02	3.41	43.09

缺陷评估比较复杂，考虑以下三方面因素。

（1）局部测区的声速很慢，表明板内存在严重的断裂裂缝。

（2）比较同一块板各测区声时和波幅测值之间的差异，判别异常值。当某些值超出了置信范围，可判为异常值。异常值测区内部的材质疏松，故声速的异常值偏小，波幅的异常值偏小。

（3）分析数据时发现，桥板之间的测试数据存在一定的差异。统计声速慢的桥板，板内缺陷相对严重。

超声波测缺评估，表中桥板的安全状况大致分为三类：基本完好构件，超声统计波速不明显低于无缺陷石材试件的波速平均值 4.15 千米／秒；存在明显缺陷构件，统计波速和波幅明显偏低，表中用绿色表示：严重缺陷构件，统计波速和波幅明显很低，或局部测区的声速很慢，表中用黄色表示。

4. 安全性风险等级判定

4.1 判定方法

根据北京市地方标准《古建筑结构安全性鉴定技术规范 第 2 部分：石质构件》DB11/T 1190.2—2018，古建筑安全性鉴定分为构件或其检查项目的安全性风险等级、构件整体的安全性风险等级。

根据构件或其检查项目的安全性风险等级检查结果，判定构件整体的安全性风险等级。

4.2 构件安全性风险等级判定

东、西、北三桥石桥板安全性检测鉴定评级结果如下：

北桥桥板安全性风险等级判定

北桥桥板安全性风险等级判定表

桥名	外跨		中跨		内跨	
	板号	等级	板号	等级	板号	等级
北桥	Bw1	a_u	Bz1	c_u	Bn1	c_u
	Bw2	a_u	Bz2	d_u	Bn2	a_u
	Bw3	a_u	Bz3	c_u	Bn3	a_u
	Bw4	a_u	Bz4	d_u	Bn4	c_u
	Bw5	a_u	Bz5	c_u	Bn5	a_u
	Bw6	a_u	Bz6	a_u	Bn6	c_u
	Bw7	a_u	Bz7	a_u	Bn7	a_u
	Bw8	a_u	Bz8	a_u	Bn8	a_u
	Bw9	c_u	Bz9	d_u	Bn9	d_u
	Bw10	a_u	Bz10	a_u	Bn10	d_u
	Bw11	a_u	Bz11	a_u	Bn11	c_u

东桥桥板安全性风险等级判定

东桥桥板安全性风险等级判定表

桥名	外跨		中跨		内跨	
	板号	等级	板号	等级	板号	等级
东桥	Dw1	d_u	Dz1	a_u	Dn1	a_u
	Dw2	c_u	Dz2	a_u	Dn2	c_u
	Dw3	c_u	Dz3	c_u	Dn3	a_u
	Dw4	c_u	Dz4	a_u	Dn4	c_u
	Dw5	a_u	Dz5	c_u	Dn5	a_u
	Dw6	a_u	Dz6	c_u	Dn6	a_u
	Dw7	c_u	Dz7	d_u	Dn7	d_u
	Dw8	c_u	Dz8	c_u	Dn8	d_u
	Dw9	c_u	Dz9	c_u	Dn9	d_u
	Dw10	c_u	Dz10	d_u	Dn10	d_u
	Dw11	a_u	Dz11	d_u	Dn11	a_u

西桥桥板安全性风险等级判定

西桥桥板安全性风险等级判定表

桥名	外跨		中跨		内跨	
	板号	等级	板号	等级	板号	等级
西桥	Xw1	c_u	Xz1	a_u	Xn1	a_u
	Xw2	d_u	Xz2	d_u	Xn2	d_u
	Xw3	c_u	Xz3	c_u	Xn3	d_u
	Xw4	d_u	Xz4	c_u	Xn4	d_u
	Xw5	a_u	Xz5	c_u	Xn5	d_u
	Xw6	a_u	Xz6	a_u	Xn6	a_u
	Xw7	a_u	Xz7	c_u	Xn7	d_u
	Xw8	a_u	Xz8	c_u	Xn8	c_u
	Xw9	d_u	Xz9	c_u	Xn9	d_u
	Xw10	c_u	Xz10	d_u	Xn10	c_u
	Xw11	a_u	Xz11	c_u	Xn11	a_u

存在局部缺陷或整体质量差的构件，承载安全性和耐久性显然不如材质基本完好的桥板。属于已不适于继续长期承载的构件。

检测表明，三座池桥的99块石桥板中24块属于危险构件，其安全性等级为d_u级；34块属于不适于继续长期承载的构件，应进行结构加固和缺陷修缮，其安全性等级为c_u级；其余41块石桥板承载状况正常，现可安全使用，其安全性等级为a_u级。

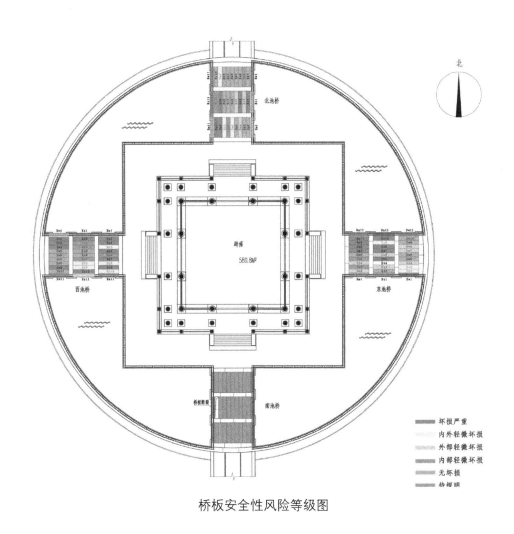

北

580.8M²

坏损严重
内外轻微坏损
外部轻微坏损
内部轻微坏损
无坏损
待说明

桥板安全性风险等级图

4.3 桥板整体安全性风险等级判定

综合上述，根据北京市地方标准《古建筑结构安全性鉴定技术规范 第2部分：石质构件》DB11/T 1190.2—2018，国子监石桥桥板的安全性等级评为d级，风险性不符合本标准对a级的要求，已严重影响承载能力。

第八章 云居寺石经山地质灾害评估

1. 建筑概况

石经山原名白带山，位于北京市西南郊的房山区境内，距周口店遗址直线距离约15.3千米。地理坐标为北纬 39°30′～39°44′ 和东经 115°25′～116°08′。石经山不仅是房山石经刊刻起源之处，也是佛祖舍利出土之处，4196块隋唐石经为国之重宝，以雷音洞、金仙公主塔为代表的众多历史遗迹，具有极高的价值。随着云居寺申遗工作的不断推进，石经山的基础设施建设将迅速展开，石经山将成为北京市乃至全国旅游度假及宣扬佛文化的圣地。因此，防治地质灾害，保护生态环境受到了北京市文物局、云居寺管理处等各级领导的高度重视。

石经山交通位置图

1.1 目的和任务

石经山因出土大量的石经而闻名遐迩，被称为"小西天"，但研究石经山的地质资料却很少，这不得不引起有关人士的重视。

本次工作目的是查明石经山圣水井以上路段地质灾害的类型、规模、成因及诱发因素，并进行危险性评估，为地质灾害的防治提供必要的依据。

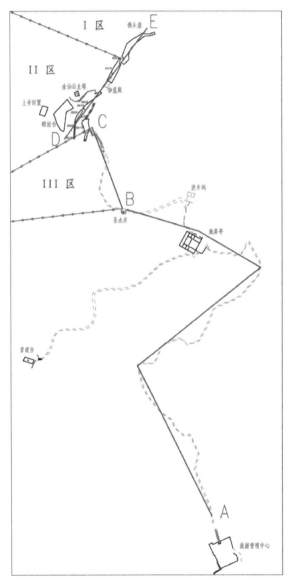

石经山地质灾害调查线路图

通过查阅相关地质资料，以地表地质测绘为主，力求查明以下内容：

（1）石经山及其邻近地区的区域地质条件和地震；

（2）石经山的基本工程地质条件，包括地形地貌、地层岩性、地质构造、水文地质以及物理地质现象等；

（3）分析旅游线路沿线圣水井至"佛头崖"段边坡的稳定性；

（4）重点对边坡上潜在的危岩体、滚石等地质灾害点进行调查，查清其分布位置、结构特征、规模、影响因素和诱发因素，并进行评价，为有计划地开展地质灾害防治、监测提供依据。

1.2 调查区地质灾害灾情

线路沿线的潜在地质灾害主要有崩塌、滚石、卸荷剥落、危岩体以及洞室浸水等，特殊的地形地质条件、降水、地震以及人为活动是造成地质灾害的主要诱导因素。线路两旁及坡体较缓处矗立的体积不一的孤石就是岩体崩塌、滚石的直接证据。据相关调查，最近的一次滚石事件发生在 2008 年 6 月份，庆幸的是这次滚石并未造成任何损失。

1.3 以往工作程度及评述

北京地区的地质工作始于 19 世纪 60 年代，对于石经山地区的地质研究仅局限于区域地质方面，但 1:5 万的区域地质调查为本区积累了丰富的基础地质资料。

2008 年 10 月，由云居寺管理处牵头，中国科学院地质与地球物理研究所对石经山潜在地质灾害进行了调查与初步评价，并提交了《北京房山石经山潜在地质灾害调查与初步评价报告》。

以上的相关地质工作，为本次地质灾害调查工作打下了良好的基础。

1.4 工作完成的工作量

经过对搜集到的区域地质资料进行分析整理后，以石经山管理处提供的圣水井以上路段 1:500 的地形图为工作用图，通过现场地表测绘、实测地质剖面、访问当地居民等工作方法，重点对地质灾害点进行了调查，拍摄了大量的照片，保证了第一手资料的可靠性、完整性。通过对有关资料的综合分析，对地质灾害形成机制有了清楚的认识，并提交了相应的成果。完成的实物工作量见下表。

完成实物工作量一览表

1:500 地质测绘	地质灾害调查			地质卡片	照片	搜集资料
	危岩体	滚石	块石集中区			
30000 平方米	9 处	21 处	3 处	35 张	85 张	8 份

2. 区域自然地理与地质环境

2.1 地形地貌

石经山及其邻近区位于太行山山脉北段与华北平原邻接处，属北京西山的一部分，地势西北高、东南低，除东南侧一小部分为平原—丘陵外，大部分为中高山区。中北部的上寺岭海拔 1307 米，山前平原地带海拔一般为 50 米～100 米。山体多陡峻，陡崖较发育。沟谷坡度一般 30 度左右，山坡上第四系覆盖层一般较薄，大部基岩裸露。区内河流多为间歇河，平时水量很少甚至干涸，雨季水量则较大，主要有大石河、周口河、黄山店河等。另有处于太平山、向源山、房山西之间的牛口峪水库。

2.2 气象与水文特征

本区属大陆季风气候区，季节性差别显著。冬季受西伯利亚和内蒙古高原寒流的影响，气候寒冷干燥，多风少雪；夏季炎热多雨；春季气温回升快，冷暖空气交替活动频繁，气温多变；秋季冷暖适宜，晴朗少雨。

多年平均（1956 年～2000 年）降水量约 590 毫米，汛期 6～9 月降水量约占全年的 80% 以上。降水年际变化较大，最大年降雨达到 1037.5 毫米，最小年降水量为 263.1 毫米。

多年平均气温 11.7℃，年高温一般在 35 摄氏度～40 摄氏度之间，最高曾达 43.5 摄氏度，年低温一般在 –14 摄氏度～–20 摄氏度之间，最低达 –26 摄氏度；多年平均风速 2.56 米 / 秒，并以四月份风速最大。多年平均相对湿度在 60% 左右；年最大冻土深一般在 0.5 米～0.8 米之间。

2.3 区域地质背景及地层岩性

石经山及其邻区处于北北东向太行山山脉、近东西向燕山山脉和华北平原接壤地带，大地构造单元隶属于华北陆块燕山板内（陆内）构造带。用板块构造观点分析可谓一典型的板内（陆内）造山带，是在长期演化形成稳定陆块的基础上后期又被改造而成为活动区。独特的大地构造位置和漫长的地质演化历史，使该区不仅保存有不同阶段较为完整的地质事件记录，而且形成了丰富多彩、类型齐全、典型直观且颇具意义的各种地质构造现象，共同组合呈现出一幅复杂的地质构造图景。

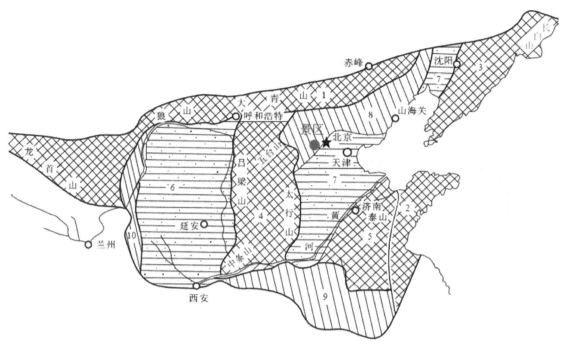

华北陆块大地构造分区略图

　　1. 内蒙古地块；2. 鲁东地块；3. 辽东地块；4. 山西地块；5. 鲁西地块；6. 鄂尔多斯构造盆地；7. 辽冀构造盆地；8. 燕山板内（陆内）构造带；9. 豫淮板内（陆内）构造带；10. 贺兰—六盘板内（陆内）构造带

　　区内褶皱构造发育，是北京地区中生代向斜构造规模较大分布相对集中的地区。褶皱核部一般较宽阔、平缓，两翼较陡，形似箱状。其中以北东向褶皱规模较大，东西向和北北东向次之，近南北向规模较小，且不发育。断裂构造发育程度和褶皱构造一样，以北东向为主，东西向和北北东向次之。逆冲断层较发育，正断层则较少。

　　岩浆活动除本区东北段有规模较大的花岗岩侵入外，西段伴随火山喷发亦有规模较小的浅或超浅成岩体侵入。

　　该区中、新元古界，古生界以及中、新生界地层均有发育。石经山地层岩性主要为蓟县系雾迷山组（Jxw）大理岩，系灰岩、白云岩因动热变质而成。

2.4 新构造运动和地震

　　大地构造处于中朝准地台燕山台褶带和华北断坳分界的十渡至房山穹褶与琉璃河至涿县迭凹陷之交界处。新构造单元位于京西隆起与北京断陷的次级断陷—涿县断凹分界带。

　　东南侧10余公里有八宝山断裂通过，形成本区山麓与山前平原的地质分界线。该断裂呈NNE向延伸，倾向SE，倾角70度～75度，断裂最新活动时代为中更新世中

183

期（Q_2），活动性质为走滑—正断。八宝山断裂无历史地震，现代微震稀少。从工程区河流阶地的发育及堆积物厚度分析。晚更新世（Q_3）以来本区地壳活动以缓慢地间歇性升降运动为主。

根据1997年国家地震局分析预报中心南水北调中线工程枢纽渠段《地震安全性评价总结报告》及《中国地震动参数区划图》（GB18306—2001），50年超越概率10%的地震动峰值加速度为0.15g，相应地震基本烈度为Ⅶ度。

3. 一般工程地质条件

3.1 地形地貌

在地貌单元上属低山丘陵区，区内山峰最高海拔约为420米，相对高差约260米。山脉走向呈近南北向，地势北高南低，西侧地形相对平缓，东侧则以陡峻的山谷为主，沟谷东西向延伸。3号～7号藏经洞上部的山脊鞍部东西两侧为陡峻的深谷，南北两侧则为浑圆的山包；旅游线路西侧为一"弯月"型山脊，向西南弯曲，地势从施茶亭向山顶逐渐升高，高差约100米。旅游线路内侧多为近直立的陡坡甚至反坡，外侧则多为沟谷，自然坡度30度～45度。

"弯月"型山脊

3.2 地层岩性

大部基岩裸露，地层岩性主要为蓟县系雾迷山组大理岩，局部夹燧石条带，个别地段还见石英团块发育。云居寺管理处在 8 号、9 号洞窟之间的坡体上取岩样 2 块，编号 1 号岩样、2 号岩样；在 5 号雷音洞取岩样 1 块，编号 3 号岩样。中科院地质与地球物理研究所对岩样进行了电子探针分析，岩样不同矿物部位电子探针分析结果见下表。试验结果表明 1 号、2 号岩样的岩石名称为大理岩，基质为白云石，含石英、钾长石、方解石、金云母等矿物，矿物除金云母呈层状外，其他多呈半自形和他形结构，粒状构造，矿物均存在不同程度的蚀变，风化程度较弱；3 号岩样的岩石名称为石英岩，基质以他形石英为主，方解石和钾长石交生，长石有蚀变，方解石风化严重，局部有空洞。

第四系主要为一些脱落的孤石以及谷坡上零散堆积的腐殖土，腐殖土下部多见一些残坡积碎石土，坡脚也见一些冲洪积堆积体，覆盖层厚度不大。

岩样中不同矿物部位电子探针分析表（wt.%）

矿物部位 测点成份	白云石		钾长石	方解石		金云母	石英
	1 号岩样	2 号岩样	1 号岩样	1 号岩样	2 号岩样	1 号岩样	3 号岩样
SiO_2	0.161	0.015	60.145	0.072	0.034	44.790	98.809
TiO_2	0.027	0.000	0.000	0.060	0.000	0.5349	0.0000
Al_2O_3	0.000	0.000	19.083	0.007	0.029	12.7373	0.0000
Cr_2O_3	0.000	0.022	0.000	0.000	0.018	0.0574	0.0000
MgO	22.804	22.144	0.000	1.069	0.421	23.2016	0.0000
CaO	32.878	31.938	0.0188	62.136	59.235	0.1572	0.0000
MnO	0.000	0.000	0.0162	0.021	0.017	0.000	0.0000
FeO	0.053	0.321	0.0359	0.000	0.050	0.2234	—
NiO	0.000	0.000	0.000	0.161	0.032	0.0161	—
Na_2O	0.000	0.028	0.9165	0.016	0.027	0.0933	—
K_2O	0.018	0.006	13.7856	0.112	0.014	10.7214	—
H_2O	—	—	—	—	—	4.2208	—
Total	55.941	54.473	94.0014	63.654	59.877	96.7533	98.8000

3.3 地质构造

大理岩多呈厚层～巨厚层状产出，也见薄层～极薄层状岩层，岩层产状为 310 度～340 度 NE∠10 度～15 度。岩层倾向山内，对边坡乃至危石的稳定有利。

根据地表地质测绘揭示，内发育一条逆冲断层 f1，倾向 NW，倾角 60 度～80 度，破碎带宽度 2 米～5 米，沿地表出露线岩体破碎，断层断距约 50 米，将 8 号、9 号洞上部夹燧石条带的薄层大理岩错至圣水井附近高程出露，断层由 7 号洞北侧溶洞向山脊鞍部、经金仙公主塔下"夫妻树"旁枯井过山脊至上寺回置溶井后沿后山冲沟延伸。

大理岩、燧石条带

裂隙主要发育三组：① NE70 度～80 度 NW/SE∠75 度～85 度，多张开，宽度 2 厘米～5 厘米不等，裂面平直粗糙，多水平向延伸，垂向上延伸不长；② NE10 度～20 度 NW/SE∠65 度～75 度，多呈密集带发育，闭合无充填，延伸也较短；③ NW330 度～350 度 NE∠65 度～85 度，该组裂隙以长大裂隙为主，裂面起伏粗糙，宽度 10 厘米～30 厘米不等，多充填碎石土，但该组裂隙多止于薄层大理岩。三组裂隙相应为Ⅲ、Ⅳ、Ⅴ级结构面。此外，厚层～巨厚层大理岩岩体内多发育延伸不长的弧形卸荷裂隙，在岩体表面多形成光面。

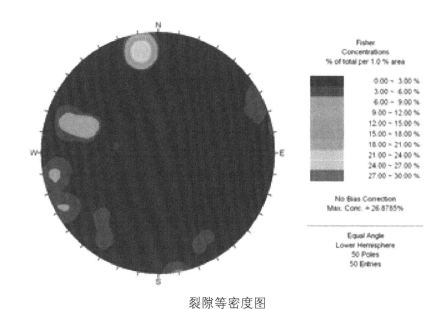

裂隙等密度图

3.4 物理地质现象

内物理地质现象主要有风化、卸荷、崩塌、危石及岩溶等。

风化与卸荷

岩体风化受岩层结构、地形地貌和构造影响明显，差异较大。薄层状大理岩抗风化能力较厚层～巨厚层弱。全风化大理岩少见，仅3号、4号藏经洞附近岩体表面局部全风化，手触即呈碎末状，其余地表出露岩体以强风化～弱风化为主。谷坡一般强风化带厚度数米至十几米，薄层结构的岩体可达数十米；地形较平缓处的岩石风化程度相对较强；规模较大的结构面附近，岩体的风化程度明显加强。

谷坡卸荷带的发育受地形、构造、岩体结构及岩石风化程度等地质条件影响。厚层～巨厚层状岩体以层状剥落卸荷为主，卸荷裂隙多呈弧形，向岩体内部呈现多层次卸荷，卸荷塌落后，在岩体表面形成"凸"型光面，该类型卸荷在1号、2号藏经洞洞口边坡岩体表现尤为突出；薄层状岩体的卸荷主要表现为地表出露的岩体呈"鳞片状"，"佛头崖"及圣水井附近该类型卸荷常见。

崩塌与危石

旅游线路内侧边坡陡峻，一般高差20米～60米，上部岩体在重力和风化等自然营力作用下，崩解后在坡度相对较缓的谷坡堆积，个别形成倒石堆，堆积物以块石为主。经调查，线路沿线大型危岩体有9处之多，以藏经洞分布区最为突出。

陡峭谷坡地段由于裂隙与层面的组合切割，加上卸荷风化影响，常形成孤立危石

187

位于山梁脊部，失稳时脱落滚下。其特点是点多、分散。圣水井至1号洞段崩塌和危石较多，危险性也相对较大。据不完全统计，线路沿线危石遍布，体积稍大的就有21块之多。

岩溶

7号洞至"佛头崖"段发育2个溶洞，溶洞均有不同程度的人为扩大，原始大小已无法考证。含二氧化碳的大气降水沿裂隙或者断层下渗汇集，遇相对隔水的薄层大理岩后则沿层面下泄，久而久之在可溶性大理岩内形成溶蚀洞穴。7号洞旁的溶洞沿断层f1发育，9号洞至"佛头崖"间的溶洞则是沿裂隙发育而成。

3.5 水文地质条件

石经山属拒马河流域。大理岩地层是山区主要含水层之一，富水性相对稳定，但其富水性不仅与岩层厚度有关，同时受地形地貌、地质构造所控制。地下水类型主要为基岩裂隙水，地下水赋存于裂隙中，接受大气降水补给，以泉的形式向山前或河谷地带排泄。该地层出露泉水有杖引泉、胜泉等，但泉流量不大。

大气降水沿裂隙入渗厚层大理岩，受相对隔水的薄层大理岩阻隔后沿层面、溶蚀洞穴或者卸荷裂隙排泄于地表。1号洞洞口边坡雨季流水即为大气降水在沟谷汇集沿卸荷裂隙下泄的结果。靠近"佛头崖"的溶洞，洞口直径约2米，可见深度约3米，其洞底为薄层大理岩岩层；圣水井、8号藏经洞旁边人工开凿的2口储水井均位于薄层大理岩层内，距谷坡只有数米却四季不枯，且水位较稳定，这均说明了薄层大理岩内裂隙不发育，其透水性也较差。以此可以推断位于厚层大理岩岩体内的1号～7号洞洞内可能存在浸水，而位于薄层大理岩岩层内的8、9号洞洞内浸水概率相对较小。

根据《中国地下水化学图》，浅层地下水类型为重碳酸—钙·钠淡水，矿化度为0.2～0.5克/升，含氟、硼等微量元素。根据邻近工程的水化学成果分析，该区地下水对混凝土具微腐蚀性。

3.6 岩体工程地质基本特征

地层岩性为雾迷山组大理岩及第四系残坡积碎石土，大理岩属硬质岩中较坚硬岩，多为厚层～巨厚层状结构，局部为薄层状结构和碎裂结构；表部岩体以强～弱风化为主；结构面主要有灰岩沉积原生层理、构造节理裂隙、次生卸荷裂隙等，裂隙面多张开无充填，结构面结合程度一般；岩体完整性较好，局部较破碎；岩体质量分级为Ⅱ～Ⅲ级。

类比工程经验，各类岩体及结构面的物理力学参数建议值见下表。

岩土体物理力学参数建议值表

岩性	天然密度（克/立方厘米）	饱和密度	饱和抗压强度（兆帕）	变形模量（吉帕）	混凝土/岩体			岩体/岩体			允许承载力（兆帕）
					抗剪断		抗剪	抗剪断		抗剪	
					C'（千帕）	f'	f	C'（兆帕）	f'	f	
碎石土	1.8～2.0	2.2	—	30～40	—	—	—	10～20	0.5～0.55	—	0.25～0.35
大理岩	2.75	2.77	40	7～9	0.80～0.95	0.85～0.95	0.55	1.1～1.3	1.0～1.1	0.60	3～4

（抗剪强度参数）

结构面力学参数建议值表

结构面类型	结构面特征	结合程度	两盘岩体	抗剪断强度参数	
				C'（兆帕）	f'
原生结构面（层理）	无充填，裂面略有风化浸染，粗糙，倾角10度～15度	局部尚未脱开	较完整	0～0.05	0.45～0.50
构造结构面（节理裂隙）	岩块岩屑型～岩片夹岩屑及少量泥质，平直粗糙，多为陡倾角	局部尚未脱开	较完整	0.05	0.40～0.45
	岩块，碎石土	张开，完全脱开	较完整～破碎	0	0
次生结构面（卸荷裂隙）	无充填或有少量泥质，较光滑，倾角30度～40度	局部尚未脱开	较完整～破碎	0～0.05	0.40～0.45

倒石堆

4. 地质灾害形成机制及稳定性判别标准

内地质灾害表现形式主要有两种：一是危岩体，即矗立于陡壁中、上部与母岩脱离或有可能脱离的体积较大的块石；二是滚石，即立于陡坡或者峭壁中、上部体积相对较小的松动块石。

4.1　主要地质灾害类型

危岩体

大理岩岩石坚硬、性脆，加之岩体风化强烈、不利裂隙组合发育等因素，在内高陡边坡上分布较多、规模大小不等的危岩体。

崩塌是危岩体破坏形式之一，多以危岩体坠落和滚动形式下落于坡脚，其方量与危岩方量有关。此类灾害突发性强，速度快，常常让人猝不及防，成灾率高。它具有群发性与突发性发育特征。

滚石

位于陡峻谷坡上与母岩脱离的孤立的块石，在自身重力或者外力的作用下，会沿着谷坡坠落或者滚动至坡脚，其与危岩体的区别是滚石方量相对较小，破坏力与边坡的高差有关。其特点是偶然性强，人为的不经意的举动亦可造成滚石。

堆积体

在谷坡中部堆积的滚石在暴雨等条件下，会沿谷坡运移，形成小型泥石流，而对行人和线路造成危害。

片帮

片帮主要是巨厚层大理岩岩体表面由于卸荷裂隙发育而形成的片状剥落体，多在岩体表面形成光面。其位于高位时，岩体剥落会危及行人安全，但由于其呈片状，剥落时多沿坡面滑动，危害较小，体积较大时可能对坡面林木有一定的破坏性。

4.2　地质灾害的形成条件及影响因素

内地质灾害的发育是地质、地理环境、人文社会环境综合作用的产物。影响斜坡地质灾害的因素相当复杂，总体上可分为地质因素及非地质因素两类，前者指地质灾害发生的物质基础，后者则是发生地质灾害外动力因素或触发条件。重力是斜坡地质灾害的内在动力，地形地貌、地层岩性、地质构造、岩体结构特性、地下水、大气降水、植被、新构造活动及地震等条件是影响斜坡失稳的主要自然因素，人类工程活动对斜坡的变形破坏也起着重要的诱发作用。

线路内侧边坡多陡峻，临空高耸，地形高差大，致使危岩体和滚石的重力产生的下滑力也较大，一旦失稳其运动速度也越快，破坏力也随之增大。

大理岩岩石坚硬、性脆，其抗剪强度也较大，地质灾害主要表现为岩体风化卸荷以及不利结构面组合形成危岩体，在自身重力或者外力作用下产生崩塌。

裂隙较发育，多切穿单薄的山脊岩体，使岩体支离破碎，不利结构面组合为危岩体和滚石的形成提供了必要条件。

大气降水加剧地表岩石的风化，入渗后形成地下水使弱透水层软化，抗剪强度降低，危岩体基座岩体的风化使危岩体的持力面积逐步减小，最终导致危岩体失稳而诱发崩塌灾害。大气降水的冻胀作用也会加剧裂隙的延伸速度，使原来与母岩连为一体的危岩体与母岩分开，在下部悬空的状态下，失稳塌落造成地质灾害。

植被能固土蓄水，并对崩塌和滚石有一定的阻拦作用，但同时生长于岩石缝隙中的植物根系对岩体具有根劈作用，又加剧了危岩体崩塌的速度。圣水井以上部分植被较少，基岩裸露，风化作用加剧，为地质灾害的形成提供了条件。

新构造活动和地震活动是地质灾害的重要触发因素。突然的震动可在瞬间增加岩土体的剪切应力而导致边坡失稳。地震本身是一种破坏性很大的灾害，同时也是诱发崩塌、滚石等灾害的重要因素。邻区的强震都会对造成严重破坏。

从上述分析可知，地貌和地质构造等地质因素是产生地质灾害的基础，是地质灾害形成的基本因素，降雨和人类的无意识行为等非地质因素是诱导或触发条件，起着加速地质灾害发生与发展的作用。因此，在地质灾害稳定性评价时，应该把握住主要的地质因素，对各种诱导或触发因素进行具体的分析。

4.3 地质灾害稳定性的判定

地质灾害稳定性的判定以定性分析为主，并结合前人评价结果。主要考虑到地形地貌差异、活动迹象明显与否、水文地质工程地质条件差异等几方面来判定。内主要地质灾害为崩塌和滚石，崩塌稳定性参照《工程地质手册》进行判定。

崩塌稳定性判定标准表

类别	判定依据
稳定性差	山高坡陡；岩层软硬相间，风化严重；岩体结构面发育、松弛且组合关系复杂，形成大量破碎带和分离体；山体不稳定。
稳定性较差	介于稳定性差和稳定好之间。
稳定性好	山体较平缓；岩性单一，风化程度轻微；岩体结构面密闭且不甚发育或组合关系简单，无破碎带和危险切割面；山体稳定，仅有个别危石。

5. 沿线地质灾害分区评价

铁路至圣水井路段地形坡度较缓且植被茂密，地质灾害较少，发生的后果也相对轻微。本次地质灾害评价段主要为圣水井至"佛头崖"段旅游线路内侧边坡。测绘过程中根据地质灾害的形成机制、稳定性以及危害性做出鉴定和评价，分析导致其失稳的诱因，并有针对性地提出了处理建议和措施。稳定性是指危岩体或者滚石受力后保持原有稳定平衡状态的能力；危害性是指地质灾害发生后的破坏性。

为了便于阐述，将该段划分为三个区进行评价：Ⅰ区为从"佛头崖"至9号藏经洞段；Ⅱ区为3号至9号藏经洞段；Ⅲ区为圣水井至3号藏经洞段。

调查结果统计，共发育危岩体9处，滚石21处，滚石集中区3处，片帮（危岩）1处，堆积体1处。

地质灾害一览表

灾害点编号	分布位置	成因、规模及特征	稳定性	危害性	诱发失稳因素	防治措施建议
危岩体 W1	7号洞至金仙公主塔山坡上	高5米～6米，宽3米～4米，厚度1米～1.5米。后缘明显与母岩脱离，上部大，下部小，底部持力点面积较小。	差	中等	暴雨、震动等	锚固
危岩体 W2	位于W1上方	体积较W1稍大，岩体被裂隙切割呈小块体，个别块体明显松动。但小块体多叠加在一起，持力点面积也较大。	较差	中等	暴雨、震动等	锚固，并清除松动岩块。
危岩体 W3	夫妻树左下方	面积约2米×5米，由顺坡向裂隙切割破碎的块体组成，块体多0.2米×0.5米，个别岩体可能与母岩脱离。	较差	中等	暴雨、震动等	清除松动岩块后锚固

续表

灾害点编号	分布位置	成因、规模及特征	稳定性	危害性	诱发失稳因素	防治措施建议
危岩体W4	7号洞上方	呈四边形，面积约2米×2米。受3条裂隙切割，两侧及底部均与母岩脱离，随着下部倾向坡外的裂隙的延伸，加之层面的影响，该块体将越来越不稳定。	较差	大	震动	锚固 监测
危岩体W5	1号～2号洞与3号～5号洞之间	范围较大，1号～2号洞上部边坡表部均有分布，为卸荷裂隙所致的层状剥落体，厚度约0.5米～1米。	较差	大	震动	锚固
危岩体W6	4号洞上方	为长约4米，宽约2.5米，厚约1米的悬空岩体。三面临空。岩块仍与坡后母岩相连。	较差	大	震动	支撑
危岩体W7	108级台阶内侧边坡中部	为裂隙切割的三角形块体，表面呈光面，若沿层面有裂隙发育，将会导致块体脱落。	较差	小	震动	锚固
危岩体W8	"弯月"型山脊边坡中部	块体高约5米，宽1米～2米，三面临空，两侧受北东向长大裂隙切割，后缘与母岩相连，底部未发现切割裂隙。	较差	中等	震动	监测为主
危岩体W9	"弯月"型山脊边坡中部	块体高约6米，宽不到1米，受3条裂隙切割呈长柱型，底部沿层面裂开成缝，与母体脱离孤立，由于底部持力面积稍大，目前尚能保持稳定。	差	中等	震动	监测为主
块石集中区P1	9号洞上方两颗柏树间	集中区面积约30米×5米，块石规模一般小于0.5米×1米，远观似干砌块石，近看多为松动块石。	较差	大	暴雨、震动等	清除或网锚
块石集中区P2	8号洞上部	块石体积一般小于0.5米×0.5米，为岩体受结构面切割后形成的块体在原地堆积而成。	较差	中等	岩体风化、卸荷暴雨、震动等	人工清除
块石集中区P3	"弯月"型山脊顶部二级陡壁	宽约15米～20米，高约5米，破碎带内岩体风化强烈，个别岩体松动，由于该破碎带发育位置较高，其块石滚落的破坏性较大。	较差	大	暴雨、震动等	人工清除
堆积体T1	W7右下部	主要为坡上崩塌滚石堆积而成，块石体积一般较小，空隙内已充填腐殖土。	较差	小	暴雨等	监测

续表

灾害点编号	分布位置	成因、规模及特征	稳定性	危害性	诱发失稳因素	防治措施建议
滚　石 G1–21	零星分布于边坡中上部	滚石规模一般相对较小，个别稍大，多在破碎带及宽大裂隙内发育，也见于坡顶，位于高处的滚石破坏性较大。滚石一般均有较好的持力点。	差	小	大风、暴雨、震动、人为因素	体积较大锚固，体积较小的可人工清除
片　帮 B1	8号洞左上部	实为卸荷裂隙引起的厚层大理岩体表层的剥落。面积3米×3米，厚度5厘米～10厘米。	较差	小	暴雨、震动	锚固或人工清除

5.1 Ⅰ区地质灾害评价

该区范围包括"佛头崖"至9号藏经洞段，该段坡体走向约为NW335度。地形相对较缓，自然坡度约30度，"佛头崖"处表现为陡壁，高差约20米。本区植被较少。

岩性主要为巨厚层状大理岩夹薄层大理岩，岩层面上见燧石条带发育，岩层产状为NW310度NE∠10度～15度。

该段长大裂隙较为发育，产状为NW315度～340度NE∠60度～80度，裂面起伏，张开宽度约10厘米～30厘米，局部充填碎块石，裂隙内多见植被发育。裂隙向下均终止于燧石条带层，向上延伸至山顶。"佛头崖"体内同时发育产状NE15度～20度SE∠65度～75度裂隙数条。由于NE向裂隙发育多位于顶部，向下延伸不长，控制该段边坡整体稳定性的主要是NW向裂隙和缓倾角的层面，其交切关系的赤平投影。

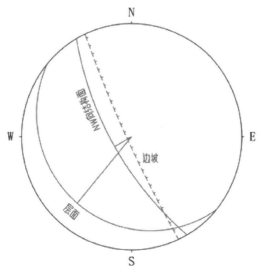

"佛头崖"边坡赤平投影图

195

从图上不难看出，结构面和层面的交点位于边坡投影线内侧，说明山体内无不利稳定的结构面组合体，该边坡整体处于稳定状态。主要地质灾害类型为滚石。滚石的分布下图。

"佛头崖" 滚石

综上所述，该区除"佛头崖"处外，其余山体较平缓，岩性单一，岩体结构面不甚发育，结构面组合关系简单，无破碎带和危险切割面，山体整体稳定。该区地质灾害类型主要为"佛头崖"中上部的滚石，体积一般较小，发生滚石后的破坏性轻微。

建议对崖壁上松动的块石进行相应的锚固或人工移除处理。

5.2 Ⅱ区地质灾害评价

该区范围包括3号藏经洞至9号藏经洞段，坡体走向约NE45度。地形上呈明显的陡崖，局部甚至呈反坡，7号～9号洞段坡度一般介于60度～70度之间，高差约40米；3号～5号洞位于沟底，上部为平台，地形较缓；1号～2号洞位于3号～5号洞下方，两层洞高差约15米。该区植被不发育，坡体上生长如"夫妻树"等数棵柏树。

该段岩性多为巨厚层大理岩，7号～9号洞段仍延续Ⅰ区的地层发育薄层大理岩及燧石条带，7 号洞北侧的逆冲断层以南均为厚层～巨厚层大理岩，局部见石英团块发育。岩层产状为 NW320 度 NE∠10 度。

该段受断层影响，上盘岩体相对破碎，裂隙发育主要以 NE10 度～30 度 SE∠35 度～60 度和 NW300 度～350 度 NE∠80 度为主。两组裂隙与层面的交切关系见赤平投影图。此外，该区卸荷裂隙较为发育，表现形式主要是在厚层岩体上呈层状剥落。

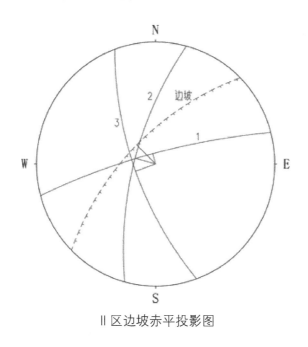

Ⅱ区边坡赤平投影图

对该区发育的 3 组优势结构面和边坡关系进行赤平投影分析，不难看出，该区边坡整体稳定性较好。

本区岩体风化较为严重，表层多呈强～弱风化状，3 号～4 号洞上部岩体表层局部全风化手触即呈粉末状。可对岩体表部做防风化处理，以延缓岩体风化速度。

本区 3 号～5 号洞位于冲沟内，其上部有人工堆积的晒经台，松散的人工堆积物不利于地表水的快速排泄，相反却为地表水的下渗提供了有利条件。5 号雷音洞洞顶为沿层面开凿而成，洞顶层面延伸至地表，为地表水的下渗提供了通道，致使洞顶角处浸水。建议加强地表水的排水工作。

因此，该段边坡整体稳定性好。其主要地质灾害的类型为危岩体。局部的滚石也不可忽视。各危岩体分别评价如下：

危岩体 W1

该危岩体高 5 米～6 米，宽 3 米～4 米，厚度 1 米～1.5 米，为沿构造裂隙卸荷形

W1 危岩体

成的危岩体，呈现明显的上部大、下部小的特点，由于危岩体持力点面积较小，后缘裂隙张开多充填碎石，危岩稳定性差。失稳后将影响 7 号藏经洞至金仙公主塔的阶梯小道及下部管理值班房的安全。

危岩体 W2

该危岩体位于 W1 上方，岩体被 NE、NW 向两组裂隙切割呈块状，块体垂直叠放，持力点面积较大，底部为倾向山体的层面，存在个别小的松动岩块，危岩体整体稳定性较差。

W2 危岩体

危岩体 W3

该危岩体位于 7 号藏经洞上方，远观岩体呈碎块状，个别块体呈松动状态，危岩整体稳定性较差。

危岩体 W4

该危岩体位于 7 号洞上部反倾边坡上，受 L1、L2、L3 三条裂隙切割，产状分别为

W3 危岩体

W4 危岩体

NW340 度 SW∠78 度、NW330 度 SW∠89 度、NE20 度 SE∠76 度。由于 L3 裂隙延伸不长，目前危岩体仍能保持稳定，但其稳定性较差。

危岩体 W5

该危岩体主要发育在 1 号～2 号藏经洞与 3～4 号藏经洞之间的陡壁上，是巨厚层岩体内的卸荷裂隙发育造成的，卸荷裂隙的产状为 NE9 度 SE∠44 度～65 度，该裂隙在 3 号～4 号洞的大理石栏杆内侧有清晰的出露，由于垂直或者与坡面大角度相交的裂隙不发育，危岩体两侧还与母岩连为一体，目前尚处于稳定状态，随着卸荷的不断深入，该危岩体稳定性会越来越差，局部已经脱落呈光面。其塌落后，必将对大理石栏杆及下部的 1 号、2 号藏经洞造成损失。

W5 危岩体

危岩体 W6

危岩体 W6 位于 4 号藏经洞洞口边坡上，块体长约 4 米，宽约 2.5 米，厚度 1 米左右。目前块体处于三面临空状态，似伸出的屋檐，其稳定性主要受图示"L裂隙"的影响。从照片之右上小照片可以看出，目前该裂隙并未切穿岩体，裂隙从地表的张开宽度3厘米～5厘米向岩体内呈逐渐闭合尖灭状态，该裂隙在地表也无明显的出露，以此判定，危岩体W6目前仍处于稳定状态。但随着雨水的不断侵蚀，沿裂隙风化加剧，W6的稳定性也将越来越差，最终将导致失稳塌落。W6的失稳将会毁坏下部的4号藏经洞、大理石栏杆以及危岩体W5，也将直接或者间接地毁坏1、2号藏经洞。

W6危岩体

该区除发育以上所述之六块危岩体外，在8号～9号藏经洞上方边坡还发育有两个块石集中区。块石集中区内岩体相对破碎，岩体风化严重，个别岩块松动，在暴雨、震动等诱发因素的影响下，岩块可能会沿坡体滚落，对坡下行人安全造成威胁。

山体表部滚石一般体积较小，而且多有较好的持力点，滚落后的破坏力也相对较小，这里不做一一评价。

综上所述，该区山高坡陡，岩性单一，岩层局部软硬相间，局部结构面较发育，但组合关系简单，属稳定性较差区。值得注意的是该区的危岩体分布较多，藏经洞也均位于该区，一旦发生地质灾害，将威胁洞室和人员的安全，不得不引起重视。

块石集中区 P1

块石集中区 P2

5.3 Ⅲ区地质灾害评价

该区范围从圣水井至3号藏经洞段，为"弯月"型山脊凹陷侧边坡，坡体走向NE10度～NW305度，地势从南向北逐渐升高。"弯月"型山脊较为单薄，顶部宽5米～8米，两侧均为陡崖，边坡高度约60米。该区植被相对发育，缓坡及坡脚甚至岩壁上多见柏树。

基岩岩性主要为巨厚层大理岩，岩体相对破碎，多被裂隙切割呈扁柱状。岩层产状为NW340度SW∠13度。

该区裂隙以产状NE80度SE/NW∠85度最为发育，间距0.5米～1米，多张开成缝，宽度一般10厘米～50厘米不等，内充填脱落的块石。该区卸荷裂隙也较为发育，以产状NW350度NE∠80度为主的卸荷裂隙与NE向裂隙的不利组合，在缓倾角或层面裂隙的配合下，致使该区潜在危岩体十分发育。

该区岩体一般以弱风化为主。相对较缓的坡体常见崩塌脱落的大块石及滚石堆积体。

危岩体和滚石在该区发育较多。各危岩体具体评价如下：

危岩体W7

该危岩体处于三面临空状态，正面呈光面，内侧受NE向裂隙切割与后缘岩体分开，左侧受NW向裂隙切割，两组走向大角度相交的裂隙将岩块切割成危岩体，随着下部支撑岩体的风化剥蚀，危岩体将将失稳崩塌。

W7危岩体

危岩体 W8

受 NE 向裂隙的切割，块体 W8 左侧临空，右侧为充填塌落小块石的张开裂缝，上部为缓坡，整个块体上宽下窄。从照片 5-11 的左视照片上看，并未见有结构面将块体和后缘山体切开，说明块体仍和母岩连为一体。当然，岩体内部潜在发育的 NW 向裂隙、下部支撑岩体的风化剥蚀都将使该块体的稳定性变差。由于其体积较大，一旦崩塌，将威胁下部的树木以及过往游人的安全。

危岩体 W9

W9 危岩体受 NE 向裂隙的切割，左右两侧均为平直的光面，产状为 NW350 度 NE∠80 度的裂隙将 W9 与后缘山体切断，加之底部层面裂隙发育，危岩体 W9 与母岩分开，成为孤立的岩体。在外力作用下可能产生崩塌。

W8 危岩体

W9 危岩体

块石集中区 P3

此外，该区在挂经幡的山头下方陡壁上还发育一个块石集中区，带内岩体风化严重，个别岩块呈松动状态，易引发滚石。由于该处地势较高，与下部旅游线路高差较大，其危害性也大大提高。

该区滚石较多，体积较大者均有较好的持力点，稳定性相对较好；体积较小者，虽该段谷坡陡峻，但坡上树木发育，对滚石有一定的阻碍作用，相对也减小了其破坏力。

综上所述，该区山脊单薄，山高坡陡，岩体结构面发育，组合关系复杂，既有块石集中区又有分离体，山体整体稳定性好，崩塌稳定性差。产状为 NW350 度 NE∠80 度的 NW 向裂隙的存在，增加了该区潜在不稳定块体的数量，应引起注意。本区虽植被相对发育，但坡陡且高差较大，在地震等作用力下，遍布的滚石及崩塌体将大大增加游人的受伤概率。

建议对该区边坡上孤立的滚石进行清除处理，危岩体一般规模较大，可进行相应的锚固处理。

6. 结论与建议

6.1 结论

本次地质灾害调查评价从圣水井至"佛头崖"段旅游线路以上边坡，面积约 30000 平方米，地质环境条件中等复杂。

地质灾害类型主要有崩塌和滚石，由于滚石的危害性相对较小，只对的崩塌体稳定性分为稳定性差、稳定性较差、稳定性好三个区进行了评价。评价区岩层倾向山内，对边坡乃至危岩体的稳定有利。

本次地质灾害调查共发现大规模危岩体 9 处，块石集中区 3 处，堆积体 1 处，片帮 1 处，滚石若干。

6.2 防治措施建议

调查区内危岩体、滚石等地质灾害点多面广，治理难度较大。对稳定性差的危岩体、岌岌可危的滚石应尽早治理，否则，将造成不良后果；对稳定性较差的、体积较大的危岩体可进行定期监测，以及时避险。治理方案要建立在充分勘查和论证基础上，在采用治理方法时，应根据具体情况因地制宜，有主有辅，本着以防为主，防治结合的原则，开展综合治理，尽量减少对自然景观的破坏。

建议对稳定性差、较差的危岩体进行以锚固为主的处理措施，并进行实时监测；对体积相对较大的滚石就地锚固，体积较小的可人工清除；块石集中区可进行网锚，个别松动的块石亦可人工清除。

第九章 永定门古御道病害检测鉴定

1. 永定门古御道概况

2004 年 6 月，在重建永定门城楼施工时，在城楼北侧发现两条较为规整的石砌路面，经专家鉴定为清乾隆年间所重新修建的"御道"。前几年，为了保护古御道，防止游人直接踩踏，管理部门对古御道采取了玻璃钢附罩式展示。经过几年的使用发现，御道石板地势较低，容易积水。同时，附罩式展示使古道透气性差，附罩下生长大量微生物，杂草丛生。这反而加大了古道石板的破坏。

永定门北侧的东侧御道现状照片　　　　　　永定门北侧的西侧御道现状照片

　　为了更好地保护北京中轴线上这一重要文物，为新的防治对策提供依据，首先要对古道文物的病害现状进行调查，理清病害类型和分布；然后测试其矿物、化学成分和工程性质。在此基础上，提出治理建议。

御道下雨时积水（一）　　　　　　　　　　　御道下雨时积水（二）

御道玻璃罩下的湿气　　　　　　　　　　　　御道玻璃罩下的植物

2. 检测鉴定方案

2.1 检测鉴定依据

（1）石质文物病害分类与图示（WW/T 0002-2007）；

（2）古建筑结构安全性鉴定技术规范（DB11/T 1190.2-2018）；

（3）Glossary in English list of terms of stone deterioration（ISCS Website，updated in Bangkok，2003）；

（4）石质文物保护工程勘察规范（WW/T 0063-2015）；

（5）工程岩体试验方法标准（GBT50266-2013）；

（6）土工试验方法标准（GBT 50123-1999）；

（7）土的工程分类标准（GB/T 50145-2007）；

（8）建筑地基基础设计规范（GB50007-2011）；

（9）回弹法检测混凝土抗压强度技术规程（JGJ-T 23-2011）；

（10）工程地质手册（第 5 版）。

2.2 检测鉴定内容

（1）御道石板病害类型精细调查和评价

对御道石板病害发育现状进行精细调查，描绘其病害类型和分布，评价表层病害程度。

（2）御道材质的工程性质评价

通过无损手段，研究御道材质的基本性质（包括矿物和化学性质、物理性质、力学性质），评价其的工程性质。

（3）御道地基土的工程性质及承载力评价

御道作为北京中轴线上的重要文物，其所在垫层和地基的稳定性需要评价。为此，通过钻孔取样和室内实验测试，厘清御道垫层的成分、性质以及地基土的工程分类、物理力学参数，依此分析垫层做法、评价地基土的承载力。

（4）御道条石的裂隙深度及安全性评价

御道条石经过几百年的风化与踩踏，表面产生了细微的裂隙，需要对裂隙深度进行测量。通过数值模拟和理论分析评价条石本身的安全性以及人为踩踏过程中的安全性。

2.3 检测鉴定方案

针对上述勘察任务采取以下的勘察方案和手段：

（1）对病害精细调查主要是根据相关规范绘制详细的病害分布图并统计分布范围。主要依据国家文物局《石质文物病害分类与图示》（WW/T0002-2007）规范，参考国际古迹遗址理事会石质学术委员会（ICOMOS-ISCS）提出的规范。

（2）取得御道材质的少量剥落样品，利用 X- 射线衍射和薄片鉴定测试其矿物成分、利用 X- 射线荧光测试其化学成分；测试其密度、孔隙率、吸水率。利用声波仪、里氏硬度计和回弹仪对御道材质的超声波波速、里氏硬度和回弹值进行测试，评价其风化程度。利用钻入阻力仪对石板进行微钻测试，评价其风化深度。

（3）依据北京市地方标准（DB11/T 1190.2-2018）古建筑结构安全性鉴定技术规范，利用超声波仪测量条石表面裂隙深度。在此基础上，建立条石的真实三维模型。依据结构力学和断裂力学的基本理论，借助有限元数值模拟的方法分析条石的稳定性和安全性，分析条石在人为踩踏作用下受力，找到最不利的位置，为后续保护提供依据。

（4）人工移开条石，利用小型手工钻机钻取 3 个 10 米深钻，并取芯，运至实验室。取得垫层土的试样进行矿物成分测试，并分析垫层土的工程做法。在实验室内制备试样（每 0.5 米～1.0 米深度取一组样品），并进行矿物成分测试和物理力学性质（包括密度、比重、含水率、孔隙率、粒径等物理参数和抗剪强度等力学参数）的测试，并依据国标 GB/T 50145-2007 和 GB50007-2011 对地基土进行工程分类和承载力的评价。

3. 御道石板的周边环境评价

3.1 石板分布图

经过对御道的测量，绘制了 1∶50 的御道总平面图。御道整体被钢化玻璃罩住，因为年久失修，已经有部分钢化玻璃破碎，在图中用黄色填充。

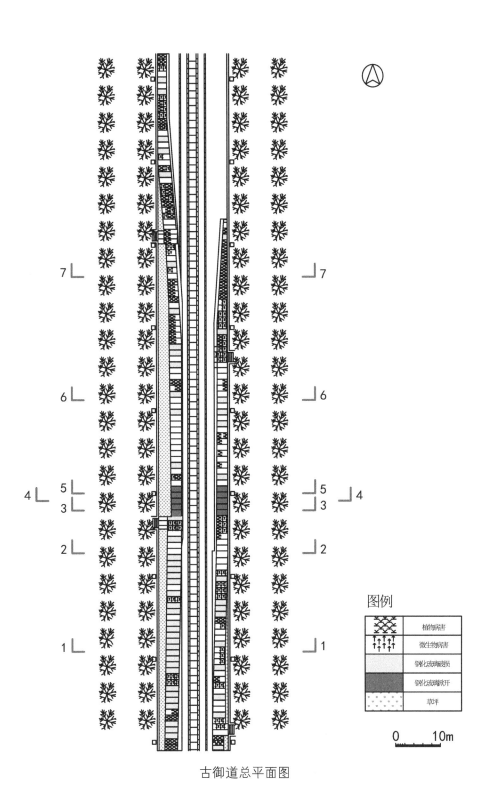

古御道总平面图

如总平面图所示的剖面位置，绘制了御道的 7 张剖面图。

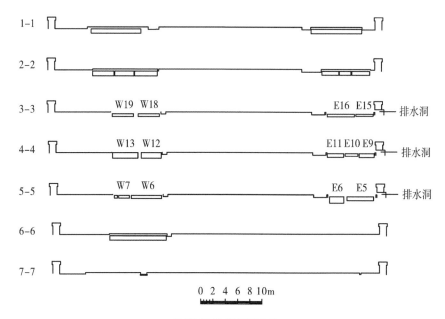

1–1

2–2

3–3　　W19 W18　　　　　　　　　　E16 E15　——排水洞

4–4　　W13 W12　　　　　　　　　E11 E10 E9　——排水洞

5–5　　W7　W6　　　　　　　　　　E6　E5　——排水洞

6–6

7–7

0 2 4 6 8 10m

永定门御道剖面图

　　经过观察钢化玻璃罩下的病害情况，大部分肉眼可见的病害以植物病害和藻类病害居多。在御道的勘察中，东西两侧御道各掀开钢化玻璃五块，对石板进行详细近距离的勘察。根据现场测量，画出其石板的布局图。

西侧御道去钢化玻璃的石板（一）

西侧御道去钢化玻璃的石板（二）

东侧御道去钢化玻璃的石板（一）

东侧御道去钢化玻璃的石板（二）

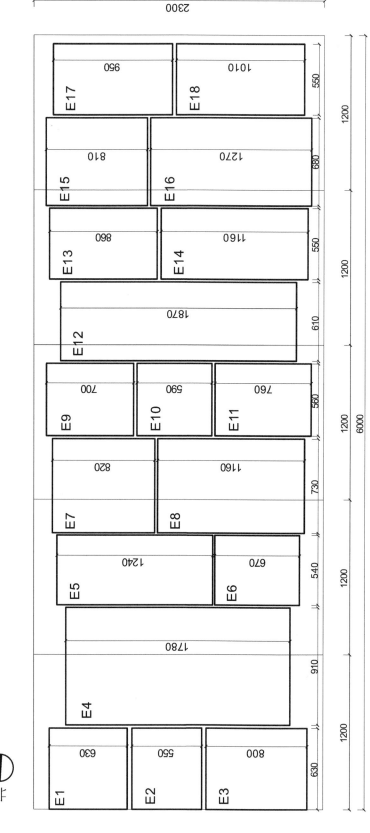

东侧御道去钢化玻璃区域石板编号及尺寸

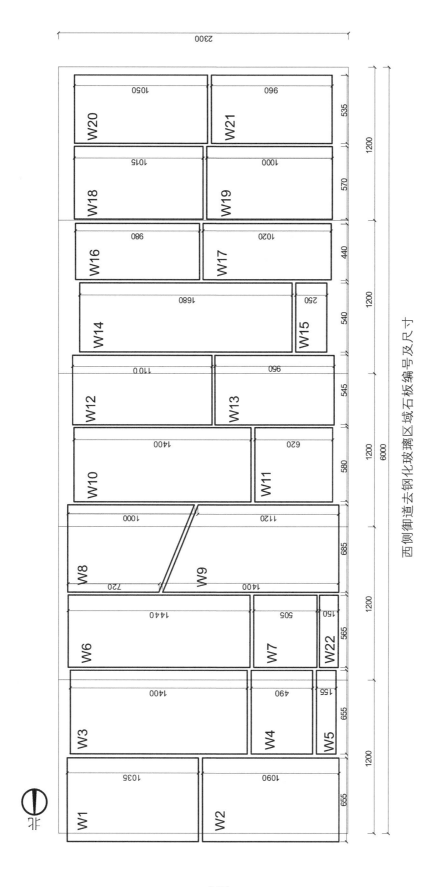

西侧御道去钢化玻璃区域石板编号及尺寸

为了描绘石板的病害图，针对每一块石板进行了拍摄，并进行编号。东侧御道去钢化玻璃区域的石板照片下图所示，共有石板 18 块，西侧御道去钢化玻璃区域的石板照片下图所示，共有石板 22 块。

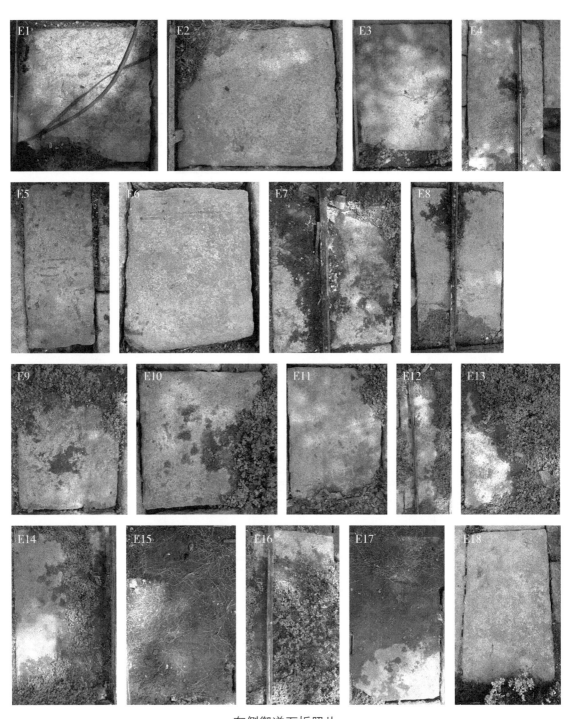

东侧御道石板照片

西侧御道石板照片

3.2 石板的平整度测量

御道整体平面扫平

此次对御道进行抄平所用的仪器是莱赛激光扫平仪，对御道周边进行平整度测量，结果如下表所示。

御道周边相对高程表

测量区域位置	相对高程（毫米）					
最南端平地换算高程	95		0		78	
最南端御道换算高程	170	133	50	216	175	165
南端御道换算数据	310	377	217	339	288	353
测量区南端1米换算高程	432		490		330	419
测量区北端1米换算高程	492	553	377	547	444	477
北端御道换算高程	534	597	429	580	500	549
东侧御道最北端换算高程	827	876	696	861	778	828
西侧御道最北端换算高程	977		863		1052	1000
最北端平地换算高程	993					

御道整体平面的最高点在最南端的平地中间道路部分，最低点在西侧御道最北端的凹槽鹅卵石路。高差是1052毫米。御道整体南高北低，中间的现代石板路比两侧玻璃盖板处高，西侧御道比东侧御道高。

御道检测区平面扫平

经过对御道周边整体扫平后，又对去钢化玻璃区域的石板进行局部扫平，精细到每块石板的四个角。其中西侧御道石板的扫平情况如下表所示，东侧御道石板的扫平情况如下表所示。

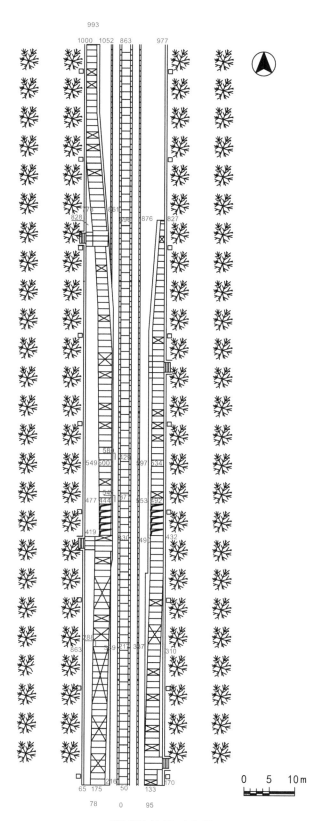

御道整体相对高程

221

西侧御道相对高程表（单位：毫米）

石板编号	东南角相对高程	西南角相对高程	东北角相对高程	西北角相对高程
W1	50	99	52	105
W2	97	77	105	87
W3	76	92	69	88
W4	79	76	65	73
W6	88	98	75	78
W7	92	94	94	84
W8	54	68	69	92
W9	74	57	92	57
W10	27	81	16	81
W11	85	58	89	66
W12	26	59	36	70
W13	51	49	69	70
W14	39	48	49	44
W15	52	52	35	42
W16	0	20	16	29
W17	37	41	39	41
W18	8	35	7	34
W19	49	48	50	51
W20	22	41	26	44
W21	40	19	56	20

　　西侧御道钢化玻璃掀开区域的最高点在南侧 W16 的东南角，最低点在最北端 W1，W2 的东北角和西北角。高差是 105 毫米。该区域整体南高北低。石板 W5 与 W22 检由于其上覆盖较厚积土没有检测。

东侧御道相对高程表（单位：毫米）

石板编号	东南角相对高程	西南角相对高程	东北角相对高程	西北角相对高程
E1	49	89	66	106
E2	64	71	86	92
E3	63	39	68	51
E4	61	32	66	39
E5	20	38	36	38

续表

石板编号	东南角相对高程	西南角相对高程	东北角相对高程	西北角相对高程
E7	46	33	31	12
E8	20	25	33	39
E9	56	69	26	34
E10	50	55	25	36
E11	42	52	36	48
E12	79	66	66	31
E13	107	96	78	44
E14	80	54	43	21
E15	121	119	116	119
E16	64	44	77	58
E17	103	66	90	86
E18	37	0	68	29

　　东侧御道检测区的最高点在 E18 石板的西南角，最低点在 E15 石板的东南角。高差是 121 毫米。E6 石板由于掀开没有检测，如下图。

E6 石板掀开勘察垫层

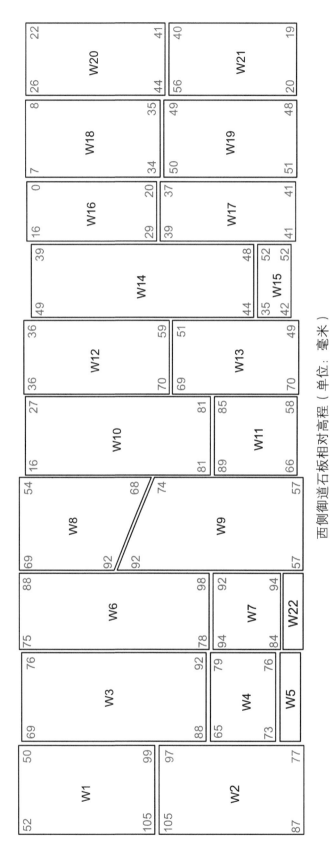

西侧御道石板相对高程（单位：毫米）

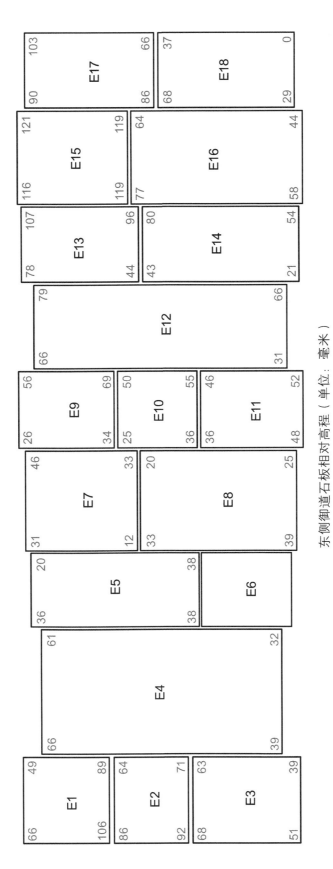

东侧御道石板相对高程（单位：毫米）

225

3.3 周边环境监测和评价

石板周边环境含水率检测

在西侧御道，御道石板西侧有两级草坪。我们分别在石板边上、第一级草坪和第二级草坪上获取土样做含水率测试。是现场检测含水率与检测含水率位置如下图所示。检测结果如下所示。

御道石板周边土壤含水率检测

御道石板周边土壤含水率检测位置（一）

御道石板周边土壤含水率检测位置（二）

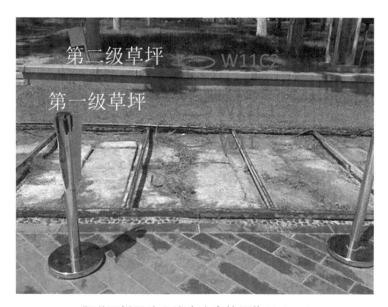

御道石板周边土壤含水率检测位置（三）

西侧御道石板周边含水率表

土样编号	W5	W5C1	W5C2	W11	W11C1	W11C2	W21	W21C1	W21C2
含水率（%）	48.8	61.0	47.5	48.6	64.7	51.2	50.5	64.3	59.0

根据所取样地方的含水率大小可以得知，一级草坪含水率最大，二级草坪次之，石板周边土的含水率最小。由于植被具有保水性能，所以草坪上的土样含水率比石板周边的土样含水率要高，又因为第一级草坪处于较低高度，受到第二级草坪水分的补给，所以第一级草坪的含水率最高。石板周边的土的水分受到第一级草坪的直接补给和第二级草坪的间接补给，以至于石板周围长期处于潮湿状态，石板周边含水率接近50%。所以要使石板周边保持干燥，第一级草坪不应保留。

石板的红外热成像

由于黑体辐射的存在，任何物体都依据温度的不同对外进行电磁波辐射。波长为2.0微米～1000微米的部分称为热红外线。热红外成像通过对热红外敏感CCD对物体进行成像，能反映出物体表面的温度场。高于绝对零度（−273.15摄氏度）的任何物体，其物体表面都会发射红外线，温度越高，发射的红外能量越高。红外线测温仪和红外热成像根据此可以测量物体表面的温度。

在御道石板红外热成像的测试中，采用 FLIR E40 型号的红外热像仪对石板进行表面温度测量，如下图为仪器图片和现场红外热成像拍摄。

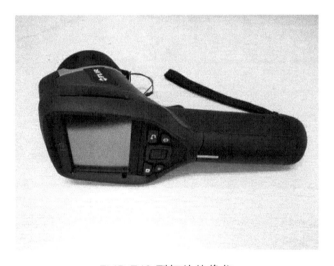

FLIR E40 型红外热像仪

现场红外热成像照片拍摄

利用红外热像仪检测物体温度时，测试点的选择要求外观平整的表面，同时要考虑日照不均匀、周边植被和建筑物阴影等的影响。

红外热成像技术适用于检测岩石表层含水分布情况、岩石表面浅层且平行于壁面缺陷的分布情况，如空鼓、平行壁面的风化裂隙和卸荷裂隙等。其原理是根据不同温度对外进行的电磁波辐射强度不同，含水率高的地方温度相对较低。当然还和表面平整度有关系，表面平整的地方对外的电磁辐射均匀，表面有缺陷的地方容易积水并且对外辐射的电磁波不均匀，根据这个可以判断物体表面缺陷。

在御道石板红外热成像的测试中，采取每隔 1 小时对掀开钢化玻璃区域现场进行红外热像拍照，照片的结果如下所示。

西侧御道从北到南开板第四块在 7 月 31 日的红外热像图与现状照片如下所示。

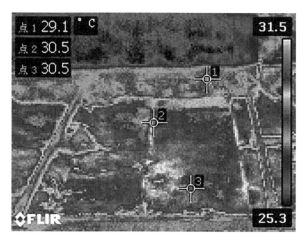

7 点 20 分红外热像图与现状

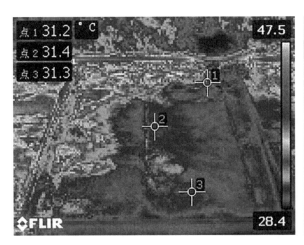

8 点 20 分红外热像图与现状

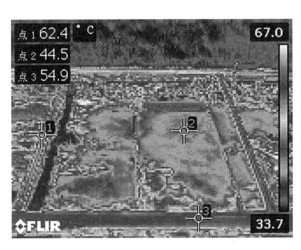
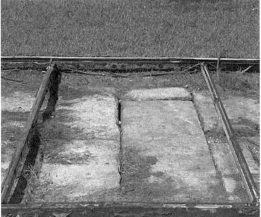

9 点 20 分红外热像图与现状

11 点 20 分红外热像图与现状

通过对该区域早上 7 点到 11 点的红外热像分析，早上 7 点 20 分此处的最高温度为 31.5 摄氏度，到早上 8 点 20 分的时候，最高温度上升至 47.5 摄氏度，上午 9 点 20 分的时候最高温度为 67.0 摄氏度，到中午 11 点 20 分的时候，最高温度达到 68.7 摄氏度。通过红外照片可以看出，在正午时候石板缝周边温度依然较低，就整块石板来说，在排除光照不均匀的情况下，温度分布相对均匀，所以该石板表面没有特别能保水的地方，石板之间的缝隙温度较低可能与其垫层潮湿有关。

其他位置的红外热像图如下。

东侧御道石板 7 点 20 分红外热像图与现状：

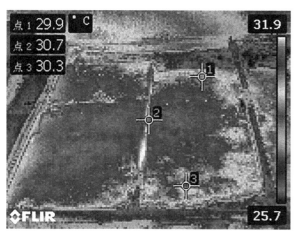

从北到南开板第一块红外热像图与现状

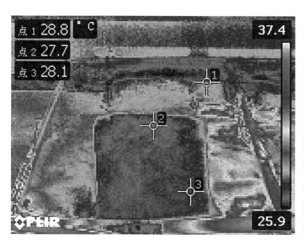

从北到南开板第二块红外热像图与现状

从北到南开板第三块红外热像图与现状

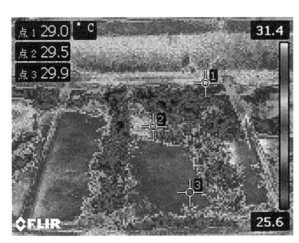

从北到南开板第四块红外热像图与现状

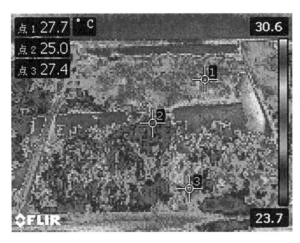

从北到南开板第五块红外热像图与现状

西侧御道石板 7 点 20 分红外热像图：

从北到南开板第一块红外热像图与现状

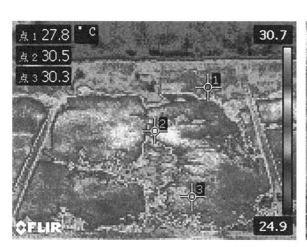 

从北到南开板第二块红外热像图与现状

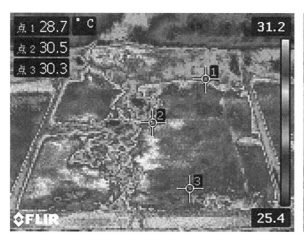 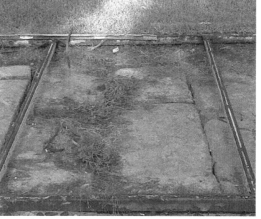

西侧御道从北到南开板第三块红外热像图与现状

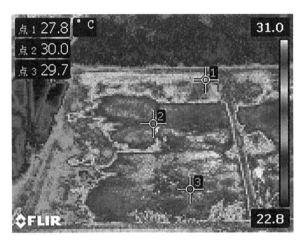

从北到南开板第五块红外热像图与现状

东侧御道石板 8 点 20 分红外热像图：

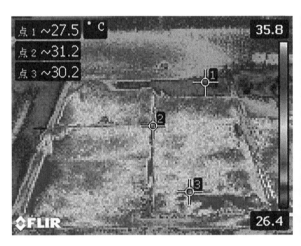

从北到南开板第一块红外热像图与现状

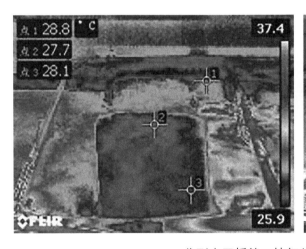

北到南开板第二块红外热像图与现状

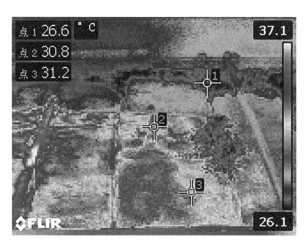

从北到南开板第三块红外热像图与现状

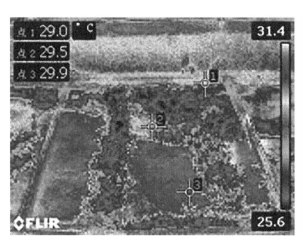

从北到南开板第四块红外热像图与现状

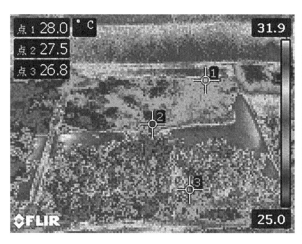

从北到南开板第五块红外热像图与现状

西侧御道石板 8 点 20 分红外热像图：

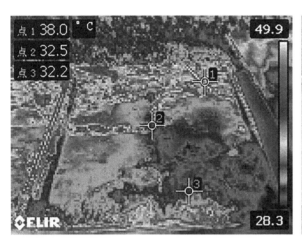 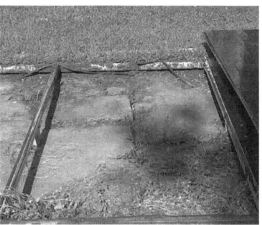

从北到南开板第一块红外热像图与现状

从北到南开板第二块红外热像图与现状

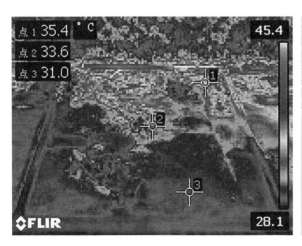 

从北到南开板第三块红外热像图与现状

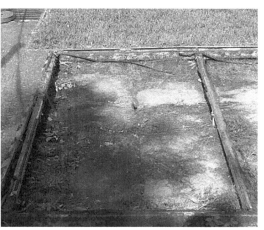

从北到南开板第五块红外热像图与现状

东侧御道石板 9 点 20 分红外热像图：

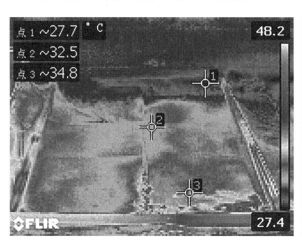

从北到南开板第一块红外热像图与现状

从北到南开板第二块红外热像图与现状

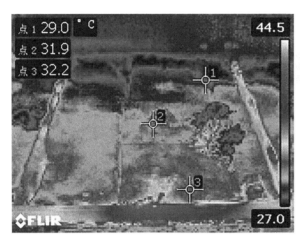

从北到南开板第三块红外热像图与现状

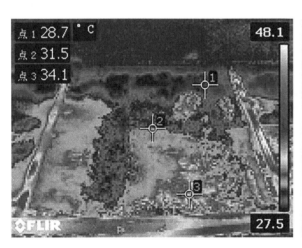

从北到南开板第四块红外热像图与现状

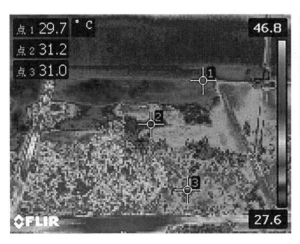

从北到南开板第五块红外热像图与现状

西侧御道石板 9 点 20 分红外热像图：

从北到南开板第一块红外热像图与现状

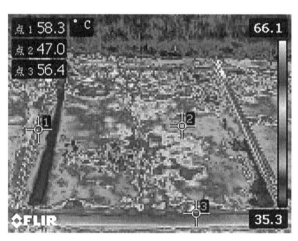 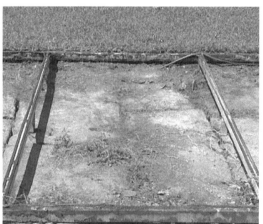

从北到南开板第二块红外热像图与现状

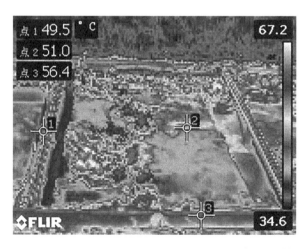 

从北到南开板第三块红外热像图与现状

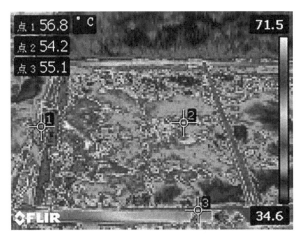

从北到南开板第五块红外热像图与现状

东侧御道石板 11 点 20 分红外热像图：

从北到南开板第一块红外热像图与现状

从北到南开板第二块红外热像图与现状

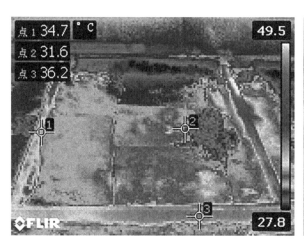

从北到南开板第三块红外热像图与现状

从北到南开板第四块红外热像图与现状

从北到南开板第五块红外热像图与现状

西侧御道石板 11 点 20 分红外热像图：

从北到南开板第一块红外热像图与现状

从北到南开板第二块红外热像图与现状

从北到南开板第三块红外热像图与现状

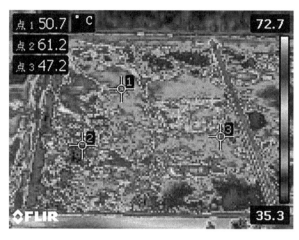

从北到南开板第五块红外热像图与现状

3.4 小结

御道整体南高北低、西高东低、中间高两侧低。最高点在最南端的平地中间道路部分，最低点在西侧御道最北端的凹槽鹅卵石路，高差是1052毫米。其中：（1）西侧御道钢化玻璃掀开区域的最高点在W16石板的东南角，最低点在W1、W2石板的北端，高差是105毫米；（2）东侧御道钢化玻璃掀开区域的最高点在E18石板的西南角，最低点在E15石板的东南角，高差是121毫米。

御道石板为整个路面（甚至整个公园）最低处，石板外侧为人工草地。草地外侧为花岗岩台阶，台阶外侧还是人工草地。御道外侧草地的土壤含水率低于台阶外侧的土壤相应值，而高于御道内部的土壤相应值，说明御道内土壤的水分可能受到外侧草地的补给。

从红外热成像的结果来看，正午时候石板缝周边温度依然较低，就整块石板来说，在排除光照不均匀的情况下，温度分布相对均匀，所以该石板表面没有特别能保水的地方，石板之间的缝隙温度较低可能与其垫层潮湿有关。

4. 御道病害类型调查和评价

4.1 御道石板病害面积统计

经过现场的实际勘察，对每块石板进行拍照并测量尺寸，现场观察中记录每块石板病害的种类、病害的位置和病害的显微照片。经过病害面积统计，做出下表，得到各个石板的病害面积。

御道石板病害面积统计表（平方毫米）

石板编号	石板面积	病害类型及面积									
		积尘	黏土附着	植物病害	微生物病害	人为污染	铁锈	表面溶蚀	黑色结壳	动物病害	残缺
E1	397351.28	397351.28	33923.10	8192.89	27335.20	8705.09	581.79	188548.18			
E2	360322.76	360322.80	17727.05	51936.20	71105.28		1876.09				
E3	492115.88	492116.05	20094.56	142076.98	75002.41						
E4	1797577.32	1797577.32	290384.50	141523.71	931408.57		23624.40		281323.44		
E5	688886.16	688886.39		42062.64	96579.32	17447.88		77239.35	2151.42		
E6	300112.48	300112.48			28975.67						
E7	541204.40	541204.12	216646.74	74365.51	182729.81						
E8	763155.48	763156.09	4313.05		282492.72	95805.91	7024.19		12222.65		
E9	344653.03	344652.79	100771.80	69238.12	95427.54	21610.15					
E10	312972.73	167380.54	78638.13	61374.50	7103.47						
E11	405705.83	278502.95	99583.22	27618.50	155815.83						
E12	997411.54	369555.94	122001.79	495204.11			11073.73			15491.79	
E13	477828.51	82812.66	36310.23	358705.63							
E14	641220.44	184854.39		456350.52							
E15	613473.78		466941.45	466941.45							
E16	799841.50	131766.57	97153.74	567416.16							
E17	565374.38	111409.13	355841.42	40151.89							5758.45
E18	584902.90	24540.32	552104.54	560362.66							
W1	882606.36	882606.36	621433.25								
W2	690483.64	664024.33	99712.59		37845.82	60804.40					
W3	956093.46	956093.46		404711.61	14183.62	94552.74	3170.96				

续表

石板编号	石板面积	病害类型及面积									
		积尘	黏土附着	植物病害	微生物病害	人为污染	铁锈	表面溶蚀	黑色结壳	动物病害	残缺
W4	332514.67	332514.67	160153.94	42341.05	12641.73	13782.84					
W5	194152.24	194152.24		199331.66							
W6	728343.08	644199.79	97851.51	195334.86	101571.11	29317.51					
W7	255147.67	255147.67	148006.43	18815.29			2974.89				
W8	519438.21	284644.68	71601.78	45632.98	17876.04						
W9	908850.72	838335.64	332925.60	44153.52	62282.18	13959.92	7427.20				
W10	782339.34	653434.83		220097.31	156546.39	55096.21		7924.66			
W11	668042.75	668042.75	233702.56	140044.08							
W12	639502.84	596004.55		58971.27	38374.93	8545.96					
W13	692913.71	611531.34	97824.11	221513.92	87471.58						
W14	1084800.62	1084800.62	78899.72	167809.61	374011.40	61789.58					
W15	379737.08	379737.08	206356.42					7936.29			
W16	615805.95	131766.57		294445.67	65102.70		2894.21				
W17	527845.54	430955.66	14595.20	208067.06	69825.22						
W18	690514.56	604293.03	78562.80	264361.16		32358.05	2643.51				
W19	521087.70	379706.28	3769.61	215135.53		18280.32	2277.09				
W20	787319.36	787319.36		883767.41							
W21	523729.28	497706.94	105405.79	241284.47	11665.85						
W22	123639.19	123639.19		·							

　　由下表可知各个石板的面积与各病害类型的面积，做出石板病害的面积占比表，如下表所示。

御道石板病害面积占比统计表（单位：%）

石板编号	积尘	黏土附着	植物病害	微生物病害	人为污染	铁锈	表面溶蚀	黑色结壳	动物病害	残缺
E1	100.00	8.54	2.06	6.88	2.19	0.15	47.45	0.00	0.00	0.00
E2	100.00	4.92	14.41	19.73	0.00	0.52	0.00	0.00	0.00	0.00
E3	100.00	4.08	28.87	15.24	0.00	0.00	0.00	0.00	0.00	0.00
E4	100.00	16.15	7.87	51.81	0.00	1.31	0.00	15.65	0.00	0.00
E5	100.00	0.00	6.11	14.02	2.53	0.00	11.21	0.31	0.00	0.00
E6	100.00	0.00	0.00	9.65	0.00	0.00	0.00	0.00	0.00	0.00
E7	100.00	40.03	13.74	33.76	0.00	0.00	0.00	0.00	0.00	0.00
E8	100.00	0.57	0.00	37.02	12.55	0.92	0.00	1.60	0.00	0.00
E9	100.00	29.24	20.09	27.69	6.27	0.00	0.00	0.00	0.00	0.00
E10	53.48	25.13	19.61	2.27	0.00	0.00	0.00	0.00	0.00	0.00
E11	68.65	24.55	6.81	38.41	0.00	0.00	0.00	0.00	0.00	0.00
E12	37.05	12.23	49.65	0.00	0.00	1.11	0.00	0.00	1.55	0.00
E13	17.33	7.60	75.07	0.00	0.00	0.00	0.00	0.00	0.00	0.00
E14	28.83	0.00	71.17	0.00	0.00	0.00	0.00	0.00	0.00	0.00
E15	0.00	76.11	76.11	0.00	0.00	0.00	0.00	0.00	0.00	0.00
E16	16.47	12.15	70.94	0.00	0.00	0.00	0.00	0.00	0.00	0.00
E17	19.71	62.94	7.10	0.00	0.00	0.00	0.00	0.00	0.00	1.02
E18	4.20	94.39	95.80	0.00	0.00	0.00	0.00	0.00	0.00	0.00
W1	100.00	70.41	0.00	0.00	0.00	0.00	0.00	0.00	0.00	0.00
W2	96.17	14.44	0.00	5.48	8.81	0.00	0.00	0.00	0.00	0.00

石板编号	积尘	黏土附着	植物病害	微生物病害	人为污染	铁锈	表面溶蚀	黑色结壳	动物病害	残缺
W3	100.00	0.00	42.33	1.48	9.89	0.33	0.00	0.00	0.00	0.00
W4	100.00	48.16	12.73	3.80	4.15	0.00	0.00	0.00	0.00	0.00
W5	100.00	0.00	102.67	0.00	0.00	0.00	0.00	0.00	0.00	0.00
W6	88.45	13.43	26.82	13.95	4.03	0.00	0.00	0.00	0.00	0.00
W7	100.00	58.01	7.37	0.00	0.00	1.17	0.00	0.00	0.00	0.00
W8	54.80	13.78	8.79	3.44	0.00	0.00	0.00	0.00	0.00	0.00
W9	92.24	36.63	4.86	6.85	1.54	0.82	0.00	0.00	0.00	0.00
W10	83.52	0.00	28.13	20.01	7.04	0.00	1.01	0.00	0.00	0.00
W11	100.00	34.98	20.96	0.00	0.00	0.00	0.00	0.00	0.00	0.00
W12	93.20	0.00	9.22	6.00	1.34	0.00	0.00	0.00	0.00	0.00
W13	88.26	14.12	31.97	12.62	0.00	0.00	0.00	0.00	0.00	0.00
W14	100.00	7.27	15.47	34.48	5.70	0.00	0.00	0.00	0.00	0.00
W15	100.00	54.34	0.00	0.00	0.00	0.00	2.09	0.00	0.00	0.00
W16	21.40	0.00	47.81	10.57	0.00	0.47	0.00	0.00	0.00	0.00
W17	81.64	2.77	39.42	13.23	0.00	0.00	0.00	0.00	0.00	0.00
W18	87.51	11.38	38.28	0.00	4.69	0.38	0.00	0.00	0.00	0.00
W19	72.87	0.72	41.29	0.00	3.51	0.44	0.00	0.00	0.00	0.00
W20	100.00	0.00	112.25	0.00	0.00	0.00	0.00	0.00	0.00	0.00
W21	95.03	20.13	46.07	2.23	0.00	0.00	0.00	0.00	0.00	0.00
W22	100.00	0.00	0.00	0.00	0.00	0.00	0.00	0.00	0.00	0.00

由下表可知各个石板的面积与各病害类型的面积占比，进一步得到东侧御道、西侧御道和东西两侧总的病害面积及病害占比，如下表所示。

东西侧石板各病害占各侧石板面积总和的比值表

	石板面积（平方毫米）	积尘（平方毫米）	黏土附着（平方毫米）	植物病害（平方毫米）	微生物病害（平方毫米）	人为污染（平方毫米）	铁锈（平方毫米）	表面溶蚀（平方毫米）	黑色结壳（平方毫米）	动物病害（平方毫米）	残缺（平方毫米）
东侧石板及病害总面积	11084110.41	7036201.81	2492435.31	3563521.48	1953975.80	143569.03	44180.20	265787.52	295697.50	15491.79	5758.45
各病害所占比例（%）		63.48	22.49	32.15	17.63	1.30	0.40	2.40	2.67	0.14	0.05

	石板面积（平方毫米）	积尘（平方毫米）	黏土附着（平方毫米）	植物病害（平方毫米）	微生物病害（平方毫米）	人为污染（平方毫米）	铁锈（平方毫米）	表面溶蚀（平方毫米）	黑色结壳（平方毫米）	动物病害（平方毫米）	残缺（平方毫米）
西侧石板及病害总面积	13504907.97	12000657.05	2350801.30	3865818.46	1049398.55	388487.51	21387.86	15860.94	0.00	0.00	0.00
各病害所占比例（%）		88.86	17.41	28.63	7.77	2.88	0.16	0.12	0.00	0.00	0.00

	石板面积（平方毫米）	积尘（平方毫米）	黏土附着（平方毫米）	植物病害（平方毫米）	微生物病害（平方毫米）	人为污染（平方毫米）	铁锈（平方毫米）	表面溶蚀（平方毫米）	黑色结壳（平方毫米）	动物病害（平方毫米）	残缺（平方毫米）
东西侧石板及病害总面积	24589018.38	19036858.86	4843236.61	7429339.94	3003374.35	532056.54	65568.06	281648.47	295697.50	15491.79	5758.45
各病害所占面积比例（%）		77.42	19.70	30.21	12.21	2.16	0.27	1.15	1.20	0.06	0.02

4.2 病害图片

在对永定门御道病害勘察中，在东西侧各掀开了 5 块钢化玻璃罩对御道进行勘察。在掀开的钢化玻璃罩下面发现了植物种类和藻类病害，部分石板由于其上覆土较厚，生长了较粗的植物根系。在钢化玻璃罩和植物生长的作用下，为蜗牛创造了阴暗潮湿、疏松多腐殖质的环境，如下图，出现了动物（蜗牛）病害。

植物病害－植物类（一）

植物病害－植物类（二）

植物病害－植物类（三）

植物病害－植物类（四）

植物病害－植物类（五）

植物病害－植物类（六）

植物病害－青苔类（一）

植物病害－青苔类（二）

植物病害－根系

动物病害－蜗牛

　　经过宏观的病害观察和描绘后，清理御道石板表面去除植物和表面积土，对御道石板的病害进行了显微观察，得到病害的显微照片如下。

E1 人为病害显微照

E1 微生物病害显微照

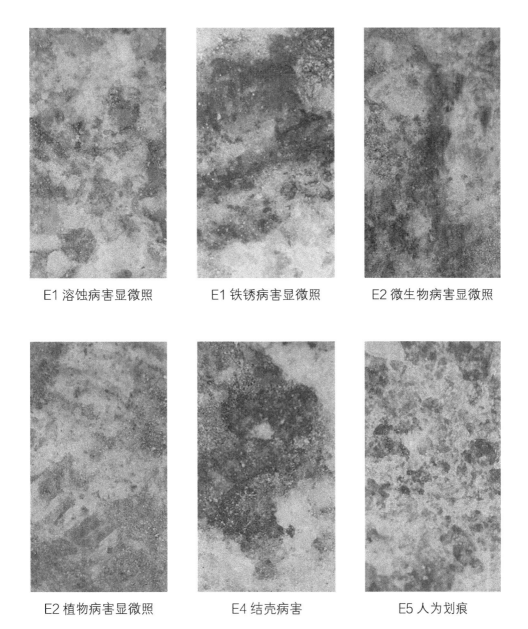

E1 溶蚀病害显微照　　　　E1 铁锈病害显微照　　　　E2 微生物病害显微照

E2 植物病害显微照　　　　E4 结壳病害　　　　E5 人为划痕

御道石板的总体、东侧和西侧病害图分别如下图所示。

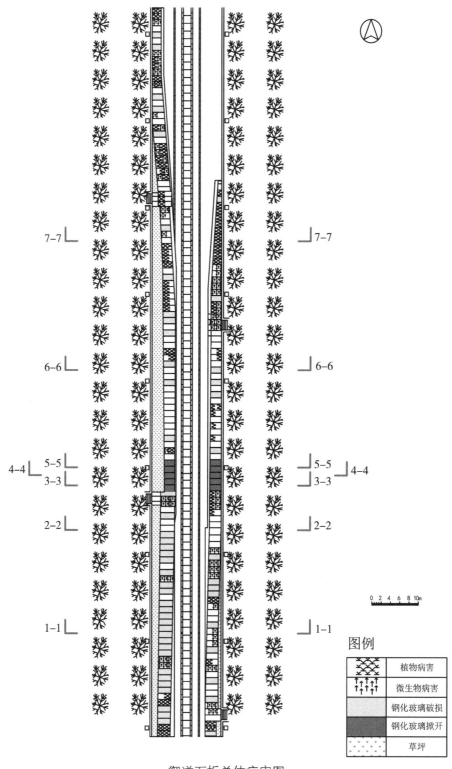

图例

	植物病害
	微生物病害
	钢化玻璃破损
	钢化玻璃掀开
	草坪

御道石板总体病害图

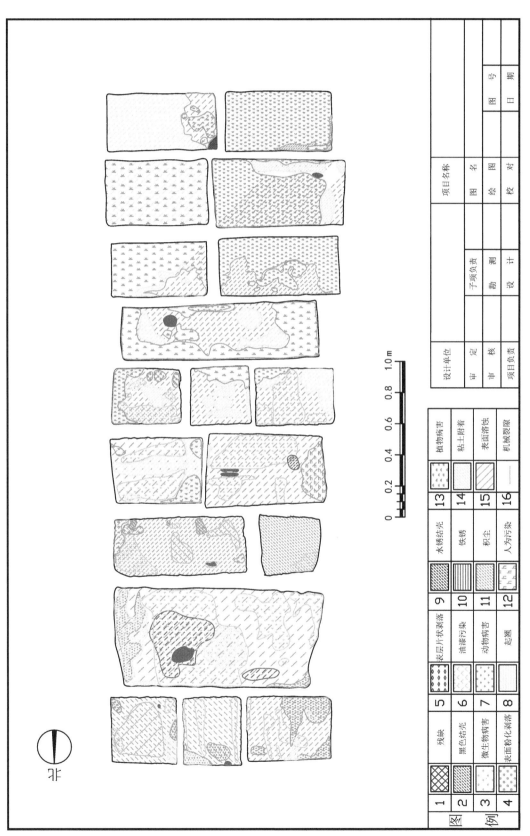

东侧御道石板病害图

图例								
	1	残缺	5	黑色结壳	9	水锈结壳	13	植物病害
	2	表层片状剥落	6	油漆污染	10	铁锈	14	粘土附着
	3	微生物病害	7	动物病害	11	积尘	15	表面溶蚀
	4	表面粉化剥落	8	起翘	12	人为污染	16	机械裂隙

北

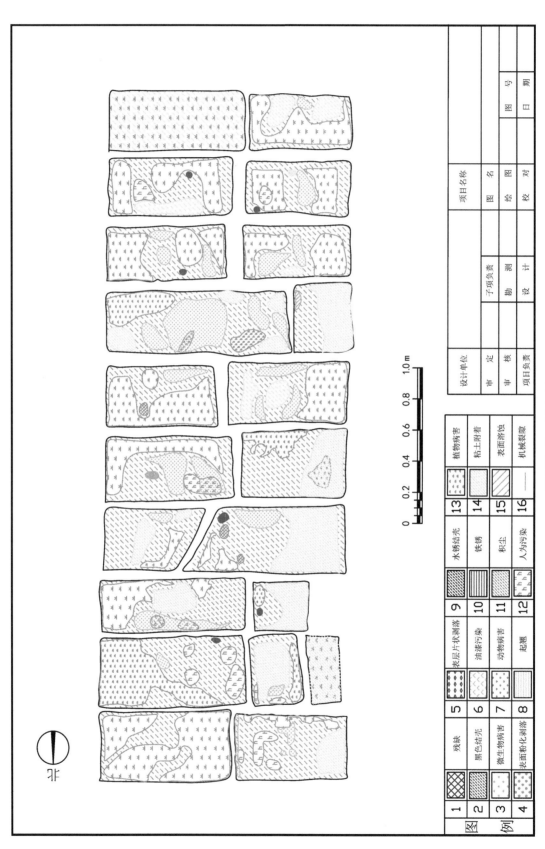

西侧御道石板病害图

图			例				
1	残缺	5	表层片状剥落	9	水锈结壳	13	植物病害
2	黑色结壳	6	油漆污染	10	铁锈	14	粘土附着
3	微生物病害	7	动物病害	11	积尘	15	表面溶蚀
4	表面粉化剥落	8	起翘	12	人为污染	16	机械裂隙

254

4.3 小结

石板的主要的病害是积尘、黏土附着、植物病害、微生物病害。本次共调查东、西两侧 23.34 平方米的石板，其中积尘、黏土附着、植物病害、微生物病害、人为污染、铁锈、表面溶蚀、黑色结壳、动物病害、残缺分别占总调查面积的 77.42%、19.70%、30.21%、12.21%、2.16%、0.27%、1.15%、1.20%、0.06%、0.02%（由于病害类型可以重复，故病害面积总和大于 100%）。石板病害程度主要为轻微，个别为中等程度，但是存在某些人为污染、铁锈、黑色结壳、残缺等造成游人视觉上不舒服。

5. 御道石板的工程性质及风化程度评价

在永定门御道石板的工程性质及风化程度评价中，需要对御道石板进行取样做实验分析，如薄片鉴定、XRD 矿物成分检测、XRF 化学成分检测、密度、吸水率及孔隙性质、含水率等，都需要御道石板的岩石样品。在永定门御道石板的取样中，为避免重新破坏御道石板，岩石样品从已经残缺的石板周边拾取碎块和石板底下与石板岩性一致的找平石块作为岩石样品。样品的编号原则根据取样位置命名，如 E4-1 意为在 E4 石板夹缝里取的第一块样品，W4-W6-W7 为石板 W4、W6、W7 夹缝里取的样品。

5.1 御道石板的材质鉴定

薄片鉴定

为了鉴定永定门御道石板的材质，将取回的岩石样品一部分制作成薄片，放到显微镜底下直观的观察其矿物成分，共鉴定 6 个样品，每个样品在薄片上取 6 个位置进行观察并拍照。现取三个样品分别为样品 E4-1、W4-W6-W7、W14-1 的薄片显微照片下图所示。

E4-1 的鉴定结果为中 – 细粒二长花岗岩。二长花岗岩，中 – 细粒结构，块状构造。主要由石英，碱性长石及斜长石组成。石英，它形结构，1 毫米～2.5 毫米，含量约 40%～50%。碱性长石，以钾长石 – 钠长石构成的条纹长石为主，主晶为具有聚片双晶的钠长石，1.5 毫米～3.5 毫米，含量约 30%～35%。斜长石，发育明显的聚片双晶，1 毫米～2.5 毫米，含量约 20%～25%。副矿物包括黑云母，磁铁矿及锆石，含量低于 1%。

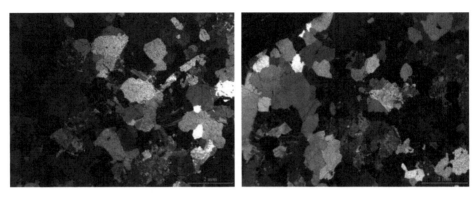

样品 E4-1 薄片显微照

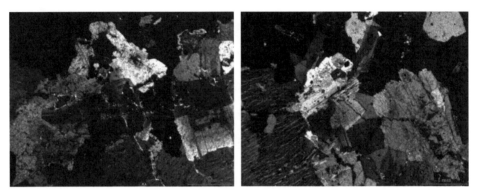

样品 W4-W6-W7 薄片显微照

样品 W14-1 薄片显微照

W4-W6-W7 的鉴定结果为细-中粒正长花岗岩。正长花岗岩，细-中粒结构，块状构造。主要由石英，碱性长石及斜长石组成，含少量黑云母。石英，它形结构，0.5 毫米～3.5 毫米，含量约 20%～25%。碱性长石，以钾长石-钠长石构成的条纹长石为主，主晶为钾长石，钠长石难见双晶，大小 >0.5 毫米，大部分集中在 2 毫米～4.5 毫米，中粒为主，含量约 50%～60%。局部可见少量微斜长石，具格子状双晶。斜长石，发育明显的聚片双晶，0.5 毫米～1.2 毫米，含量较低，约 15%～20%。黑云母，少量，0.5 毫米～1.5 毫米，含量约 1%～2%。副矿物包括主要包括榍石，磁铁矿及微量锆石，含量低于 1%。

W14–1 的鉴定结果为中－细粒正长花岗岩。正长花岗岩，中－细粒结构，块状构造。主要由石英，碱性长石及斜长石组成，含少量黑云母。石英，半自形－它形结构，0.2 毫米～2.5 毫米，以 0.8 毫米～1.5 毫米为主，含量约 25%～35%。碱性长石，以钾长石－钠长石构成的条纹长石为主，可发育简单双晶，以钾长石条纹为主，钠长石难见双晶，大小 0.8 毫米～3 毫米，中－细粒为主，含量约 45%～50%。局部可见少量微斜长石，具格子状双晶。斜长石，发育明显的聚片双晶，0.5 毫米～1.5 毫米，含量次之，约 15%～20%。黑云母，少量，0.7 毫米～2 毫米，含量约 <1%。副矿物包括主要包括榍石，磁铁矿及微量锆石，含量低于 1%。

综上所述，永定门御道石板的材质为花岗岩。

其他岩石样品薄片鉴定显微照片如下。

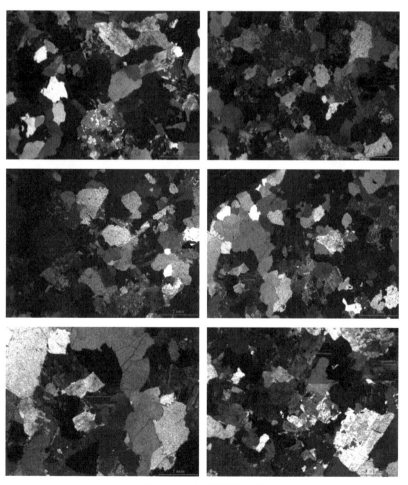

样品 E4–1 显微薄片照

样品 E4-2 显微薄片照

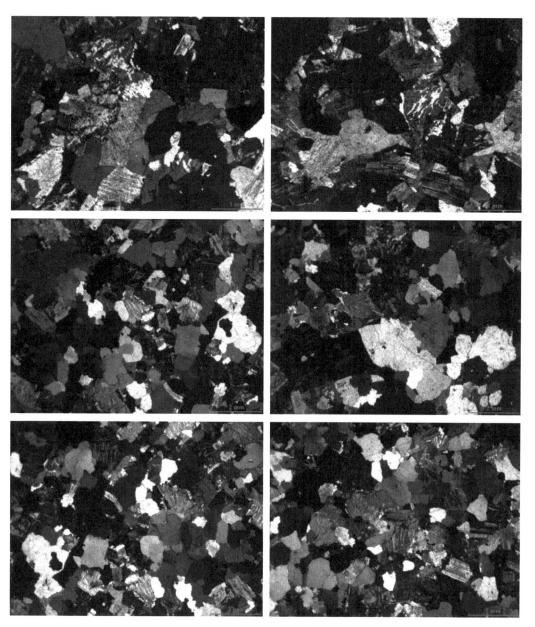

样品 E13-E14 显微薄片照

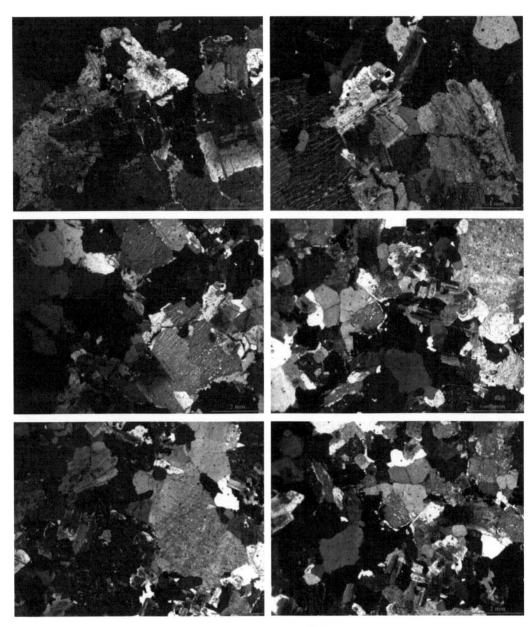

样品 W4-W6-W7 显微薄片照

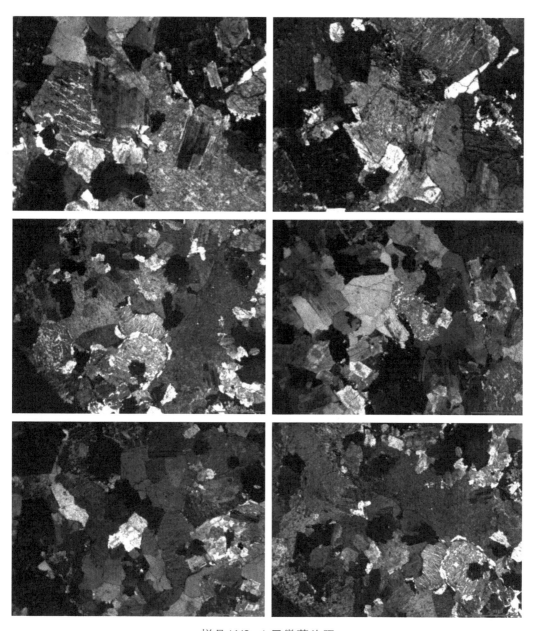

样品 W9-1 显微薄片照

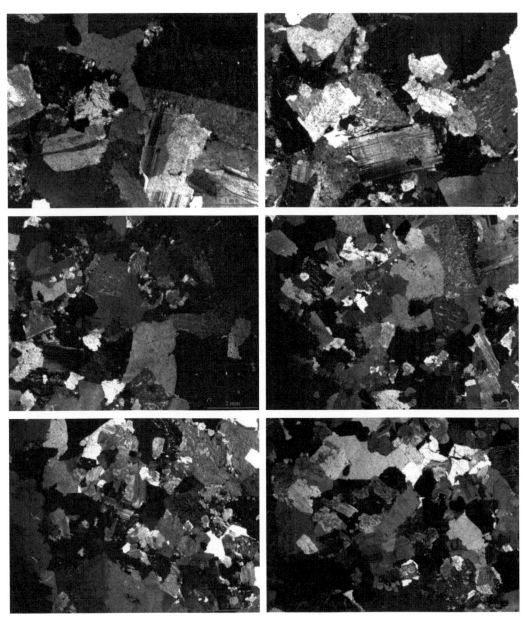

样品 W14-1 显微薄片照

XRD 矿物成分测试

（1）测试原理

XRD 即 X-ray diffraction 的缩写，中文翻译是 X 射线衍射，通过对材料进行 X 射线衍射，分析其衍射图谱，获得材料的成分、材料内部原子或分子的结构或形态等信息的研究手段。用于确定晶体结构。其中晶体结构导致入射 X 射线束衍射到许多特定方向。通过测量这些衍射光束的角度和强度，晶体学家可以产生晶体内电子密度的三维图像。根据该电子密度，可以确定晶体中原子的平均位置，以及它们的化学键和各种其他信息。

X 射线是原子芯电子在高速运动电子的轰击下跃迁而产生的光辐射，主要有连续 X 射线和特征 X 射线两种。晶体可被用作 X 光的光栅，这些很大数目的粒子（原子、离子或分子）所产生的相干散射将会发生光的干涉作用，从而使得散射的 X 射线的强度增强或减弱。由于大量粒子散射波的叠加，互相干涉而产生最大强度的光束称为 X 射线的衍射线。满足衍射条件，可应用布拉格公式：$2d\sin\theta = n\lambda$ 入射光束（来自图中左上方）使每个散射体重新辐射其强度的一小部分作为球面波。如果散射体与间隔 d 对称地排列，则这些球面波将仅在它们的路径长度差 $2d\sin\theta$ 等于波长 λ 的整数倍的方向上同步。在这种情况下，入射光束的一部分偏转角度 2θ，会在衍射图案中产生反射点。

应用已知波长的 X 射线来测量 θ 角，从而计算出晶面间距 d，这是用于 X 射线结构分析；另一个是应用已知 d 的晶体来测量 θ 角，从而计算出特征 X 射线的波长，进而可在已有资料查出试样中所含的元素。衍射原理由下图所示。

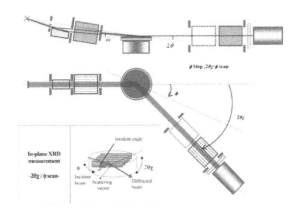

衍射原理图

（2）测试仪器

日本理学 TTR Ⅲ 多功能 X 射线衍射仪，型号：Smartlab；厂家：日本理学 Rigaku；购置日期：2019 年 7 月，实验仪器如下图所示。

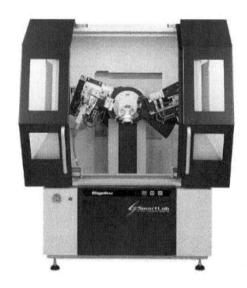

多功能 X 射线衍射仪图

（3）测试条件

测试条件采用 SY/T 5163-2010 沉积岩中黏土矿物和常见非黏土矿物 X 射线衍射分析方法，采用 CuKα 辐射，发射狭缝与散射狭缝均为 1°，工作电压 30 千伏～45 千伏，工作电流 20 毫安～100 毫安，扫描速度 2°（2θ）/ 分钟，采样步宽 0.02°（2θ），扫描范围根据待测试样中矿物的种类及选定衍射峰的位置确定，一般为 5°～25°（2θ）。

（4）测试样品

测试的样品取自永定门御道的东西两侧的石板取样，具体的样品图如下图所示。图中样品的编号根据所取位置编写，如 W9-1 是在石板 W9 附近取的。

（5）测试结果

使用多晶 X 射线粉末衍射仪分析永定门御道石板的 9 个样品，利用衍射谱图，结合 Jade 国际通用软件和国际衍射数据中心 ICDD-PDF 数据库匹配，得到岩石矿物定性和定量组成。结果如下表所示。

石板岩石样品图

御道石板 X- 射线衍射分析报告表

样品号	矿物含量（%）			
	石英	钾长石	斜长石	云母
E4–1	33.2	18.0	47.8	1.0
E4–2	24.4	21.8	53.5	0.3
E4–3	30.1	18.8	50.4	0.7
E13–E14	33.5	15.1	51.4	/
W4–W6–W7	23.7	28.7	45.9	1.7
W9–1	20.4	18.5	59.2	1.9
W9–2	11.9	24.8	59.1	4.2
W14–1	30.6	20.7	48.7	/
W14–2	31.2	23.3	45.5	/

具体御道石板 XRD 检测结果如下。

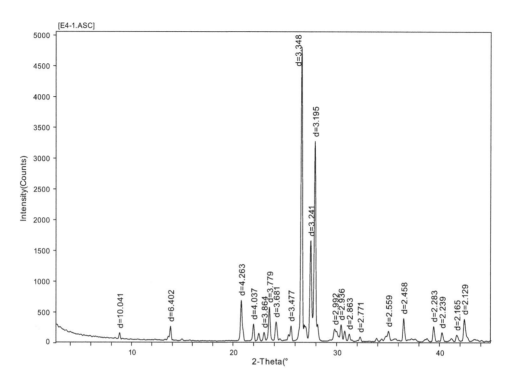

E4-1 X 射线衍射图

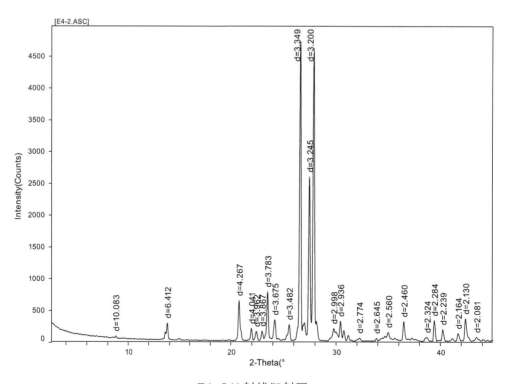

E4-2 X 射线衍射图

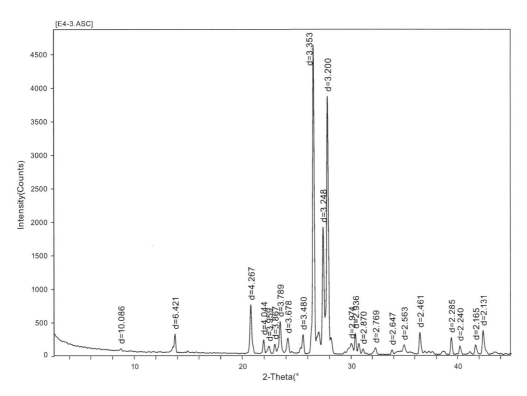

E4-3 X 射线衍射图

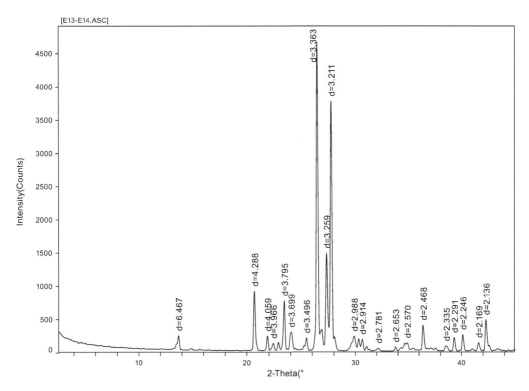

E13-E14 X 射线衍射图

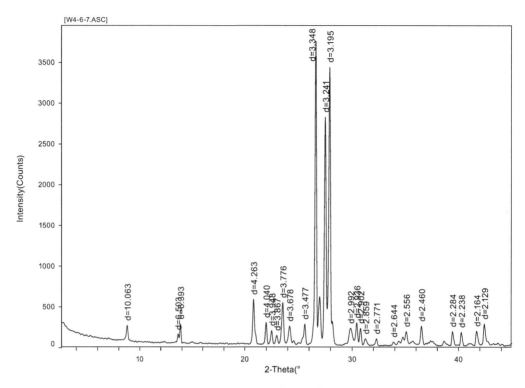

W4-W6-W7 X 射线衍射图

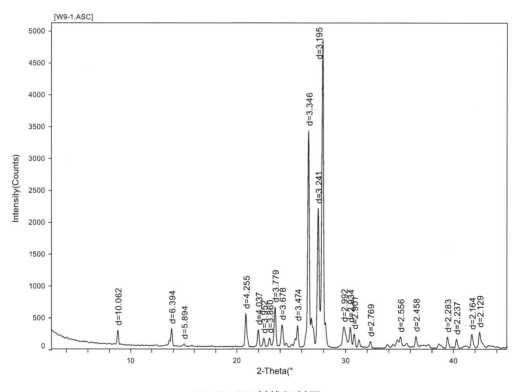

W-9-1 X 射线衍射图

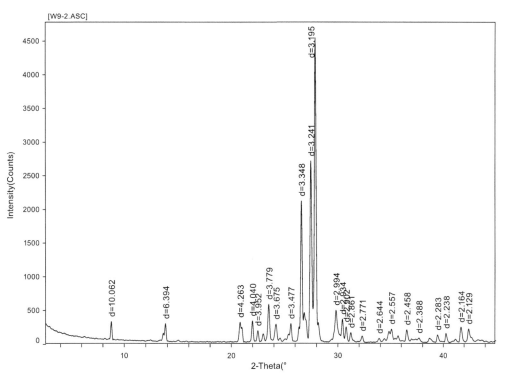

W-9-2 X 射线衍射图

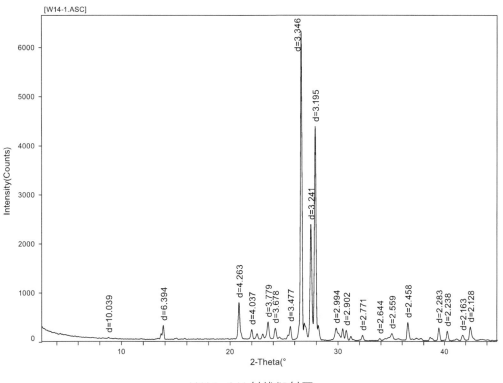

W14-1 X 射线衍射图

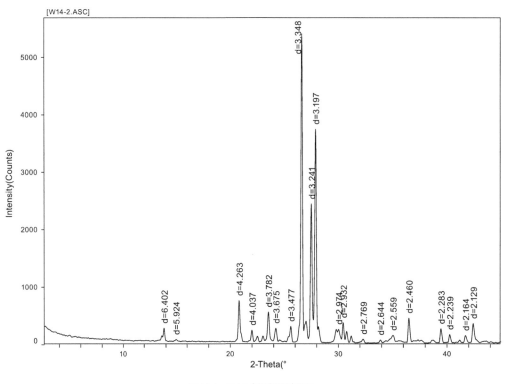

W14-2 X射线衍射图

XRF 化学成分测试

（1）测试原理

XRF 即 X ray fluorescence 的缩写，中文翻译是 X 射线荧光光谱分析。X 射线是电磁波谱中的某特定波长范围内的电磁波，其特性通常用能量（单位：千电子伏特，keV）和波长（单位：纳米）描述。X 射线荧光是原子内产生变化所致的现象。一个稳定的原子结构由原子核及核外电子组成。其核外电子都以各自特有的能量在各自的固定轨道上运行，芯电子（如 K 层）在足够能量的 X 射线照射下脱离原子的束缚，释放出的电子会导致该电子壳层出现相应的电子空位。这时处于高能量电子壳层的电子（如：L 层）会跃迁到该低能量电子壳层来填补相应的电子空位。由于不同电子壳层之间存在着能量差距，这些能量上的差以二次 X 射线的形式释放出来，不同的元素所释放出来的二次 X 射线具有特定的能量特性。这一个过程就是我们所说的 X 射线荧光（XRF）。元素的原子受到高能辐射激发而引起芯电子的跃迁，同时发射出具有一定特殊性波长的 X 射线，根据莫斯莱定律，荧光 X 射线的波长 λ 与元素的原子序数 Z 有关，其数学关系如下：

$$\lambda=K（Z-s）-2$$

而根据量子理论，X 射线可以看成由一种量子或光子组成的粒子流，每个光子具有的能量为：

$$E=h\nu=h\,C/\lambda$$

因此，只要测出荧光 X 射线的波长或者能量，就可以知道元素的种类，这就是荧光 X 射线定性分析的基础。此外，荧光 X 射线的强度与相应元素的含量有一定的关系，据此，可以进行元素定量分析。

利用 X 射线荧光原理，理论上可以测量元素周期表中铍以后的每一种元素。在实际应用中，有效的元素测量范围为 9 号元素（F）到 92 号元素（U）。

（2）测试仪器

赛默飞 X 荧光光谱，型号：ARL PERFORM'X；厂家：瑞士赛默飞世尔科技；实验仪器如下图所示。

多功能 X 射线衍射仪图

（3）测试条件

XRF 适用于陶瓷、水泥、矿物、玻璃、金属和合金、环境等样品。在样品制备中要求样品：均匀、无夹杂、无气孔、无污染、具有代表性。采用粉末样品压片法检测，要求粒度 200 目或更细，样品质量大于 2 克，检测元素范围为 9 号元素～92 号元素，浓度检测范围是 $10^{-6}\%\sim100\%$。

（4）测试样品

测试的样品来自永定门御道的东西两侧的石板取样，具体的样品如下图所示，样品所取的位置就是其编号，如 E4-1 表示该岩石样品在石板 E4 周边取得的第一块样品。其粒度为 200 目，质量大于 2 克，符合实验要求。

（5）测试结果

利用赛默飞 X 荧光光谱仪器，检测了永定门御道石板的 9 个样品，分别检测出 9 个样品的化学成分及其含量，结果如下表所示。

御道石板 XRF 分析报告表

样品号	化学成分含量（%）								
	SiO_2	Al_2O_3	K_2O	Na_2O	CaO	Fe_2O_3	MgO	TiO_2	SO_3
E4-1	74.82	13.77	4.92	3.92	1.05	0.888	0.204	0.16	0.119
E4-2	74.49	13.96	5.88	3.84	0.489	0.849	0.128	0.123	0.109
E4-3	74.55	13.94	5.92	3.86	0.459	0.84	0.113	0.119	0.0707
E13-E14	75.36	13.99	5.62	3.9	0.467	0.274	0.0873	0.126	0.0381
W4-W6-W7	71.02	14.86	5.93	3.68	1.63	1.63	0.486	0.281	0.0325
W9-1	68.53	16.38	6.58	4.37	1.56	1.6	0.361	0.32	0.0283
W9-2	67.71	16.68	6.29	4.57	1.76	1.93	0.349	0.359	0.0312
W14-1	77.15	12.78	4.75	3.25	0.516	1.01	0.111	0.168	/
W14-2	75.15	13.59	5.34	3.73	0.562	1.14	0.124	0.136	0.0194

具体御道石板 XRF 检测结果如下。

School of materials science and engineering Tsing Hua University - CN

2019/8/8　　15:06:45
Calculated by UniQuant
Thermo Fisher Scientific

ZY-E4-1-

PFX-235 Rh 60kV LiF200 LiF220 Ge1 11 AX03　　　　Measured on　　: 2019/8/5 14:28:10

Method	: 0UQ_BCNO_20mm		X-ray Path:	: Vacuum	
Kappa List	: New AnySample		FilmType	: None	
Shapes & ImpFc	: New Teflon		Collimator Mask	: 29 mm	
Calculated as	: Oxides		Viewed Diameter	= 25.00	mm
Case Number	: 0 = All known		ViewedArea	= 490.63	mm2
			Viewed Mass	= 8593.75	mg
Reporting Level	> 10 ppm and wt% > 3 Est.Err.		Sample Height	= 4.00	mm

Compound	Wt%	Est.Error	Element	Wt%	Est.Error
SiO_2	74.82	.22	Si	34.98	.10
Al_2O_3	13.77	.17	Al	7.29	.09
K_2O	4.92	.11	K	4.08	.09
Na_2O	3.92	.10	Na	2.91	.07
CaO	1.05	.05	Ca	.750	.04
Fe_2O_3	.888	.044	Fe	.621	.031
MgO	.204	.010	Mg	.123	.0062
TiO_2	.160	.0080	Ti	.0961	.0048
SO_3	.119	.0060	Sx	.0478	.0024
P_2O_5	.0322	.0018	Px	.0140	.0008
ZrO_2	.0252	.0013	Zr	.0186	.0009
Rb_2O	.0230	.0012	Rb	.0211	.0011
MnO	.0198	.0010	Mn	.0154	.0008
Ag_2O	.0106	.0010	Ag	.0099	.0009
Nb_2O_5	.0067	.0008	Nb	.0047	.0006
NiO	.0067	.0005	Ni	.0052	.0004
WO_3	.0057	.0011	W	.0045	.0008
SrO	.0052	.0005	Sr	.0044	.0004
Ga_2O_3	.0049	.0005	Ga	.0037	.0004
La_2O_3	.0046	.0012	La	.0039	.0010
ZnO	.0027	.0004	Zn	.0022	.0003
Cr_2O_3	.0026	.0006	Cr	.0018	.0004

Sum Weight% before normalization to 100% = 48.5 %
Total Weight% Oxygen =　49.00

School of materials science and engineering Tsing Hua University - CN

2019/8/8 15:06:08
Calculated by UniQuant
Thermo Fisher Scientific

ZY-E4-2-

PFX-235 Rh 60kV LiF200 LiF220 Ge1 11 AX03

Method	: 0UQ_BCNO_20mm		Measured on	: 2019/8/5 14:50:47	
Kappa List	: New AnySample		X-ray Path:	: Vacuum	
Shapes & ImpFc	: New Teflon		FilmType	: None	
Calculated as	: Oxides		Collimator Mask	: 29 mm	
Case Number	: 0 = All known		Viewed Diameter	= 25.00 mm	
			Viewed Area	= 490.63 mm2	
			Viewed Mass	= 8593.75 mg	
Reporting Level	> 10 ppm and wt% >	3 Est.Err.	Sample Height	= 4.00 mm	

Compound	Wt%	Est.Error	Element	Wt%	Est.Error
SiO2	74.49	.22	Si	34.83	.10
Al2O3	13.96	.17	Al	7.39	.09
K2O	5.88	.12	K	4.88	.10
Na2O	3.84	.10	Na	2.85	.07
Fe2O3	.849	.042	Fe	.594	.030
CaO	.489	.024	Ca	.350	.017
MgO	.128	.0064	Mg	.0772	.0039
TiO2	.123	.0062	Ti	.0740	.0037
SO3	.109	.0054	Sx	.0436	.0022
Rb2O	.0365	.0018	Rb	.0334	.0017
ZrO2	.0252	.0013	Zr	.0187	.0009
P2O5	.0141	.0016	Px	.0062	.0007
Ag2O	.0119	.0010	Ag	.0110	.0009
WO3	.0094	.0011	W	.0075	.0009
NiO	.0082	.0005	Ni	.0064	.0004
MnO	.0078	.0005	Mn	.0060	.0004
Cr2O3	.0064	.0006	Cr	.0044	.0004
Nb2O5	.0059	.0008	Nb	.0041	.0006
CuO	.0041	.0004	Cu	.0033	.0004
Ga2O3	.0039	.0005	Ga	.0029	.0004
PbO	.0037	.0011	Pb	.0034	.0010

Sum Weight% before normalization to 100% = 47.8 %

Total Weight% Oxygen = 48.82

School of materials science and engineering Tsing Hua University - CN

2019/8/8　　　15:05:19

Calculated by UniQuant

Thermo Fisher Scientific

ZY-E4-3-

PFX-235 Rh 60kV LiF200 LiF220 Ge1 11 AX03

			Measured on	: 2019/8/5 15:13:24
Method	: 0UQ_BCNO_20mm		X-ray Path:	: Vacuum
Kappa List	: New AnySample		FilmType	: None
Shapes & ImpFc	: New Teflon		Collimator Mask	: 29 mm
Calculated as	: Oxides		Viewed Diameter	=　25.00 mm
Case Number	: 0 = All known		Viewed Area	=　490.63 mm2
			Viewed Mass	=　8593.75 mg
Reporting Level	> 　10 ppm and wt% > 　3 Est.Err.		Sample Height	=　4.00 mm

Compound	Wt%	Est.Error	Element	Wt%	Est.Error
SiO2	74.55	.22	Si	34.85	.10
Al2O3	13.94	.17	Al	7.38	.09
K2O	5.92	.12	K	4.91	.10
Na2O	3.86	.10	Na	2.86	.07
Fe2O3	.840	.042	Fe	.587	.029
CaO	.459	.023	Ca	.328	.016
TiO2	.119	.0059	Ti	.0711	.0036
MgO	.113	.0057	Mg	.0682	.0034
SO3	.0707	.0035	Sx	.0283	.0014
Rb2O	.0379	.0019	Rb	.0346	.0017
ZrO2	.0255	.0013	Zr	.0189	.0009
Ag2O	.0127	.0008	Ag	.0118	.0007
WO3	.0085	.0011	W	.0067	.0009
MnO	.0081	.0006	Mn	.0063	.0004
Nb2O5	.0067	.0008	Nb	.0047	.0006
NiO	.0051	.0005	Ni	.0040	.0004
P2O5	.0049	.0016	Px	.0021	.0007
Ga2O3	.0045	.0005	Ga	.0034	.0004
CuO	.0044	.0004	Cu	.0035	.0004
PbO	.0043	.0010	Pb	.0040	.0010
Cr2O3	.0024	.0006	Cr	.0016	.0004

Sum Weight% before normalization to 100% = 47.3 %

Total Weight % Oxygen = 　48.81

School of materials science and engineering Tsing Hua University - CN

2019/8/8   15:04:31
Calculated by UniQuant
Thermo Fisher Scientific

ZY-E13-E14 -

PFX-235 Rh 60kV LiF200 LiF220 Ge1 11 AX03			Measured on	: 2019/8/6 13:10:32	
Method	: 0UQ_BCNO_20mm		X-ray Path:	: Vacuum	
Kappa List	: New AnySample		FilmType	: None	
Shapes & ImpFc	: New Teflon		Collimator Mask	: 29 mm	
Calculated as	: Oxides		Viewed Diameter	= 25.00 mm	
Case Number	: 0 = All known		Viewed Area	= 490.63 mm2	
			Viewed Mass	= 8593.75 mg	
Reporting Level	> 10 ppm and wt% > 3 Est.Err.		Sample Height	= 4.00 mm	

Compound	Wt%	Est.Error	Element	Wt%	Est.Error
SiO2	75.36	.22	Si	35.23	.10
Al2O3	13.99	.17	Al	7.40	.09
K2O	5.62	.12	K	4.67	.10
Na2O	3.90	.10	Na	2.90	.07
CaO	.467	.023	Ca	.334	.017
Fe2O3	.274	.014	Fe	.192	.0096
TiO2	.126	.0063	Ti	.0756	.0038
MgO	.0873	.0044	Mg	.0526	.0026
SO3	.0381	.0021	Sx	.0152	.0008
Rb2O	.0374	.0019	Rb	.0342	.0017
ZrO2	.0182	.0009	Zr	.0135	.0007
NiO	.0145	.0007	Ni	.0114	.0006
Cr2O3	.0136	.0008	Cr	.0093	.0005
Ag2O	.0117	.0010	Ag	.0109	.0009
WO3	.0107	.0012	W	.0085	.0009
Nb2O5	.0071	.0008	Nb	.0050	.0006
P2O5	.0065	.0017	Px	.0028	.0007
MnO	.0053	.0005	Mn	.0041	.0004
Ga2O3	.0045	.0005	Ga	.0034	.0004
PbO	.0042	.0011	Pb	.0039	.0010

Sum Weight% before normalization to 100% = 47.1 %

Total Weight% Oxygen = 49.03

School of materials science and engineering Tsing Hua University - CN

2019/8/8   15:03:43

Calculated by UniQuant

Thermo Fisher Scientific

ZY-W4-W6-W7

PFX-235 Rh 60kV LiF200 LiF220 Ge1 11 AX03

Method	: 0UQ_BCNO_20mm		Measured on	: 2019/8/6 13:33:05	
Kappa List	: New AnySample		X-ray Path:	: Vacuum	
Shapes & ImpFc	: New Teflon		FilmType	: None	
Calculated as	: Oxides		Collimator Mask	: 29 mm	
Case Number	: 0 = All known		Viewed Diameter	= 25.00 mm	
			Viewed Area	= 490.63 mm2	
			Viewed Mass	= 8593.75 mg	
Reporting Level	> 10 ppm and wt% > 3 Est.Err.		Sample Height	= 4.00 mm	

Compound	Wt%	Est.Error	Element	Wt%	Est.Error
SiO2	71.02	.23	Si	33.20	.11
Al2O3	14.86	.18	Al	7.87	.09
K2O	5.93	.12	K	4.92	.10
Na2O	3.68	.09	Na	2.73	.07
CaO	1.63	.06	Ca	1.17	.05
Fe2O3	1.63	.06	Fe	1.14	.04
MgO	.486	.024	Mg	.293	.015
TiO2	.281	.014	Ti	.168	.0084
P2O5	.116	.0058	Px	.0508	.0025
BaO	.0922	.0056	Ba	.0826	.0050
SrO	.0567	.0028	Sr	.0479	.0024
ZrO2	.0397	.0020	Zr	.0294	.0015
MnO	.0364	.0018	Mn	.0282	.0014
SO3	.0325	.0020	Sx	.0130	.0008
Rb2O	.0257	.0013	Rb	.0235	.0012
Ag2O	.0129	.0011	Ag	.0120	.0010
WO3	.0126	.0011	W	.0100	.0009
CeO2	.0124	.0025	Ce	.0101	.0020
NiO	.0088	.0005	Ni	.0069	.0004
La2O3	.0066	.0012	La	.0056	.0010
ZnO	.0063	.0004	Zn	.0051	.0003
Cr2O3	.0060	.0007	Cr	.0041	.0005
Nb2O5	.0051	.0008	Nb	.0036	.0006
Ga2O3	.0042	.0005	Ga	.0031	.0004
PbO	.0038	.0011	Pb	.0035	.0010
Y2O3	.0027	.0009	Y	.0021	.0007
V2O5	.0026	.0008	V	.0015	.0005
CuO	.0026	.0004	Cu	.0021	.0003
Co3O4	.0020	.0004	Co	.0015	.0003

Sum Weight% before normalization to 100% = 48.7 %

Total Weight% Oxygen =   48.17

School of materials science and engineering Tsing Hua University - CN

2019/8/8   15:02:52
Calculated by UniQuant
Thermo Fisher Scientific

ZY-W9-1-

PFX-235 Rh 60kV LiF200 LiF220 Ge111 AX03			Measured on	: 2019/8/6 13:55:36	
Method	: 0UQ_BCNO_20mm		X-ray Path:	: Vacuum	
Kappa List	: New AnySample		FilmType	: None	
Shapes & ImpFc	: New Teflon		Collimator Mask	: 29 mm	
Calculated as	: Oxides		Viewed Diameter	= 25.00 mm	
Case Number	: 0 = All known		Viewed Area	= 490.63 mm2	
			Viewed Mass	= 8593.75 mg	
Reporting Level	> 10 ppm and wt% > 3 Est.Err.		Sample Height	= 4.00 mm	

Compound	Wt%	Est.Error	Element	Wt%	Est.Error
SiO2	68.53	.23	Si	32.04	.11
Al2O3	16.38	.19	Al	8.67	.10
K2O	6.58	.12	K	5.46	.10
Na2O	4.37	.10	Na	3.24	.08
Fe2O3	1.60	.06	Fe	1.12	.04
CaO	1.56	.06	Ca	1.11	.04
MgO	.361	.018	Mg	.218	.011
TiO2	.320	.016	Ti	.192	.0096
P2O5	.0616	.0031	Px	.0269	.0013
ZrO2	.0532	.0027	Zr	.0394	.0020
MnO	.0433	.0022	Mn	.0336	.0017
SO3	.0283	.0017	Sx	.0113	.0007
CeO2	.0186	.0026	Ce	.0151	.0021
SrO	.0182	.0009	Sr	.0154	.0008
Rb2O	.0181	.0009	Rb	.0166	.0008
Ag2O	.0108	.0009	Ag	.0101	.0008
ZnO	.0065	.0004	Zn	.0052	.0004
WO3	.0062	.0011	W	.0049	.0009
Nb2O5	.0058	.0008	Nb	.0040	.0006
La2O3	.0057	.0014	La	.0049	.0012
PbO	.0048	.0010	Pb	.0044	.0010
Ga2O3	.0045	.0005	Ga	.0034	.0004
NiO	.0039	.0005	Ni	.0031	.0004
Nd2O3	.0039	.0012	Nd	.0033	.0011
Y2O3	.0030	.0008	Y	.0024	.0007
Cr2O3	.0025	.0006	Cr	.0017	.0004
CuO	.0021	.0004	Cu	.0017	.0004

Sum Weight% before normalization to 100% = 48.1 %

Total Weight % Oxygen =   47.74

School of materials science and engineering Tsing Hua University - CN

2019/8/8　　15:01:55

Calculated by UniQuant

Thermo Fisher Scientific

ZY-W9-2-

PFX-235 Rh 60kV LiF200 LiF220 Ge1 11 AX03　　　Measured on　　: 2019/8/6 14:18:09

Method	: 0UQ_BCNO_20mm		X-ray Path:	: Vacuum	
Kappa List	: New AnySample		Film Type	: None	
Shapes & ImpFc	: New Teflon		Collimator Mask	: 29 mm	
Calculated as	: Oxides		Viewed Diameter	= 25.00 mm	
Case Number	: 0 = All known		Viewed Area	= 490.63 mm2	
			Viewed Mass	= 8593.75 mg	
Reporting Level	> 10 ppm and wt% > 3 Est.Err.		Sample Height	= 4.00 mm	

Compound	Wt%	Est.Error	Element	Wt%	Est.Error
SiO_2	67.71	.23	Si	31.65	.11
Al_2O_3	16.68	.19	Al	8.83	.10
K_2O	6.29	.12	K	5.22	.10
Na_2O	4.57	.10	Na	3.39	.08
Fe_2O_3	1.93	.07	Fe	1.35	.05
CaO	1.76	.07	Ca	1.26	.05
TiO_2	.359	.018	Ti	.215	.011
MgO	.349	.017	Mg	.210	.010
P_2O_5	.0795	.0040	Px	.0347	.0017
ZrO_2	.0726	.0036	Zr	.0537	.0027
MnO	.0486	.0024	Mn	.0376	.0019
SO_3	.0312	.0018	Sx	.0125	.0007
SrO	.0251	.0013	Sr	.0212	.0011
Rb_2O	.0170	.0008	Rb	.0155	.0008
CeO_2	.0164	.0026	Ce	.0134	.0021
Ag_2O	.0135	.0010	Ag	.0126	.0009
WO_3	.0085	.0012	W	.0067	.0009
La_2O_3	.0085	.0015	La	.0072	.0012
NiO	.0083	.0005	Ni	.0065	.0004
ZnO	.0083	.0005	Zn	.0066	.0004
Nb_2O_5	.0072	.0008	Nb	.0050	.0006
Cr_2O_3	.0050	.0007	Cr	.0034	.0005
Ga_2O_3	.0039	.0005	Ga	.0029	.0004
Nd_2O_3	.0037	.0013	Nd	.0032	.0011
Y_2O_3	.0034	.0008	Y	.0027	.0007
CuO	.0031	.0004	Cu	.0025	.0004

Sum Weight% before normalization to 100% = 48.3 %

Total Weight% Oxygen = 47.63

School of materials science and engineering Tsing Hua University - CN   2019/8/8   14:59:53

Calculated by UniQuant

Thermo Fisher Scientific

ZY-W14-1-

PFX-235 Rh 60kV LiF200 LiF220 Ge111 AX03				Measured on	: 2019/8/6 14:40:30	
Method	: 0UQ_BCNO_10mm			X-ray Path:	: Vacuum	
Kappa List	: NewAnySample			FilmType	: None	
Shapes & ImpFc	: New Teflon			Collimator Mask	: 29 mm	
Calculated as	: Oxides			Viewed Diameter	= 25.00	mm
Case Number	: 0 = All known			Viewed Area	= 490.63	mm2
				Viewed Mass	= 8593.75	mg
Reporting Level	>	10 ppm and wt% > 3 Est.Err.		Sample Height	= 4.00	mm

Compound	Wt%	Est.Error	Element	Wt%	Est.Error
SiO2	77.15	.21	Si	36.07	.10
Al2O3	12.78	.17	Al	6.76	.09
K2O	4.75	.11	K	3.94	.09
Na2O	3.25	.09	Na	2.41	.07
Fe2O3	1.01	.05	Fe	.705	.03
CaO	.516	.026	Ca	.369	.018
TiO2	.168	.0084	Ti	.101	.0050
MgO	.111	.0056	Mg	.0671	.0034
NiO	.0897	.0045	Ni	.0705	.0035
ZrO2	.0299	.0015	Zr	.0221	.0011
Rb2O	.0288	.0014	Rb	.0264	.0013
P2O5	.0250	.0042	Px	.0109	.0018
S	.0241	.0026	S	.0241	.0026
MnO	.0215	.0019	Mn	.0166	.0015
Cr2O3	.0188	.0021	Cr	.0129	.0014
Nb2O5	.0095	.0010	Nb	.0066	.0007
Ag2O	.0065	.0018	Ag	.0060	.0017
Y2O3	.0055	.0010	Y	.0043	.0008
Co3O4	.0043	.0011	Co	.0031	.0008
SrO	.0036	.0008	Sr	.0030	.0007

Sum Weight% before normalization to 100% = 7.3 %

Total Weight% Oxygen =   49.37

School of materials science and engineering Tsing Hua University - CN

2019/8/8　　　14:58:49
Calculated by UniQuant
Thermo Fisher Scientific

ZY-W14-2-

PFX-235 Rh 60kV LiF200 LiF220 Gel 11 AX03			Measured on	: 2019/8/6 15:03:01	
Method	: 0UQ_BCNO_20mm		X-ray Path:	: Vacuum	
Kappa List	: New AnySample		Film Type	: None	
Shapes & ImpFc	: New Teflon		Collimator Mask	: 29 mm	
Calculated as	: Oxides		Viewed Diameter	= 25.00 mm	
Case Number	: 0 = All known		Viewed Area	= 490.63 mm2	
			Viewed Mass	= 8593.75 mg	
Reporting Level	> 10 ppm and wt% > 3 Est.Err.		Sample Height	= 4.00 mm	

Compound	Wt%	Est.Error	Element	Wt%	Est.Error
SiO2	75.15	.22	Si	35.13	.10
Al2O3	13.59	.17	Al	7.19	.09
K2O	5.34	.11	K	4.44	.09
Na2O	3.73	.09	Na	2.76	.07
Fe2O3	1.14	.05	Fe	.796	.04
CaO	.562	.028	Ca	.402	.020
TiO2	.136	.0068	Ti	.0815	.0041
MgO	.124	.0062	Mg	.0748	.0037
Rb2O	.0305	.0015	Rb	.0279	.0014
ZrO2	.0288	.0014	Zr	.0213	.0011
Cl	.0259	.0019	Cl	.0259	.0019
MnO	.0226	.0011	Mn	.0175	.0009
SO3	.0194	.0017	Sx	.0078	.0007
P2O5	.0185	.0016	Px	.0081	.0007
NiO	.0126	.0006	Ni	.0099	.0005
Ag2O	.0124	.0009	Ag	.0115	.0009
Cr2O3	.0115	.0007	Cr	.0079	.0005
CeO2	.0085	.0023	Ce	.0069	.0019
WO3	.0084	.0011	W	.0067	.0009
Nb2O5	.0078	.0008	Nb	.0054	.0006
La2O3	.0060	.0012	La	.0051	.0010
Ga2O3	.0045	.0005	Ga	.0033	.0004
PbO	.0036	.0011	Pb	.0034	.0010
SrO	.0033	.0005	Sr	.0028	.0004
Y2O3	.0029	.0010	Y	.0023	.0008
ZnO	.0022	.0004	Zn	.0018	.0003
Co3O4	.0016	.0004	Co	.0011	.0003
CuO	.0013	.0004	Cu	.0010	.0003

Sum Weight% before normalization to 100% = 48.5 %
Total Weight % Oxygen = 48.94

5.2 御道石板的物理、力学性质评价

石板的密度、吸水率及孔隙性质、含水率

（1）开孔孔隙率和块体密度

1）试验过程

试验依据《工程岩体试验方法标准（GB/T50266-2013）》，首先将试块烘干至恒重，称得干重 m_d。然后将试块放入抽气容器混凝土真空饱水机，逐渐将容器内压力加至 2.0 千帕。保持压力 2 小时，以便消除试块中开孔孔隙内的空气。在 20 摄氏度条件下慢慢向容器内加入去矿物质水。加水过程中保证压力是 2.0 千帕。当所有试块都被浸没后，将容器内的压力变回常压，并在常压下保持试块在水中浸泡 24 小时。然后每个试块在水中称重，记录 m_h，天平精度为 0.01 克，然后快速用湿毛巾擦去试块表面的水分，用精密电子秤（精度为 0.001 克）称其吸水饱和后的质量 m_s。

相关测试结果如下。

混凝土真空饱水机

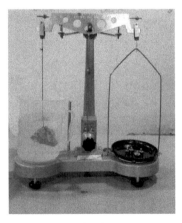

浮重度测量图

饱水岩样称量图

2）试验结果

根据上述试验过程记录的数据，分别代入以下公式通过计算可以得到开孔孔隙率、块体密度。

开孔孔隙率：

$$p_0 = \frac{m_s - m_d}{m_s - m_h} \times 100\%$$

块体密度：

$$\rho_b = \frac{m_d}{m_s - m_h} \times \rho_{rh} \quad (20\ 摄氏度时，\quad \rho_{rh}=1\ g/ 厘米^3)$$

永定门石板花岗岩开孔孔隙率和块体密度测试记录表

编号	干容重 m_d（克）	浸入水中质量 m_h（克）	吸水饱和后质量 m_s（克）	开孔孔隙率 P_0（%）	块体密度 ρ_b（克/立方厘米）
E4-3	195.996	121.60	197.734	2.28	2.574
W9-2	204.440	126.82	206.330	2.38	2.571
E13-E14	260.004	160.96	264.435	4.28	2.513
W4-W6-W7	65.747	41.22	66.483	2.91	2.603
E4-1	20.815	13.36	21.066	3.26	2.701
W9-1	41.991	26.52	42.567	3.59	2.617
E4-2	136.921	85.00	138.275	2.54	2.570

编号	干容重 m_d（克）	浸入水中质量 m_h（克）	吸水饱和后质量 m_s（克）	开孔孔隙率 P_0（%）	块体密度 ρ_b（克/立方厘米）
W14–2	2.619	1.70	2.694	7.55	2.635
E13D5	73.366	45.59	74.800	4.91	2.512
W19D1	58.36	38.02	58.653	1.42	2.828
W19D2	39.749	24.84	40.126	2.47	2.600
W19D3	57.311	35.52	57.818	2.27	2.570
平均值	/	/	/	2.94	2..605

（2）颗粒密度和总孔隙率

1）试验过程

颗粒密度试验首先将做完颗粒密度和开孔孔隙率的试块，分别研磨试块至颗粒直径为 0.25 毫米。烘干研磨后的粉末至恒重，然后称取大约 10 克，称得质量 m_e。然后向比重瓶中加入大约半瓶蒸馏水，然后加入称好的式样粉末，摇匀。然后将比重瓶放入抽气容器内，抽气到 2 千帕，保持压力，直至不再有气泡上升。取出后慢慢向比重瓶注入水至满瓶，然后让粉末沉淀。最后加水盖上塞子至有少量水从塞子顶溢出，称重 m_1。将比重瓶清空并洗净，然后仅用水将比重瓶装满，称重 m_2。该实验使用的电子秤的精度为 0.1 克。

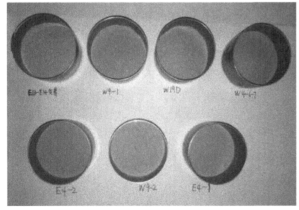
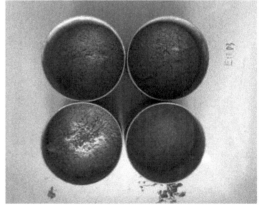

研磨后的岩样

284

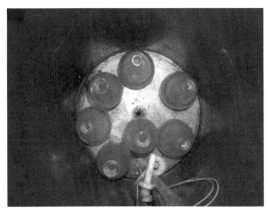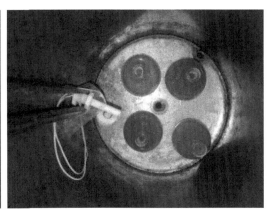

岩样于抽气容器中

抽气后瓶加试样粉末装满水称量

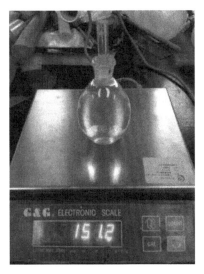

抽气后瓶装满水称量

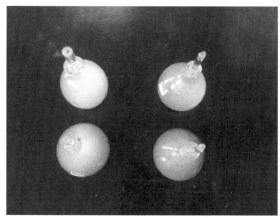

十一组样品瓶加试样粉末装满水示意图

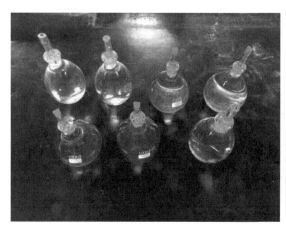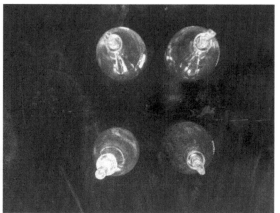

十一组样品瓶装满水示意图

2）试验结果

根据上述试验过程记录的数据，分别代入以下公式通过计算可以得到开孔孔隙率、块体密度。

颗粒密度：

$$\rho_r = \frac{m_e}{m_e - (m_1 - m_2)} \times \rho_{rh}（20 摄氏度时，\rho_{rh}=1 \text{ g/ 厘米}^3）$$

总孔隙率：

$$p = \frac{\frac{1}{\rho_b} - \frac{1}{\rho_r}}{\frac{1}{\rho_b}} \times 100 = \left(1 - \frac{\rho_b}{\rho_r}\right) \times 100$$

式中：ρ_b——块体密度（g/ 厘米 ^{3}）；

ρ_r——颗粒密度（g/ 厘米 ^{3}）；

P——总孔隙率；

m_1——比重瓶装满水和试样粉末的质量（g）；

m_2——比重瓶装满水后的质量（g）；

m_e——试块研磨后烘干得到的质量（g）；

ρ_{rh}——试验中水的密度（g/ 厘米 ^{3}），取 1.00g/ 厘米 ^{3}。

试验数据及整理结果如下表所示。

永定门石板花岗岩颗粒密度和总孔隙率测试记录表

编号	m_e（克）	m_1（克）	m_2（克）	块体密度 ρ_b（克 / 立方厘米）	颗粒密度 ρ_r（克 / 立方厘米）	总孔隙率 P（％）
E4–3	11.3	157.1	150.0	2.574	2.690	4.32
W9–2	11.6	150.9	143.5	2.571	2.762	6.90
E13–E14	11.7	151.1	143.8	2.513	2.659	5.50
W4–W6–W7	10.6	149.1	142.4	2.603	2.718	4.25
E4–1	10.9	158.0	151.0	2.701	2.795	3.35
W9–1	10.4	150.5	143.9	2.617	2.737	4.39
E4–2	9.4	157.2	151.3	2.570	2.686	4.31
W14–2	9.6	156.4	150.4	2.512	2.667	5.81
E13D5	12.9	152.2	143.8	2.828	2.867	1.33
W19D1	14	152.7	143.9	2.600	2.692	3.42
W19D2	12.4	151.3	143.6	2.570	2.638	2.58
平均值	/	/	/	2.605	2.719	4.20

（3）吸水率试验

吸水率试验首先将花岗岩试块置于烘箱内在 70 摄氏度条件下烘干至恒重，称试样干重，记为 m_d（精确到 0.001 克）。再将岩石试样放入真空罐内，降低罐内压强，静止 24 小时让试块吸水饱和。饱和后取出试样，称重 m_{w1}，饱和吸水率 W_p 如下公式所示，试验结果见下表。

$$W_p = \frac{m_{w1} - m_d}{m_d} \times 100\%$$

 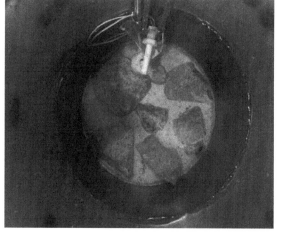

饱水前岩样　　　　　　　　　　　　　　饱水后岩样

永定门石板花岗岩饱和吸水率测试结果表

编号	干容重 m_d（克）	吸水饱和后的质量 m_{wl}（克）	饱和吸水率 W_p（%）
E4-3	195.996	197.734	0.89
W9-2	204.44	206.33	0.92
E13-E14	260.004	264.435	1.70
W4-W6-W7	65.747	66.483	1.12
E4-1	20.815	21.066	1.21
W9-1	41.991	42.567	1.37
E4-2	136.921	138.275	0.99
W14-2	73.366	74.8	1.95
E13D5	58.36	58.953	1.02
W19D1	39.749	40.126	0.95
W19D2	57.311	57.818	0.88
平均值	73.366	74.8	1.95

将试块在 70 摄氏度条件下烘干至恒重。恒重确定方法为：间隔 24 小时称重的差值不超过第一次称重的 0.1%。然后将试块放在干燥箱内降温至室温 20 摄氏度。

称式样干重，记为 m_d（精确到 0.001 克）。然后将试块放在水槽中浸泡，试块间距要大于 15 毫米。接着在 20 摄氏度环境下，加水至试块高度一半处。1 小时后继续加水至试块 3/4 处，再经过 1 小时，加水至没过试块 25 毫米。2 天后将试块从水中取出，并快速用湿毛巾擦干，在 1 分钟内称重（精度为 0.001 克），记为 m_i。

将试块放入水中继续测试，每隔 24h 就将试块取出，按照之前的方法测试，记录质量，直到试块吸水达到恒重。最后一次称得的质量即为常压下吸水饱和的质量 m_s，自由吸水率 A_b 如下公式所示，试验结果见下表。

$$A_b = \frac{m_s - m_d}{m_d} \times 100\%$$

永定门石板花岗岩自由吸水率测试结果表

编号	干容重 m_d（克）	吸水后质量 m_s（克）	自由吸水率 A_b（%）
E4-3	196.101	197.706	0.82
W9-2	204.528	205.928	0.68
E13-E14	260.129	263.994	1.49
W4-W6-W7	65.765	66.323	0.85
E4-1	20.826	21.036	1.01
W9-1	42.051	42.435	0.91
E4-2	136.973	138.144	0.85
E13D5	73.2	74.4	1.64
W19D1	58.2	58.7	0.86
W19D2	40	40.3	0.75
W19D3	57.3	57.8	0.87
平均值	/	/	0.98

自由吸水率与饱和吸水率之比即为饱水系数，所得结果见下表。

永定门石板花岗岩饱水系数测试结果表

编号	饱和吸水率 W_p（%）	自由吸水率 A_b（%）	饱水系数
E4-3	0.89	0.82	0.92
W9-2	0.92	0.68	0.74
E13-E14	1.70	1.49	0.87
W4-W6-W7	1.12	0.85	0.76
E4-1	1.21	1.01	0.84
W9-1	1.37	0.91	0.67
E4-2	0.99	0.85	0.86
E13D5	1.95	1.64	0.84
W19D1	1.02	0.86	0.85
W19D2	0.95	0.75	0.79
W19D3	0.88	0.87	0.99
平均值	1.18	0.98	0.81

对相关物理性质测试、水理性质测试结果整理，见下表。

永定门石板花岗岩物理参数试验结果一览表

编号	块体密度 ρ_b（g/厘米³）	颗粒密度 ρ_r（g/厘米³）	开孔孔隙率 P_0（%）	总孔隙率 P（%）	自由吸水率 A_b（%）	饱和吸水率 W_p（%）	饱水系数
E4–3	2.574	2.690	2.28	4.32	0.82	0.89	0.92
W9–2	2.571	2.762	2.38	6.90	0.68	0.92	0.74
E13–E14	2.513	2.659	4.28	5.50	1.49	1.70	0.87
W4–W6–W7	2.603	2.718	2.91	4.25	0.85	1.12	0.76
E4–1	2.701	2.795	3.26	3.35	1.01	1.21	0.84
W9–1	2.617	2.737	3.59	4.39	0.91	1.37	0.67
E4–2	2.570	2.686	2.54	4.31	0.85	0.99	0.86
E13D5	2.512	2.667	4.91	5.81	1.64	1.95	0.84
W19D1	2.828	2.867	1.42	1.33	0.86	1.02	0.85
W19D2	2.600	2.692	2.47	3.42	0.75	0.95	0.79
W19D3	2.570	2.638	2.27	2.58	0.87	0.88	0.99
平均值	2.605	2.719	2.94	4.20	0.98	1.18	0.81

（4）含水率试验

含水率是岩石实际含水多少的指标，岩石孔隙中所含的水重量（Gw）与干燥岩土重量（Gs）的比值，称为含水率（Wg）。在永定门御道石板含水率的检测中，采用精泰 JT-C50 型号的水分测量仪，如下图（仪器照片）。这台水分测量仪器测量水分的范围是 0～40%，使用环境为 –5 摄氏度～+60 摄氏度，精度在 ±0.5%，响应时间 1 秒，其高周波扫描深度为 50 毫米，共有 0～10 等档位，在此次永定门御道石板含水率的检测中，采用第六档进行检测。

精泰 JT-C50 型号水分测量仪

检测的点选取办法为在石板各个尺寸测量完毕的基础上划分 30 厘米 × 30 厘米的网格，在网格的交点上进行含水率检测。其中，交点的编号规则是以行列定位进行，n–m 表示第 n 行第 m 列。现场检测含水率的形式如下图。

现场对御道石板进行含水率检测

检测结果如下表所示，通过对永定门御道去钢化玻璃区域进行含水率检测，发现石板平均含水率在 5.7% ～ 8.7% 之间，其中 W7 石板平均含水率 8.7% 最高，W14 石板平均含水率 5.7% 最低，处于正常范围以内。

御道石板平均含水率表

检测区域	石板编号	平均含水率（％）
东侧御道	E1	7.4
	E2	6.5
	E3	6.5
	E4	6.0
	E5	5.4
	E6	6.7
	E7	6.6
	E8	6.1
	E9	7.2
	E10	6.2
	E11	6.2
	E12	6.8
	E13	9.7

续表

检测区域	石板编号	平均含水率（%）
东侧御道	E14	5.9
	E15	7.4
	E16	7.2
	E17	6.4
	E18	5.8
西侧御道	W1	7.4
	W2	7.6
	W3	7.1
	W4	7.1
	W6	7.0
	W7	8.7
	W8	6.9
	W9	7.1
	W10	7.3
	W11	7.3
	W12	6.0
	W13	5.9
	W14	5.7
	W15	6.7
	W16	6.2
	W17	7.5
	W18	5.9
	W19	6.2
	W20	6.5
	W21	6.4

御道石板的具体含水率如下。

东侧御道石板含水率值表

石板编号	点号	含水率（%）	平均值（%）	标准差
E1	1-1	6.2	7.4	1.8
	1-2	7.3		
	2-1	10.4		
	2-2	5.7		

续表

石板编号	点号	含水率（%）	平均值（%）	标准差
E2	1-1	6.2	6.5	0.2
	1-2	6.3		
	2-1	6.7		
	2-2	6.6		
E3	1-1	7.1	6.5	1.0
	1-2	8.5		
	2-1	5.9		
	2-2	6.0		
	3-1	5.8		
	3-2	5.6		
E4	1-1	6.4	6.0	0.6
	1-2	6.1		
	1-3	6.7		
	2-1	6.2		
	2-2	5.7		
	2-3	6.3		
	3-1	6.3		
	3-2	4.8		
	3-3	6.4		
	4-1	5.5		
	4-2	5.7		
	4-3	5.3		
	5-1	6.2		
	5-2	6.5		
	5-3	6.3		
	6-1	5.1		
	6-2	6.1		
	6-3	7.2		
E5	1-1	4.7	5.4	0.9
	1-2	3.9		
	2-1	5.1		
	2-2	6.1		

续表

石板编号	点号	含水率（%）	平均值（%）	标准差
E5	3-1	5.7	5.4	0.9
	3-2	7.1		
	4-1	5.2		
	4-2	5.5		
E7	1-1	6.7	6.6	0.8
	1-2	7.0		
	1-3	6.7		
	2-1	6.4		
	2-2	5.3		
	2-3	6.7		
	3-1	5.6		
	3-2	7.9		
	3-3	7.3		
E8	1-1	6.1	6.1	0.7
	1-2	6.2		
	1-3	5.9		
	2-1	6.7		
	2-2	6.3		
	2-3	5.9		
	3-1	5.5		
	3-2	8.1		
	3-3	5.6		
	4-1	5.3		
	4-2	5.7		
	4-3	5.3		
E9	1-1	6.6	7.2	0.4
	1-2	7.4		
	2-1	7.1		
	2-2	7.8		
E10	1-1	6.3	6.2	0.2
	1-2	6.3		
	2-1	5.9		
	2-2	6.1		

石板编号	点号	含水率（%）	平均值（%）	标准差
E11	1-1	6.6	6.2	0.4
	1-2	5.7		
	2-1	6.8		
	2-2	6.2		
	3-1	5.7		
	3-2	6.2		
E12	1-1	6.1	6.8	0.5
	1-2	6.1		
	2-1	6.4		
	2-2	6.3		
	3-1	6.7		
	3-2	6.9		
	4-1	7.9		
	4-2	7.0		
	5-1	6.7		
	5-2	7.4		
E13	1-1	8.0	9.7	3.7
	1-2	7.8		
	2-1	16.0		
	2-2	7.0		
E14	1-1	5.9	5.9	0.4
	1-2	5.8		
	2-1	5.5		
	2-2	5.8		
	3-1	5.8		
	3-2	5.5		
	4-1	5.8		
	4-2	7.0		
E15	1-1	6.7	7.4	1.1
	1-2	7.5		
	2-1	9.1		
	2-2	6.1		

续表

石板编号	点号	含水率（%）	平均值（%）	标准差
E16	1–1	7.6	7.2	0.6
	1–2	7.7		
	2–1	7.0		
	2–2	7.5		
	3–1	7.0		
	3–2	5.9		
	4–1	7.1		
	4–2	7.7		
E17	1–1	6.3	6.4	0.9
	1–2	5.4		
	2–1	8.3		
	2–2	6.1		
	3–1	6.4		
	3–2	6.0		
E18	1–1	6.8	5.8	0.5
	1–2	6.0		
	2–1	5.8		
	2–2	6.1		
	3–1	5.0		
	3–2	5.7		
	4–1	5.7		
	4–2	5.6		

西侧御道石板含水率值表

石板编号	点号	含水率（%）	平均值（%）	标准差
W1	1–1	6.8	7.4	1.4
	1–2	6.5		
	2–1	6.7		
	2–2	6.3		
	3–1	10.3		
	3–2	7.8		
W2	1–1	8.3	7.6	2.2
	1–2	2.1		

续表

石板编号	点号	含水率（%）	平均值（%）	标准差
W2	2-1	7.9	7.6	2.2
	2-2	8.1		
	3-1	7.3		
	3-2	8.9		
	4-1	9.3		
	4-2	9.2		
W3	1-1	6.7	7.1	1.0
	1-2	6.9		
	2-1	6.8		
	2-2	7.4		
	3-1	6.6		
	3-2	6.0		
	4-1	9.6		
	4-2	7.0		
W4	1-1	6.8	7.1	0.8
	1-2	6.5		
	2-1	6.7		
	2-2	8.4		
W6	1-1	7.6	7.0	0.8
	1-2	6.3		
	2-1	6.8		
	2-2	5.8		
	3-1	7.9		
	3-2	6.5		
	4-1	8.2		
	4-2	6.6		
W7	1-1	8.5	8.7	0.1
	1-2	8.6		
	2-1	8.8		
	2-2	8.7		
W8	1-1	6.9	6.9	0.4
	1-2	7.4		
	2-1	6.8		
	2-2	6.4		

石板编号	点号	含水率（%）	平均值（%）	标准差
W9	1-1	7.3	7.1	0.5
	1-2	7.1		
	2-1	8.0		
	2-2	6.8		
	3-1	6.8		
	3-2	6.3		
W10	1-1	7.2	7.3	0.5
	1-2	6.7		
	2-1	8.4		
	2-2	7.3		
	3-1	7.3		
	3-2	6.8		
	4-1	7.6		
	4-2	6.7		
W11	1-1	7.1	7.3	0.6
	1-2	8.3		
	2-1	7.0		
	2-2	6.7		
W12	1-1	5.3	6.0	0.5
	1-2	6.2		
	2-1	6.8		
	2-2	5.7		
	3-1	5.8		
	3-2	6.0		
W13	1-1	5.6	5.9	0.3
	1-2	5.5		
	2-1	6.5		
	2-2	5.8		
	3-1	6.0		
	3-2	6.1		
W14	1-1	5.0	5.7	0.5
	1-2	5.1		
	2-1	5.4		

石板编号	点号	含水率（%）	平均值（%）	标准差
W14	2-2	4.9	5.7	0.5
	3-1	6.4		
	3-2	6.2		
	4-1	5.5		
	4-2	5.8		
	5-1	6.1		
	5-2	6.2		
W15	1-1	6.2	6.7	0.5
	1-2	7.1		
W16	1-1	6.4	6.2	0.5
	1-2	5.9		
	2-1	6.6		
	2-2	5.4		
	3-1	6.7		
	3-2	5.9		
W17	1-1	7.3	7.5	0.8
	1-2	6.8		
	2-1	6.4		
	2-2	7.5		
	3-1	8.5		
	3-2	8.6		
W18	1-1	5.8	5.9	0.5
	1-2	6.6		
	2-1	5.7		
	2-2	5.1		
	3-1	6.0		
	3-2	6.1		
W19	1-1	6.2	6.2	0.4
	1-2	6.4		
	2-1	6.0		
	2-2	6.5		
	3-1	5.4		
	3-2	6.4		

续表

石板编号	点号	含水率（%）	平均值（%）	标准差
W20	1-1	6.8	6.5	0.4
	1-2	5.7		
	2-1	6.6		
	2-2	6.3		
	3-1	6.8		
	3-2	6.6		
W21	1-1	6.2	6.4	0.6
	1-2	6.2		
	2-1	7.1		
	2-2	5.3		
	3-1	7.2		
	3-2	6.6		

石板的里氏硬度值

岩石硬度是评价石质文物风化的一个重要参数。它的定量测量在文物保护领域非常重要。现阶段，有许多种测试岩石硬度的仪器，包括微钻阻力仪、压痕测试（包括布氏硬度计、洛氏硬度计和维氏硬度计等）以及以回弹原理的回弹仪和里氏硬度计等。

里氏硬度计是由瑞士人 Dietmai Leeb 于 20 世纪 70 年代发明的，它的定义是：用规定质量的冲击体在弹力作用下以一定速度冲击试样表面，用冲头在距离试样表面 1 毫米处的回弹速度与冲击速度之比计算出的数值，因 LEEB 博士提出而得名里氏硬度。自上世纪 90 年代以来，里氏硬度计开始应用于工程地质、岩石力学和文物保护等领域[1~6]。

与回弹仪相比，里氏硬度计冲击面积和冲击能量较小，其影响深度小，对石质文物的表层基本无损伤。并且，里氏硬度计对岩石强度的变化敏感，尤其是当岩石强度较低时（如单轴抗压强度小于 20 兆帕），里氏硬度计测试效果比回弹仪好[1~2]。由于已风化石质文物的表层较薄、强度较低，里氏硬度计得到了广泛应用。Hack et al.（1993）使用里氏硬度计测量了某岩石的硬度值，并将该值与该岩石的单轴抗压强度建立了关系。Verwaal et al.（1993）给出了石膏、石灰岩、花岗岩、大理岩等岩石的硬度值，并结合相应岩石的单轴抗压强度值给出了硬度值与单轴抗压强度的关系曲线。Meulenkamp et al.（1999）通过岩样的硬度值、孔隙率、密度、颗粒大小和岩石类型利用神经网络来预测该岩石的单轴抗压强度，并给出了相应的公式。

在永定门御道石板里氏硬度的检测中，采用 HL580 型号的里氏硬度计对石板进行里氏硬度测量，如下图，冲击装置类型为 D 型。

HL580 型里氏硬度计

现场里氏硬度检测

石板里氏硬度检测的点选取办法为在石板各个尺寸测量完毕的基础上划分 15 厘米 ×15 厘米的网格，在网格的交点上进行里氏硬度测量，除去离边界小于 15 厘米的交点，每个这样的点测量其里氏硬度值 5 个，然后取平均值为该点最终的里氏硬度值。其中，交点的编号规则是以行列定位进行。现场测量里氏硬度的形式如下图。n-m 表示第 n 行第 m 列。下图为 E1、W1 的石板的网格布置及其交点编号举例，n-m 表示第 n 行第 m 列。

Verwaal et al.,（1993）利用 Equotip 3 硬度计（配以 D 型冲击装置）测得各种岩石的里氏硬度值 L，并给出了里氏硬度值与其单轴抗压强度（UCS）之间的曲线关系，而 Aoki et al.,（2008）总结为：

$$UCS_L = 8 \times 10^{-6} L^{2.5} \ (\ R^2 = 0.77\ )$$

其中单轴抗压强度 UCS 的单位为兆帕。

永定门御道石板平均里氏硬度值表

区域	石板编号	里氏硬度平均值	UCS_L（兆帕）
东侧御道	E1	723.6	112.69
	E2	695.9	102.20
	E3	718.1	110.55
	E4	749.7	123.10
	E5	715.9	109.70
	E6	750.3	123.36
	E7	705.9	105.91
	E8	789.7	140.20

续表

区域	石板编号	里氏硬度平均值	UCS$_L$（兆帕）
东侧御道	E9	697.2	102.68
	E10	787.2	139.09
	E11	761.7	128.10
	E12	739.2	118.85
	E13	758.6	126.80
	E14	795.2	142.65
	E15	706.6	106.18
	E16	728.5	114.59
	E17	776.6	134.46
	E18	762.6	128.48
西侧御道	W1	775.9	134.15
	W2	733.2	116.45
	W3	720.6	111.51
	W4	711.6	108.06
	W6	770.2	131.70
	W7	763.1	128.69
	W8	785.6	138.39
	W9	795.2	142.65
	W10	823.5	155.69
	W11	726.8	113.93
	W12	769.6	131.45
	W13	751.3	123.77
	W14	785.8	138.47
	W15	768.5	130.98
	W16	792.0	141.22
	W17	720.4	111.44
	W18	761.1	127.85
	W19	767.1	130.38
	W20	806.4	147.73
	W21	740.5	119.37

注：根据 Aoki H 等人 2008 年的研究成果，岩石的强度可以通过其里氏硬度值来预估，所拟合的公式为 $UCS_L = 8 \times 10^{-6} L^{2.5}$，其中（$R^2=0.77$）。

通过对御道去钢化玻璃区域石板进行里氏硬度检测，发现石板平均里氏硬度在 695.9～823.5 之间，单轴抗压强度在 102.20 兆帕～155.69 兆帕之间，其中 W10 石板平均里氏硬度 823.5 最高，单轴抗压强度 155.69 兆帕最高，W14 石板平均里氏硬度 695.9 最低，单轴抗压强度 102.20 兆帕最小。说明永定门御道石板整体硬度较高，表面风化较弱。

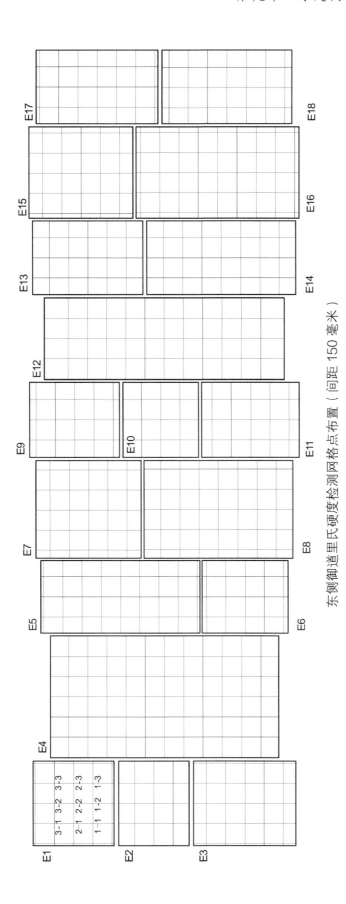

东侧御道里氏硬度检测网格点布置（间距 150 毫米）

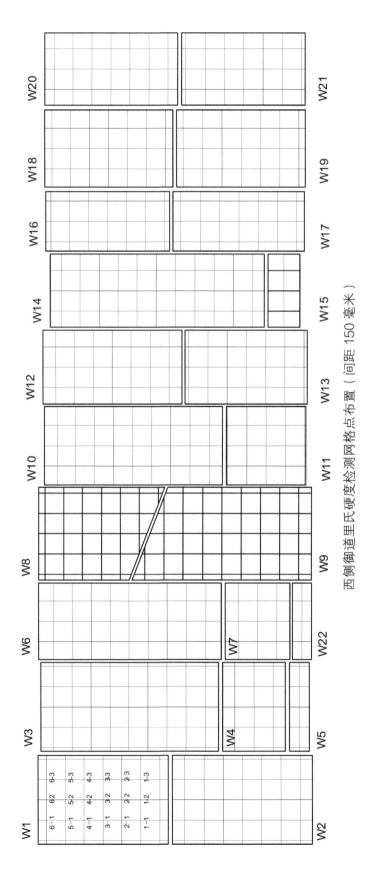

西侧御道里氏硬度检测网格点布置（间距 150 毫米）

御道石板里氏硬度值如下。

东侧御道石板里氏硬度值表

石板编号	点号	NO.1	NO.2	NO.3	NO.4	NO.5	点号平均值	石板平均值
E1	1-1	768	828	778	567	611	710.4	723.6
	1-2	770	766	542	772	490	668.0	
	1-3	817	717	482	755	753	704.8	
	2-1	738	844	761	536	711	718.0	
	2-2	595	840	802	817	818	774.4	
	2-3	621	617	792	813	792	727.0	
	3-1	845	837	751	624	778	767.0	
	3-2	725	672	774	814	667	730.4	
	3-3	757	738	550	705	813	712.6	
E2	1-1	753	736	605	772	746	722.4	695.9
	1-2	603	667	727	711	792	700.0	
	1-3	670	718	531	599	533	610.2	
	2-1	762	554	758	778	797	729.8	
	2-2	678	721	746	635	765	709.0	
	2-3	642	783	769	661	665	704.0	
E3	1-1	790	644	673	680	494	656.2	718.1
	1-2	685	794	785	711	774	749.8	
	1-3	761	725	785	658	610	707.8	
	2-1	794	767	749	712	634	731.2	
	2-2	811	773	762	642	834	764.4	
	2-3	797	673	693	742	792	739.4	
	3-1	814	798	808	809	703	786.4	
	3-2	646	634	729	785	774	713.6	
	3-3	702	697	703	736	697	707.0	
	4-1	803	533	567	723	542	633.6	
	4-2	736	757	757	734	758	748.4	
	4-3	755	553	590	738	762	679.6	
E4	1-1	670	755	754	749	696	724.8	749.7
	1-2	819	808	804	833	790	810.8	
	1-3	749	770	792	759	774	768.8	
	1-4	657	782	717	779	797	746.4	

续表

石板编号	点号	NO.1	NO.2	NO.3	NO.4	NO.5	点号平均值	石板平均值
	1-5	697	816	767	772	808	772.0	
	2-1	848	833	755	735	780	790.2	
	2-2	765	812	785	780	766	781.6	
	2-3	802	816	803	803	601	765.0	
	2-4	799	756	778	800	843	795.2	
	2-5	718	631	728	612	654	668.6	
	3-1	625	744	800	813	849	766.2	
	3-2	786	699	696	813	824	763.6	
	3-3	716	755	828	818	805	784.4	
	3-4	712	829	801	821	797	792.0	
	3-5	808	811	834	827	772	810.4	
	4-1	814	825	753	810	739	788.2	
	4-2	667	635	694	678	628	660.4	
	4-3	877	858	840	848	848	854.2	
	4-4	834	850	868	866	859	855.4	
	4-5	726	800	792	826	810	790.8	
E4	5-1	604	610	786	703	776	695.8	749.7
	5-2	777	709	764	853	838	788.2	
	5-3	634	742	969	740	712	759.4	
	5-4	733	712	881	892	881	819.8	
	5-5	616	727	741	799	799	736.4	
	6-1	711	773	833	807	817	788.2	
	6-2	833	765	733	688	758	755.4	
	6-3	626	812	856	848	699	768.2	
	6-4	733	744	794	762	791	764.8	
	6-5	719	719	786	805	817	769.2	
	7-1	846	847	802	799	799	818.6	
	7-2	745	686	832	849	800	782.4	
	7-3	783	766	802	812	771	786.8	
	7-4	658	748	772	780	805	752.6	
	7-5	817	833	773	862	847	826.4	
	8-1	625	683	654	636	716	662.8	
	8-2	744	787	848	681	735	759.0	

石板编号	点号	NO.1	NO.2	NO.3	NO.4	NO.5	点号平均值	石板平均值
E4	8-3	639	659	685	726	679	677.6	749.7
	8-4	765	696	741	825	797	764.8	
	8-5	662	826	843	797	835	792.6	
	9-1	640	652	684	573	614	632.6	
	9-2	766	678	790	696	678	721.6	
	9-3	687	688	711	743	681	702.0	
	9-4	748	730	712	766	796	750.4	
	9-5	777	814	717	859	815	796.4	
	10-1	718	778	772	711	768	749.4	
	10-2	568	494	535	491	566	530.8	
	10-3	579	635	682	683	695	654.8	
	10-4	583	590	597	647	618	607.0	
	10-5	602	613	592	544	549	580.0	
E5	1-1	693	734	796	703	659	717.0	715.9
	1-2	845	833	728	758	734	779.6	
	2-1	675	615	647	694	661	658.4	
	2-2	781	805	785	794	784	789.8	
	3-1	655	749	754	777	822	751.4	
	3-2	763	648	712	662	756	708.2	
	4-1	649	634	678	637	612	642.0	
	4-2	723	791	814	817	746	778.2	
	5-1	764	794	825	814	700	779.4	
	5-2	763	648	712	662	756	708.2	
	6-1	626	593	651	694	698	652.4	
	6-2	699	674	630	608	608	643.8	
	7-1	674	673	713	739	733	706.4	
	7-2	694	726	686	743	687	707.2	
E6	1-1	739	695	677	735	731	715.4	750.3
	1-2	710	704	773	704	728	723.8	
	2-1	717	731	723	682	663	703.2	
	2-2	837	739	797	798	784	791.0	
	3-1	775	833	780	826	848	812.4	
	3-2	771	751	768	756	734	756.0	

续表

石板编号	点号	NO.1	NO.2	NO.3	NO.4	NO.5	点号平均值	石板平均值
E7	1-1	818	798	769	753	824	792.4	705.9
	1-2	763	780	762	785	718	761.6	
	1-3	633	659	648	718	711	673.8	
	2-1	747	775	800	766	810	779.6	
	2-2	718	737	719	717	821	742.4	
	2-3	774	772	694	833	752	765.0	
	3-1	715	723	712	778	808	747.2	
	3-2	609	690	549	648	616	622.4	
	3-3	574	524	528	622	628	575.2	
	4-1	611	715	661	613	607	641.4	
	4-2	667	633	675	649	670	658.8	
	4-3	610	698	714	744	791	711.4	
E8	1-1	810	775	823	802	759	793.8	789.7
	1-2	771	765	846	833	835	810.0	
	1-3	837	779	831	809	804	812.0	
	2-1	694	615	781	835	877	760.4	
	2-2	792	699	743	756	734	744.8	
	2-3	821	854	844	838	818	835.0	
	3-1	720	680	722	816	804	748.4	
	3-2	835	832	726	819	851	812.6	
	3-3	778	803	785	795	728	777.8	
	4-1	759	715	831	722	810	767.4	
	4-2	749	834	795	828	800	801.2	
	4-3	820	846	825	768	794	810.6	
	5-1	773	737	818	819	705	770.4	
	5-2	796	681	672	702	781	726.4	
	5-3	819	835	829	871	872	845.2	
	6-1	796	807	774	770	826	794.6	
	6-2	760	741	741	772	847	772.2	
	6-3	839	831	838	822	831	832.2	
E9	1-1	606	608	704	692	669	655.8	697.2
	1-2	643	656	699	654	754	681.2	
	2-1	712	668	745	663	684	694.4	

续表

石板编号	点号	NO.1	NO.2	NO.3	NO.4	NO.5	点号平均值	石板平均值
E9	2-2	688	732	675	644	617	671.2	697.2
	3-1	726	794	781	769	774	768.8	
	3-2	689	662	766	744	697	711.6	
E10	1-1	744	806	806	774	836	793.2	787.2
	1-2	721	705	811	769	712	743.6	
	2-1	830	797	834	765	709	787.0	
	2-2	856	823	810	857	779	825.0	
E11	1-1	757	793	785	626	686	729.4	761.7
	1-2	633	675	659	722	648	667.4	
	2-1	803	760	785	783	807	787.6	
	2-2	684	730	726	785	833	751.6	
	3-1	780	812	819	812	823	809.2	
	3-2	753	766	689	711	736	731.0	
	4-1	828	825	814	786	784	807.4	
	4-2	785	832	787	797	849	810.0	
E12	1-1	710	792	802	811	782	779.4	739.2
	1-2	787	810	741	790	797	785.0	
	1-3	730	650	639	696	682	679.4	
	2-1	765	707	801	684	720	735.4	
	2-2	727	744	752	805	687	743.0	
	2-3	783	822	828	822	844	819.8	
	3-1	783	760	766	763	739	762.2	
	3-2	693	756	662	848	836	759.0	
	3-3	714	778	790	760	715	751.4	
	4-1	712	755	736	698	753	730.8	
	4-2	725	689	810	809	693	745.2	
	4-3	721	633	625	690	738	681.4	
	5-1	706	719	723	735	738	724.2	
	5-2	750	761	777	790	775	770.6	
	5-3	747	761	717	803	739	753.4	
	6-1	816	779	743	824	794	791.2	
	6-2	675	681	747	728	725	711.2	
	6-3	718	714	760	762	748	740.4	

续表

石板编号	点号	NO.1	NO.2	NO.3	NO.4	NO.5	点号平均值	石板平均值
E12	7-1	739	694	722	761	715	726.2	739.2
	7-2	760	769	710	748	744	746.2	
	7-3	771	777	717	759	784	761.6	
	8-1	700	711	669	758	749	717.4	
	8-2	810	810	738	712	762	766.4	
	8-3	693	700	685	758	766	720.4	
	9-1	721	710	722	778	714	729.0	
	9-2	738	756	771	733	814	762.4	
	9-3	789	713	731	708	666	721.4	
	10-1	733	697	736	719	79	592.8	
	10-2	753	769	699	759	675	731.0	
	10-3	790	712	698	737	780	743.4	
	11-1	686	786	785	733	782	754.4	
	11-2	702	704	720	818	842	757.2	
	11-3	699	686	683	673	767	701.6	
E13	1-1	786	812	780	679	688	749.0	758.6
	1-2	805	753	786	824	836	800.8	
	2-1	818	743	801	786	821	793.8	
	2-2	696	736	711	788	810	748.2	
	3-1	752	828	838	866	829	822.6	
	3-2	809	753	711	770	839	776.4	
	4-1	732	706	783	762	671	730.8	
	4-2	634	675	613	681	631	646.8	
E14	1-1	806	805	836	798	781	805.2	795.2
	1-2	757	707	774	755	785	755.6	
	2-1	755	684	651	834	822	749.2	
	2-2	729	779	777	821	805	782.2	
	3-1	867	772	792	724	664	763.8	
	3-2	829	825	829	821	803	821.4	
	4-1	783	802	766	765	788	780.8	
	4-2	829	863	843	864	880	855.8	
	5-1	852	840	860	823	817	838.4	
	5-2	792	838	756	808	808	800.4	

石板编号	点号	NO.1	NO.2	NO.3	NO.4	NO.5	点号平均值	石板平均值
E14	6-1	804	740	831	765	789	785.8	795.2
	6-2	869	818	806	773	753	803.8	
E15	1-1	698	661	704	688	711	692.4	706.6
	1-2	713	764	682	660	725	708.8	
	1-3	659	703	747	658	768	707.0	
	2-1	775	675	691	722	707	714.0	
	2-2	678	701	767	801	725	734.4	
	2-3	758	691	696	712	713	714.0	
	3-1	696	689	726	714	712	707.4	
	3-2	664	616	730	625	605	648.0	
	3-3	742	743	749	747	687	733.6	
E16	1-1	654	664	730	682	672	680.4	728.5
	1-2	723	669	674	694	671	686.2	
	1-3	635	699	842	845	855	775.2	
	2-1	720	733	759	724	726	732.4	
	2-2	771	665	641	712	711	700.0	
	2-3	770	797	795	803	804	793.8	
	3-1	762	702	774	684	744	733.2	
	3-2	784	773	776	763	759	771.0	
	3-3	701	767	710	667	728	714.6	
	4-1	709	783	704	738	726	732.0	
	4-2	699	720	738	673	743	714.6	
	4-3	700	723	793	754	779	749.8	
	5-1	749	707	737	661	755	721.8	
	5-2	722	674	700	742	766	720.8	
	5-3	657	711	643	706	679	679.2	
	6-1	686	675	671	663	657	670.4	
	6-2	796	792	771	702	756	763.4	
	6-3	759	755	737	744	731	745.2	
	7-1	756	771	690	670	801	737.6	
	7-2	706	684	716	753	754	722.6	
	7-3	725	742	765	755	786	754.6	

续表

石板编号	点号	NO.1	NO.2	NO.3	NO.4	NO.5	点号平均值	石板平均值
E17	1-1	826	872	790	795	868	830.2	776.6
	1-2	802	790	717	848	820	795.4	
	2-1	842	804	831	863	897	847.4	
	2-2	788	761	725	802	852	785.6	
	3-1	689	792	762	695	779	743.4	
	3-2	810	772	832	860	761	807.0	
	4-1	723	770	768	659	797	743.4	
	4-2	845	869	879	868	880	868.2	
	5-1	611	656	692	683	707	669.8	
	5-2	629	679	664	655	752	675.8	
E18	1-1	720	720	811	779	783	762.6	762.6
	1-2	678	745	778	710	744	731.0	
	2-1	800	789	800	761	677	765.4	
	2-2	735	667	800	811	810	764.6	
	3-1	701	828	764	787	768	769.6	
	3-2	776	770	745	753	754	759.6	
	4-1	764	749	863	876	880	826.4	
	4-2	693	691	718	693	758	710.6	
	5-1	716	778	786	759	738	755.4	
	5-2	796	770	744	796	797	780.6	

西侧御道石板里氏硬度值表

石板编号	点号	NO.1	NO.2	NO.3	NO.4	NO.5	点号平均值	石板平均值
W1	1-1	860	885	895	879	895	882.8	775.9
	1-2	728	841	708	728	701	741.2	
	1-3	827	835	779	827	837	821.0	
	2-1	746	644	759	790	770	741.8	
	2-2	744	809	788	818	791	790.0	
	2-3	703	762	795	707	796	752.6	
	3-1	764	778	738	771	774	765.0	
	3-2	690	734	682	747	774	725.4	
	3-3	823	834	818	840	794	821.8	
	4-1	735	743	767	778	793	763.2	

续表

石板编号	点号	NO.1	NO.2	NO.3	NO.4	NO.5	点号平均值	石板平均值
W1	4-2	702	747	735	806	793	756.6	775.9
	4-3	809	839	827	820	829	824.8	
	5-1	771	797	766	778	766	775.6	
	5-2	766	705	806	840	825	788.4	
	5-3	720	792	798	825	740	775.0	
	6-1	725	725	727	694	711	716.4	
	6-2	783	696	767	732	821	759.8	
	6-3	756	774	721	761	812	764.8	
W2	1-1	672	657	641	777	743	698.0	733.2
	1-2	668	716	754	713	760	722.2	
	1-3	671	687	718	738	754	713.6	
	2-1	713	755	778	738	672	731.2	
	2-2	671	704	702	688	700	693.0	
	2-3	739	771	817	744	792	772.6	
	3-1	802	797	819	748	748	782.8	
	3-2	746	754	777	781	779	767.4	
	3-3	748	728	720	719	721	727.2	
	4-1	694	731	765	806	817	762.6	
	4-2	713	742	702	710	740	721.4	
	4-3	741	729	672	717	692	710.2	
	5-1	696	637	672	671	632	661.6	
	5-2	764	788	800	692	677	744.2	
	5-3	700	683	725	363	687	631.6	
	6-1	689	702	679	710	675	691.0	
	6-2	859	843	850	839	805	839.2	
	6-3	766	823	850	844	853	827.2	
W3	1-1	737	660	664	729	761	710.2	720.6
	1-2	720	688	784	710	761	732.6	
	1-3	736	682	705	665	716	700.8	
	2-1	704	787	714	817	815	767.4	
	2-2	855	743	750	771	744	772.6	
	2-3	738	784	678	755	758	742.6	
	3-1	723	755	714	744	762	739.6	

石板编号	点号	NO.1	NO.2	NO.3	NO.4	NO.5	点号平均值	石板平均值
W3	3-2	725	693	753	765	711	729.4	720.6
	3-3	698	711	697	671	721	699.6	
	4-1	717	713	685	713	671	699.8	
	4-2	771	667	782	718	685	724.6	
	4-3	674	698	737	753	745	721.4	
	5-1	699	703	696	734	675	701.4	
	5-2	804	731	740	774	760	761.8	
	5-3	652	690	639	719	632	666.4	
	6-1	749	792	730	756	779	761.2	
	6-2	759	641	648	626	739	682.6	
	6-3	704	736	731	708	690	713.8	
	7-1	682	660	672	724	703	688.2	
	7-2	703	698	672	651	689	682.6	
	7-3	716	673	736	749	800	734.8	
	8-1	692	741	690	672	729	704.8	
	8-2	797	780	805	744	749	775.0	
	8-3	639	695	669	688	715	681.2	
W4	1-1	689	713	699	678	683	692.4	711.6
	1-2	667	697	761	745	681	710.2	
	1-3	655	707	713	725	664	692.8	
	2-1	679	660	660	694	656	669.8	
	2-2	755	785	759	766	709	754.8	
	2-3	707	736	753	794	758	749.6	
W6	1-1	702	761	800	776	666	741.0	770.2
	1-2	785	804	781	795	776	788.2	
	2-1	718	706	842	825	734	765.0	
	2-2	699	785	706	738	707	727.0	
	3-1	829	758	735	728	828	775.6	
	3-2	833	702	719	701	706	732.2	
	4-1	832	837	783	783	837	814.4	
	4-2	785	711	811	779	683	753.8	
	5-1	851	764	752	781	774	784.4	
	5-2	699	777	776	780	820	770.4	

续表

石板编号	点号	NO.1	NO.2	NO.3	NO.4	NO.5	点号平均值	石板平均值
W6	6-1	762	764	827	755	766	774.8	770.2
	6-2	860	838	825	806	818	829.4	
	7-1	768	768	740	723	718	743.4	
	7-2	723	723	767	744	680	727.4	
	8-1	820	791	705	859	891	813.2	
	8-2	767	735	789	771	851	782.6	
W7	1-1	743	793	714	773	762	757.0	763.1
	1-2	877	871	804	779	726	811.4	
	2-1	749	730	694	777	844	758.8	
	2-2	723	739	722	764	677	725.0	
W8	1-1	660	792	673	771	744	728.0	785.6
	1-2	824	726	710	775	778	762.6	
	1-3	810	768	857	847	715	799.4	
	2-1	729	719	863	837	839	797.4	
	2-2	810	754	747	788	735	766.8	
	2-3	815	801	752	775	790	786.6	
	3-1	833	869	809	868	767	829.2	
	3-2	747	768	803	772	831	784.2	
	3-3	825	778	746	760	830	787.8	
	4-1	855	863	808	771	831	825.6	
	4-2	776	789	730	685	680	732.0	
	4-3	824	845	837	837	796	827.8	
W9	1-1	687	726	677	761	732	716.6	795.2
	1-2	795	759	786	760	814	782.8	
	1-3	793	683	703	744	752	735.0	
	2-1	858	841	771	759	761	798.0	
	2-2	831	750	830	829	809	809.8	
	2-3	714	732	739	837	798	764.0	
	3-1	819	885	823	792	811	826.0	
	3-2	851	861	863	704	814	818.6	
	3-3	708	721	694	765	789	735.4	
	4-1	695	848	839	804	883	813.8	
	4-2	780	753	758	787	854	786.4	

续表

石板编号	点号	NO.1	NO.2	NO.3	NO.4	NO.5	点号平均值	石板平均值
W9	4-3	778	764	759	819	759	775.8	795.2
	5-1	836	842	857	796	856	837.4	
	5-2	777	804	848	860	790	815.8	
	5-3	814	839	730	809	812	800.8	
	6-1	858	860	841	842	853	850.8	
	6-2	833	841	823	827	795	823.8	
	6-3	800	764	761	790	764	775.8	
	7-1	854	791	810	786	818	811.8	
	7-2	788	717	754	813	830	780.4	
	7-3	725	767	786	788	796	772.4	
	8-1	855	862	867	869	865	863.6	
W10	1-1	841	845	855	857	821	843.8	823.5
	1-2	807	857	826	841	879	842.0	
	2-1	812	772	747	711	731	754.6	
	2-2	757	780	807	826	850	804.0	
	3-1	713	811	829	787	799	787.8	
	3-2	829	865	830	848	821	838.6	
	4-1	823	797	844	827	846	827.4	
	4-2	883	859	856	853	855	861.2	
	5-1	795	800	880	851	839	833.0	
	5-2	854	842	867	840	823	845.2	
	6-1	813	822	857	829	845	833.2	
	6-2	839	864	728	738	796	793.0	
	7-1	815	829	879	820	831	834.8	
	7-2	825	820	828	868	803	828.8	
	8-1	742	829	854	827	851	820.6	
	8-2	771	777	845	878	872	828.6	
W11	1-1	634	669	653	736	784	695.2	726.8
	1-2	856	875	789	792	757	813.8	
	2-1	663	651	763	761	613	690.2	
	2-2	787	700	782	738	790	759.4	
	3-1	738	703	782	773	726	744.4	
	3-2	665	631	644	658	692	658.0	

石板编号	点号	NO.1	NO.2	NO.3	NO.4	NO.5	点号平均值	石板平均值
W12	1-1	660	760	688	694	681	696.6	769.6
	1-2	699	748	813	845	772	775.4	
	2-1	795	773	803	701	797	773.8	
	2-2	790	820	736	706	733	757.0	
	3-1	809	797	779	790	806	796.2	
	3-2	809	807	807	827	816	813.2	
	4-1	726	741	736	790	735	745.6	
	4-2	743	744	736	790	735	749.6	
	5-1	819	820	823	854	845	832.2	
	5-2	720	773	688	696	658	707.0	
	6-1	830	848	850	839	788	831.0	
	6-2	725	755	705	754	850	757.8	
W13	1-1	715	712	735	723	801	737.2	751.3
	1-2	793	844	756	817	815	805.0	
	2-1	826	799	873	877	877	850.4	
	2-2	702	730	758	811	801	760.4	
	3-1	745	823	814	810	801	798.6	
	3-2	716	682	767	696	791	730.4	
	4-1	829	788	794	744	803	791.6	
	4-2	643	631	665	676	656	654.2	
	5-1	773	720	724	698	747	732.4	
	5-2	640	630	648	673	673	652.8	
W14	1-1	794	790	797	787	856	804.8	785.8
	1-2	793	842	883	874	893	857.0	
	2-1	712	742	729	679	699	712.2	
	2-2	782	847	828	851	847	831.0	
	3-1	840	711	666	663	681	712.2	
	3-2	801	795	860	853	854	832.6	
	4-1	778	694	776	711	782	748.2	
	4-2	694	778	814	800	793	775.8	
	5-1	688	757	781	795	761	756.4	
	5-2	706	718	815	862	825	785.2	
	6-1	837	820	772	829	708	793.2	

石板编号	点号	NO.1	NO.2	NO.3	NO.4	NO.5	点号平均值	石板平均值
W14	6-2	826	844	860	877	868	855.0	785.8
	7-1	814	863	869	865	830	848.2	
	7-2	811	863	844	859	753	826.0	
	8-1	666	624	672	695	753	682.0	
	8-2	725	700	758	727	754	732.8	
	9-1	752	769	796	818	786	784.2	
	9-2	773	812	803	786	793	793.4	
	10-1	759	762	807	767	803	779.6	
	10-2	762	812	820	841	800	807.0	
W15	1-1	736	799	759	791	725	762.0	768.5
	1-2	787	797	767	743	781	775.0	
W16	1-1	699	761	822	812	778	774.4	792.0
	1-2	670	830	821	820	869	802.0	
	2-1	760	844	877	856	804	828.2	
	2-2	792	744	782	770	744	766.4	
	3-1	806	829	838	836	845	830.8	
	3-2	740	728	815	817	771	774.2	
	4-1	710	768	780	769	822	769.8	
	4-2	674	653	742	774	734	715.4	
	5-1	838	825	834	821	824	828.4	
	5-2	802	838	848	845	817	830.0	
W17	1-1	736	654	731	708	738	713.4	720.4
	1-2	720	730	737	743	742	734.4	
	2-1	739	692	688	741	674	706.8	
	2-2	716	696	768	770	747	739.4	
	3-1	661	652	631	653	692	657.8	
	3-2	684	697	740	736	757	722.8	
	4-1	682	685	693	748	713	704.2	
	4-2	697	725	773	789	668	730.4	
	5-1	707	742	717	784	794	748.8	
	5-2	694	720	765	776	773	745.6	
W18	1-1	777	822	800	755	809	792.6	761.1
	1-2	718	728	784	799	779	761.6	

续表

石板编号	点号	NO.1	NO.2	NO.3	NO.4	NO.5	点号平均值	石板平均值
W18	2-1	773	810	809	804	796	798.4	761.1
	2-2	754	781	797	781	747	772.0	
	3-1	772	727	751	752	796	759.6	
	3-2	699	691	758	699	694	708.2	
	4-1	666	699	734	718	733	710.0	
	4-2	807	818	846	830	820	824.2	
	5-1	706	736	747	756	699	728.8	
	5-2	690	740	760	782	806	755.6	
W19	1-1	816	770	743	836	742	781.4	767.1
	1-2	769	817	821	837	825	813.8	
	2-1	790	740	714	670	724	727.6	
	2-2	862	879	880	875	880	875.2	
	3-1	804	736	659	784	791	754.8	
	3-2	730	706	726	712	712	717.2	
	4-1	701	710	734	737	712	718.8	
	4-2	778	804	811	812	808	802.6	
	5-1	766	707	690	692	774	725.8	
	5-2	778	783	716	688	802	753.4	
W20	1-1	720	742	813	817	820	782.4	806.4
	1-2	809	833	830	821	827	824.0	
	2-1	754	833	815	843	838	816.6	
	2-2	820	855	837	873	855	848.0	
	3-1	804	830	836	755	818	808.6	
	3-2	818	825	848	851	848	838.0	
	4-1	802	71	798	836	828	667.0	
	4-2	823	826	840	816	821	825.2	
	5-1	879	852	853	866	823	854.6	
	5-2	748	816	800	808	824	799.2	
W21	1-1	774	776	795	773	777	779.0	740.5
	1-2	750	762	746	750	747	751.0	
	2-1	740	783	758	747	723	750.2	
	2-2	697	702	729	747	691	713.2	
	3-1	760	775	747	660	719	732.2	

续表

石板编号	点号	NO.1	NO.2	NO.3	NO.4	NO.5	点号平均值	石板平均值
W21	3-2	712	716	705	721	708	712.4	740.5
	4-1	719	734	715	720	682	714.0	
	4-2	716	728	732	742	737	731.0	
	5-1	765	777	806	737	804	777.8	
	5-2	710	758	740	755	756	743.8	

石板的回弹值

御道的石板的强度采用无损的检测方式获得，根据《石质文物勘察规范》（WW/T 0063-2015）采用标称能量为 2.207J 的回弹仪进行强度检测。

混凝土回弹仪是用一弹簧驱动弹击锤并通过弹击杆弹击混凝土表面所产生的瞬时弹性变形的恢复力，使弹击锤带动指针弹回并指示出弹回的距离。以回弹值（弹回的距离与冲击前弹击锤与弹击杆的距离之比，按百分比计算）作为混凝土抗压强度相关的指标之一，来推定混凝土的抗压强度。

在此次石板强度的检测中采用 HD225-C 型号的混凝土回弹仪，如下图所示。

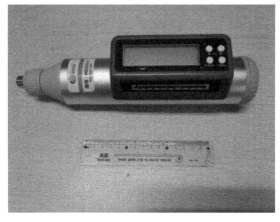

HD225-C 型混凝土回弹仪

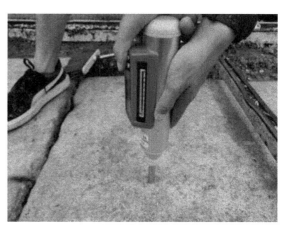

现场回弹检测

石板强度监测采用回弹仪进行，每块石板进行 16 次回弹试验。回弹仪作用点以一定规律均匀地分散在石板上。具体的分散形式有 3 种，如图所示，根据石板的形状选择适合的布点方式。

测试点避开了文物表面积土覆盖的区域或将表面积土扫净，测区内岩性和岩石表面结构和风化程度相同或相近。进行回弹检测时，回弹仪始终竖直向下并垂直于被测石板。

检测结果如下表，很明显测试结果中回弹值基本都大于 60，但是根据《石质文物勘察规范》WW/T 0063-2015 关于单轴抗压强度与回弹值 R 的关系图，回弹值的范围只有 0～60。无法满足回弹值超过 60 的情况。

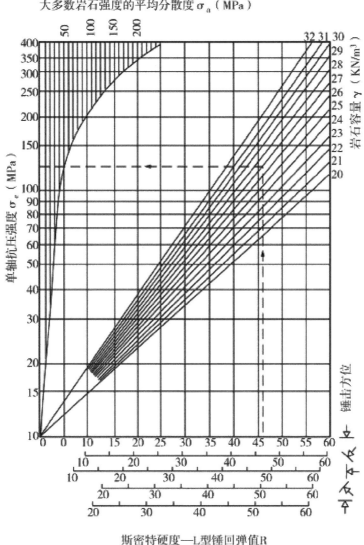

单轴抗压强度与回弹值 R 及容重 γ 的关系图

根据 Adnan Aydin 和 Kadir Karaman 的研究成果[9-10]，得到新的对应回弹值超过 60 的回归公式。具体而言：通过 Adnan Aydin[9]研究发现，轻型回弹仪与中型回弹仪回弹值存在一个非常密切的关系，$R_N = 1.0646R_L + 6.3673$，并且拟合的 $r=0.99$。我们所使用的 HD225–C 型混凝土回弹仪标称能量 2.207J 属于中型回弹仪，将所得值换算为轻型回弹仪回弹值。Kadir Karaman[10] 研究发现，火成岩的单轴抗压强度与 R_L 的关系，$UCS_N = 4.2423 \times R_L - 81.92$，拟合的 r 值为 0.838。所以最后得到的回弹值与单轴抗压强度的换算公式为

$$UCS_N = 3.98R_N - 107.29$$

其计算结果如表所示。

通过对御道去钢化玻璃区域石板进行回弹强度检测，发现每块石板的平均单轴抗压强度在 115 兆帕～160 兆帕之间，御道石板整体单轴抗压强度很好，除了 W5 石板外，其余的石板的单轴抗压强度在 115 兆帕～160 兆帕之间，其中 E17 石板平均单轴抗压强度 156.98 兆帕最高，W15 石板平均单轴抗压强度 115.99 兆帕最低。W5 石板的回弹强度仅有 66.64 兆帕，主要是因为 W5 石板完全被潮湿的土包裹住，因此得到的回弹值比较低，说明低估了 W5 的单轴抗压强度。总之，永定门御道石板整体单轴抗压强度较高。

W5 石板照片

东侧御道石板回弹值表

御道方位	石板编号	NO.1	NO.2	NO.3	NO.4	NO.5	NO.6	NO.7	NO.8	NO.9	NO.10	NO.11	NO.12	NO.13	NO.14	NO.15	NO.16	平均值	回弹修正值	UCS_N（兆帕）
	E1	68	68	68	68	66	68	70	66	68	61	62	67	68	64	66	68	67.3	65.0	151.41
	E2	54	62	64	62	61	47	65	64	64	66	55	61	63	64	64	65	62.9	60.6	133.90
	E3	66	67	66	66	65	66	60	68	67	64	67	64	67	61	63	67	65.8	63.5	145.44
	E4	62	68	66	67	67	68	68	66	70	70	60	66	65	58	62	62	65.7	63.4	145.04
	E5	68	68	68	68	70	68	67	68	64	67	65	64	62	66	52	60	66.5	64.2	148.23
	E6	65	66	65	64	66	68	64	64	64	63	64	64	63	63	60	56	64.3	62.0	139.47
	E7	65	66	68	62	68	62	64	67	62	67	64	66	63	62	64	64	64.1	61.8	138.67
东侧御道	E8	63	68	70	70	68	70	70	68	68	69	68	64	69	70	66	66	68.4	66.1	155.79
	E9	60	58	56	48	60	62	60	65	61	62	60	64	63	64	65	66	61.6	59.3	128.72
	E10	58	66	65	63	64	62	61	66	63	62	67	64	63	64	62	62	63.2	60.9	135.09
	E11	68	68	68	65	67	66	68	66	66	66	65	66	66	63	67	66	66.4	64.1	147.83
	E12	66	65	68	67	66	69	64	68	64	68	66	64	67	6	64	62	65.7	63.4	145.04
	E13	64	67	66	68	66	66	68	69	68	70	64	70	70	67	63	70	67.5	65.2	152.21
	E14	67	68	66	68	66	66	68	69	68	70	64	70	70	67	63	70	67.7	65.4	153.00
	E15	60	66	66	62	62	60	65	66	64	68	61	67	65	60	63	64	63.9	61.6	137.88
	E16	62	64	64	66	64	70	63	63	62	63	64	64	64	67	66	63	63.6	61.3	136.68
	E17	65	69	62	70	64	70	73	68	68	70	68	68	71	70	67	69	68.7	66.4	156.98
	E18	63	63	58	63	68	67	63	66	62	64	66	66	64	68	66	65	64.6	62.3	140.66

注：单轴抗压强度值保留 2 位小数；表中平均值为去掉 3 个最大值 3 个最小值剩下的 10 个值的平均值；根据 Ayhan Kesimal 和 Aydin 的研究[9-10]，单轴抗压强度与回弹值的换算关系 $UCS_N = 3.98R_N - 107.29$。

西侧御道石板回弹值表

御道方位	石板编号	NO.1	NO.2	NO.3	NO.4	NO.5	NO.6	NO.7	NO.8	NO.9	NO.10	NO.11	NO.12	NO.13	NO.14	NO.15	NO.16	平均值	回弹修正值	UCS_N（兆帕）
西侧御道	W1	64	66	62	68	62	56	64	66	64	62	65	66	63	65	65	67	64.4	62.1	139.87
	W2	66	62	62	63	66	66	64	62	64	64	66	63	64	65	65	65	64.3	62.0	139.47
	W3	66	64	63	65	65	64	66	64	63	63	63	61	60	61	60	64	63.4	61.1	135.89
	W4	58	64	63	59	60	64	64	60	62	62	63	62	62	61	60	59	61.5	59.2	128.33
	W5	44	46	46	52	48	43	44	44	44	48	53	48	48	48	42	42	46.0	43.7	66.64
	W6	64	64	65	58	65	65	63	68	66	65	68	64	69	67	65	66	65.2	62.9	143.05
	W7	62	62	60	64	63	62	66	61	63	63	62	60	59	61	61	57	61.7	59.4	129.12
	W8	60	66	66	66	67	66	66	62	67	68	67	67	66	66	66	64	66.2	63.9	147.03
	W9	63	63	60	65	64	63	66	67	63	68	66	66	66	65	67	66	65.0	62.7	142.26
	W10	65	68	69	70	68	69	70	63	69	70	68	66	68	67	69	68	68.3	66.0	155.39
	W11	64	63	56	58	64	65	64	60	62	64	60	62	65	60	60	63	62.2	59.9	131.11
	W12	67	68	62	66	64	69	65	67	67	64	68	69	65	64	68	63	66.1	63.8	146.63
	W13	68	68	64	69	71	68	64	68	66	70	70	66	69	67	64	63	67.3	65.0	151.41
	W14	68	62	68	72	70	66	69	68	68	68	70	65	67	69	70	67	68.2	65.9	154.99
	W15	58	62	60	56	62	58	68	54	57	60	60	58	61	51	53	56	58.4	56.1	115.99
	W16	68	70	67	67	66	69	69	69	68	69	67	69	69	68	66	68	68.2	65.9	154.99
	W17	56	58	57	61	58	61	52	63	57	59	61	60	59	60	59	56	58.8	56.5	117.58
	W18	60	56	64	62	66	60	67	67	60	56	64	64	66	64	60	62	62.6	60.3	132.70
	W19	62	64	66	67	64	64	63	67	68	64	65	61	61	65	68	61	64.4	62.1	139.87
	W20	67	67	65	66	67	67	68	67	64	67	68	68	62	67	69	68	67.1	64.8	150.61
	W21	58	60	57	62	62	56	62	62	59	62	61	58	59	63	59	57	60.0	57.7	122.36

注：单轴抗压强度值保留 2 位小数；表中平均值为去掉 3 个最大值 3 个最小值剩下的 10 个值的平均值；根据 Ayhan Kesimal 和 Aydin 的研究 [9–10]，单轴抗压强度与回弹值的换算关系 $UCS_N = 3.98R_N - 107.29$。

里氏硬度强度与回弹强度的比较

在上文中，分别检测了永定门御道石板的里氏硬度和回弹强度，里氏硬度检测虽然是石板的硬度，但是硬度与单轴抗压强度之间也存在着很强的相关性。通过 Aoki et al. 拟合的里氏硬度和单轴抗压强度的关系式 [9]，由所测的里氏硬度值计算了石板的单轴抗压强度 UCS_L，并与回弹值计算的单轴抗压强度 UCS_N 做比较，结果如下表所示。

里氏硬度单轴抗压强度与回弹单轴抗压强度对比表

区域	石板编号	UCS_N（兆帕）	UCS_L（兆帕）	（UCS_N–UCS_L）/UCS_N
东侧御道	E1	148.72	112.69	0.26
	E2	127.58	102.2	0.24
	E3	143.25	110.55	0.24
	E4	143.5	123.1	0.15
	E5	143.5	109.7	0.26
	E6	138.03	123.36	0.12
	E7	139.77	105.91	0.24
	E8	153.95	140.2	0.1
	E9	125.84	102.68	0.2
	E10	135.29	139.09	−0.03
	E11	147.48	128.1	0.13
	E12	130.81	118.85	0.18
	E13	151.21	126.8	0.17
	E14	152.21	142.65	0.07
	E15	137.53	106.18	0.23
	E16	137.03	114.59	0.16
	E17	155.19	134.46	0.14
	E18	140.27	128.48	0.09
西侧御道	W1	138.52	134.15	0.04
	W2	139.02	116.45	0.17
	W3	135.29	111.51	0.18

区域	石板编号	UCS$_N$（兆帕）	UCS$_L$（兆帕）	（UCS$_N$–UCS$_L$）/UCS$_N$
西侧御道	W4	128.08	108.06	0.16
	W6	142.75	131.7	0.08
	W7	128.82	128.69	0
	W8	144.74	138.39	0.06
	W9	141.76	142.65	0
	W10	153.95	155.69	0
	W11	129.82	113.93	0.13
	W12	146.24	131.45	0.1
	W13	150.96	123.77	0.18
	W14	153.95	138.47	0.11
	W15	115.89	130.98	−0.13
	W16	154.44	141.22	0.09
	W17	116.63	111.44	0.05
	W18	131.81	127.85	0.04
	W19	139.77	130.38	0.07
	W20	148.97	147.73	0.02
	W21	121.61	119.37	0.02

注：回弹强度与里氏硬度强度的比值结果保留 2 位小数。

由上表里氏硬度强度与回弹强度比值经过结果分析，可以发现，二者相差不大，但是回弹强度计算结果普遍大于里氏硬度强度计算结果。并且，这两种强度的差值（UCS$_N$–UCS$_L$）/UCS$_N$ 在 13%-26% 之间，属于高度吻合。

回弹强度与里氏硬度强度比值结果分析表

强度差距	0～10%	11%～20%	21%～26%
占比（%）	45	39	16

从上可以看出，里氏硬度强度与回弹强度差值基本不超过 20%，占 84%；里氏硬度强度与回弹强度差值大于 20% 但不超过 26% 的占比为 16%。

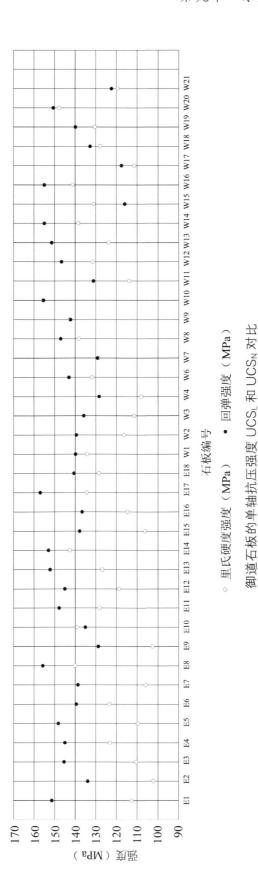

御道石板的单轴抗压强度 UCS_L 和 UCS_N 对比

综上所述，回弹强度与里氏硬度强度相差不大，所以有理由相信回弹强度与里氏硬度强度计算结果都是可靠的。

石板的钻入阻力测试

（1）测试仪器

测试仪器是 The DRMS Cordless 无线阻尼抗钻仪，由意大利 SINT 公司研发并生产的，一台快速测量石材及混凝土的钻削阻力的精确的测量系统。它是通过钻孔的方式，采集不同钻孔 位置上的钻削阻力曲线图，根据单位深度上测得的钻削阻力值波动频率的变化次数及波峰波谷之间的差异状况，来判定被测物体的内部结构。以确定历史建筑中的石材及混凝土的腐朽状况及强度。为评估保护和修缮方案提供可靠的数据支持。测试仪器如下图所示。

无线阻尼抗钻仪示意图

（2）测试过程

首先，钻头位置和钻孔位置起始点的确定。岩石表面的钻孔起始点的位置是通过电子传感器直接由软件自动测得的。因此，钻孔深度测量的起始点也就是被测物体的表面。其次，钻削阻力的测量。钻削阻力测量是以钻孔的方式通过对被测物体施加连续不断的力，采集连续不断的数据，并通过 USB 连接线与计算机相连。自动将测得的钻削阻力显示在直角坐标系中而测得的。可测量的力钻削力的范围在 0 ～ 100N 之间。为了减少因钻头磨损而产生的测量误差，必须使用特制的金刚石钻头。然后，步进电机和旋转电机的控制。步进电机控制进给速度是通过可编程的参数值，RS232 接口连接，采用 PWM 技术控制高输出电流（最大 8A），以保持钻头的进给速度保持不变。旋转电机是通过编码器来控制钻头的转速和位置。

最后，软件操作，DRMS 应用软件由美国国家仪器公司开发，以图形数据表示许多相关的功能。并对加载和保存的数据文件进行归档，全面管理测试数据。全面的测试数据的管理钻削阻力图表显示的钻削阻力是在特定钻孔深度所采集的数据平均值，它以 6 个测试数据为一组，计算数据的相对的平均值画出曲线。

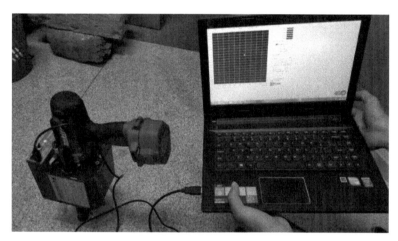

无线阻尼抗钻仪操作过程示意图（一）

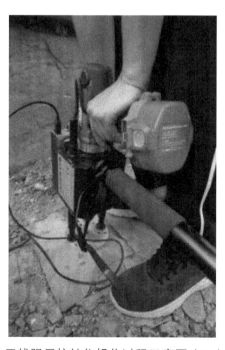

无线阻尼抗钻仪操作过程示意图（二）

（3）测试结果

在永定门御道选取东侧 E5 石板和西侧 W13 的石板作为代表，通过无线阻尼抗钻仪在现场的测试，得出的力与深度曲线图如下图。

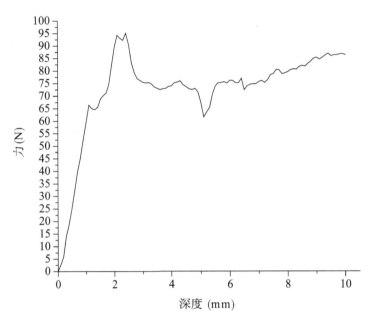

石板 E5 钻入阻力与深度曲线图

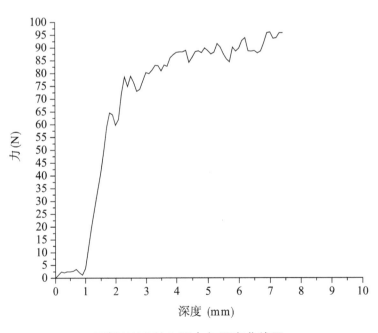

石板 W13 钻入阻力与深度曲线图

分析以上两张测试结果图可以得出，阻力的峰值在 90-100N 之间，而两张图显示阻力峰值都是在深度为 2 毫米处形成的，由此可见测定的永定门御道石板风化深度不超过 2 毫米。

石板的波速值

（1）石板波速测量方法

声波是一种在弹性媒质中传播的纵波。超声波（频率超过 2×10^4 赫兹的声波）在媒质中的传播速度与媒质的特性及状态因素有关，因而通过媒质中声速的测定，可以了解媒质的特性或状态变化。

在此次石板波速的检测中采用 Pundit PL-2 型号的超声检测波速仪，如下图所示。测试时采用 54 千赫频率的探头进行测试，耦合剂采用可孚医用超声耦合剂，该耦合剂为水溶性物质，不会对石板有污染。

石板的波速检测的点选取办法为在石板各个尺寸测量完毕的基础上划分 30 厘米 ×30 厘米或 10 厘米 ×10 厘米的网格，在网格相邻的交点上进行波速检测，其中，交点的编号规则与检测里氏硬度时的网格布置方法一致。现场检测石板波速的形式如下图所示。

Pundit PL-2 型超声检测波速仪及现场波速检测

交点的编号规则是以行列定位进行，如下图所示，是石板检测波速的网格布置及其交点编号。n-m 表示第 n 行第 m 列。

331

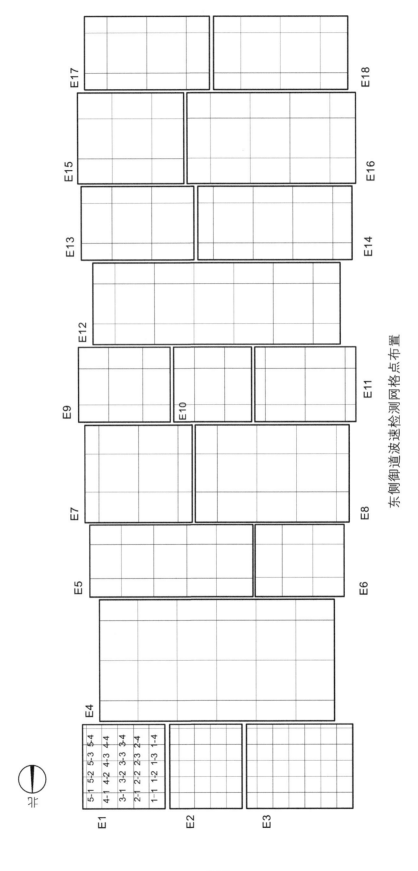

东侧御道波速检测网格点布置

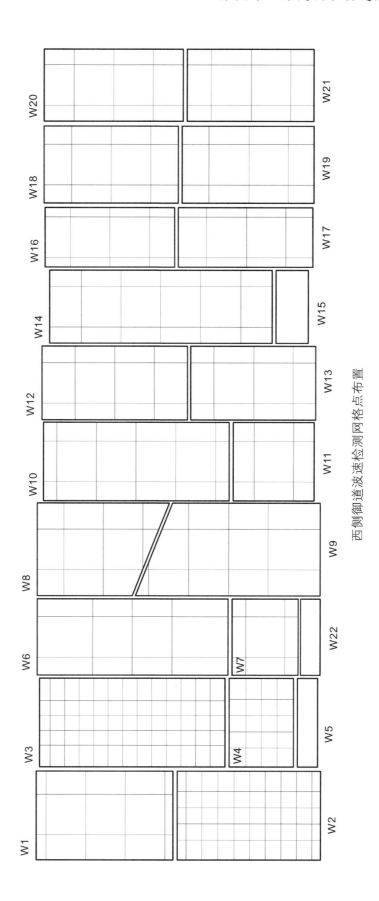

西侧御道波速检测网格点布置

（2）石板波速测量结果

东侧御道石板波速值、平均值及标准差表

石板编号	点号	点号	距离（毫米）	时间（微秒）	波速（米/秒）	平均值	标准差
E1	1-1	1-2	100	19.6	5102	5312	364
	1-2	1-3	100	19.9	5025		
	1-3	1-4	100	18.6	5376		
	1-4	1-5	100	18.4	5435		
	2-1	2-2	100	18.6	5376		
	2-2	2-3	100	19.9	5025		
	2-3	2-4	100	18.0	5556		
	2-4	2-5	100	20.1	4975		
	3-1	3-2	100	17.4	5747		
	3-2	3-3	100	18.2	5495		
	3-3	3-4	100	19.3	5181		
	3-4	3-5	100	18.9	5291		
	4-1	4-2	100	19.1	5236		
	4-2	4-3	100	18.9	5291		
	4-3	4-4	100	17.5	5714		
	4-4	4-5	100	18.8	5319		
	5-1	5-2	100	18.2	5495		
	5-2	5-3	100	18.6	5376		
	5-3	5-4	100	18.2	5495		
	5-4	5-5	100	20.7	4831		
	1-1	2-1	100	17.3	5780		
	2-1	3-1	100	20.0	5000		
	3-1	4-1	100	18.1	5525		
	4-1	5-1	100	20.2	4950		
	1-2	2-2	100	18.3	5464		
	2-2	3-2	100	20.4	4902		
	3-2	4-2	100	19.4	5155		
	4-2	5-2	100	17.1	5848		
	1-3	2-3	100	19.9	5025		
	2-3	3-3	100	21.4	4673		

续表

石板编号	点号	点号	距离（毫米）	时间（微秒）	波速（米/秒）	平均值	标准差
E1	3–3	4–3	100	20.1	4975	5312	364
	4–3	5–3	100	16.0	6250		
	1–4	2–4	100	21.1	4739		
	2–4	3–4	100	19.0	5263		
	3–4	4–4	100	18.0	5556		
	4–4	5–4	100	16.0	6250		
	1–5	2–5	100	21.4	4673		
	2–5	3–5	100	18.4	5435		
	3–5	4–5	100	18.8	5319		
	4–5	5–5	100	18.7	5348		
E2	1–1	1–2	100	18.1	5525	5477	274
	1–2	1–3	100	18.6	5376		
	1–3	1–4	100	17.8	5618		
	1–4	1–5	100	18.2	5495		
	2–1	2–2	100	18.0	5556		
	2–2	2–3	100	20.0	5000		
	2–3	2–4	100	17.5	5714		
	2–4	2–5	100	18.9	5291		
	3–1	3–2	100	16.5	6061		
	3–2	3–3	100	19.4	5155		
	3–3	3–4	100	17.5	5714		
	3–4	3–5	100	17.8	5618		
	4–1	4–2	100	19.6	5102		
	4–2	4–3	100	19.5	5128		
	4–3	4–4	100	18.8	5319		
	4–4	4–5	100	17.5	5714		
	1–1	2–1	100	17.8	5618		
	2–1	3–1	100	19.2	5208		
	3–1	4–1	100	18.5	5405		
	1–2	2–2	100	19.8	5051		
	2–2	3–2	100	18.9	5291		
	3–2	4–2	100	17.3	5780		

续表

石板编号	点号	点号	距离（毫米）	时间（微秒）	波速（米/秒）	平均值	标准差
E2	1–3	2–3	100	17.9	5587	5477	274
	2–3	3–3	100	19.5	5128		
	3–3	4–3	100	17.0	5882		
	1–4	2–4	100	17.3	5780		
	2–4	3–4	100	17.0	5882		
	3–4	4–4	100	17.7	5650		
	1–5	2–5	100	18.2	5495		
	2–5	3–5	100	19.5	5128		
	3–5	4–5	100	18.1	5525		
E3	1–1	1–2	100	19.9	5025	5279	373
	1–2	1–3	100	22.6	4425		
	1–3	1–4	100	18.5	5405		
	1–4	1–5	100	21.6	4630		
	2–1	2–2	100	19.7	5076		
	2–2	2–3	100	19.7	5076		
	2–3	2–4	100	17.9	5587		
	2–4	2–5	100	18.3	5464		
	3–1	3–2	100	19.1	5236		
	3–2	3–3	100	19.9	5025		
	3–3	3–4	100	17.9	5587		
	3–4	3–5	100	18.3	5464		
	4–1	4–2	100	19.7	5076		
	4–2	4–3	100	19.7	5076		
	4–3	4–4	100	18.4	5435		
	4–4	4–5	100	18.2	5495		
	5–1	5–2	100	19.2	5208		
	5–2	5–3	100	20.0	5000		
	5–3	5–4	100	16.8	5952		
	5–4	5–5	100	17.4	5747		
	6–1	6–2	100	18.8	5319		
	6–2	6–3	100	20.2	4950		
	6–3	6–4	100	16.4	6098		
	6–4	6–5	100	18.7	5348		

续表

石板编号	点号	点号	距离（毫米）	时间（微秒）	波速（米/秒）	平均值	标准差
E4	1-1	2-1	300	59.0	5085	4676	454
	2-1	3-1	300	68.5	4380		
	3-1	4-1	300	72.5	4138		
	4-1	5-1	300	66.3	4525		
	5-1	6-1	300	53.6	5597		
	1-2	2-2	300	69.9	4292		
	2-2	3-2	300	56.2	5338		
	3-2	4-2	300	69.0	4348		
	4-2	5-2	300	57.5	5217		
	5-2	6-2	300	57.9	5181		
	1-3	2-3	300	65.4	4587		
	2-3	3-3	300	68.1	4405		
	3-3	4-3	300	67.2	4464		
	4-3	5-3	300	68.6	4373		
	5-3	6-3	300	71.2	4213		
E5	1-1	1-2	300	52.6	5703	4974	440
	2-1	2-2	300	64.3	4666		
	3-1	3-2	300	65.3	4594		
	4-1	4-2	300	60.8	4934		
E6	1-1	1-2	300	61.2	4902	4802	100
	2-1	2-2	300	63.8	4702		
E7	1-1	1-2	300	67.7	4431	4389	202
	1-2	1-3	300	66.4	4518		
	2-1	2-2	300	64.3	4666		
	2-2	2-3	300	70.2	4274		
	3-1	3-2	300	67.8	4425		
	3-2	3-3	300	74.6	4021		
E8	1-1	1-2	300	55.0	5455	5526	128
	1-2	1-3	300	55.0	5455		
	2-1	2-2	300	55.5	5405		
	2-2	2-3	300	52.9	5671		
	3-1	3-2	300	55.2	5435		
	3-2	3-3	300	53.2	5639		

续表

石板编号	点号	点号	距离（毫米）	时间（微秒）	波速（米/秒）	平均值	标准差
E8	4-1	4-2	300	55.5	5405	5526	128
	4-2	4-3	300	52.2	5747		
E9	1-1	1-2	300	89.5	3352	异常	
	2-1	2-2	300	68.2	4399		
E10	1-1	1-2	300	54.2	5535	5535	0
	2-1	2-2	300	54.2	5535		
E11	1-1	1-2	300	63.2	4747	5110	364
	2-1	2-2	300	60.3	4975		
	3-1	3-2	300	53.5	5607		
E12	1-1	1-2	300	64.5	4651	4852	191
	2-1	2-2	300	65.6	4573		
	3-1	3-2	300	59.6	5034		
	4-1	4-2	300	62.6	4792		
	5-1	5-2	300	59.4	5051		
	6-1	6-2	300	59.9	5008		
E13	1-1	1-2	300	56.0	5357	5329	28
	2-1	2-2	300	56.6	5300		
E14	1-1	1-2	300	55.3	5425	5576	112
	2-1	2-2	300	54.4	5515		
	3-1	3-2	300	53.0	5660		
	4-1	4-2	300	52.6	5703		
E15	1-1	1-2	300	56.1	5348	5208	140
	2-1	2-2	300	59.2	5068		
E16	1-1	1-2	300	65.0	4615	4621	396
	2-1	2-2	300	67.7	4431		
	3-1	3-2	300	71.7	4184		
	4-1	4-2	300	57.1	5254		
E17	1-1	1-2	300	57.8	5190	5368	159
	2-1	2-2	300	56.2	5338		
	3-1	3-2	300	53.8	5576		
E18	1-1	1-2	300	54.5	5505	4991	559
	2-1	2-2	300	57.1	5254		
	3-1	3-2	300	71.2	4213		

西侧御道石板波速值、平均值及标准差

石板编号	点号	点号	距离（毫米）	时间（微秒）	波速（米/秒）	平均值	标准差
W1	1-1	1-2	300	57.0	5263	5133	159
	2-1	2-2	300	57.9	5181		
	3-1	3-2	300	57.4	5226		
	4-1	4-2	300	61.7	4862		
W2	1-1	1-2	100	18.5	5405	5080	264
	1-2	1-3	100	18.9	5291		
	1-3	1-4	100	20.6	4854		
	1-4	1-5	100	19.7	5076		
	2-1	2-2	100	20.2	4950		
	2-2	2-3	100	19.1	5236		
	2-3	2-4	100	19.6	5102		
	2-4	2-5	100	19.2	5208		
	3-1	3-2	100	21.4	4673		
	3-2	3-3	100	18.5	5405		
	3-3	3-4	100	18.5	5405		
	3-4	3-5	100	17.8	5618		
	4-1	4-2	100	21.9	4566		
	4-2	4-3	100	18.9	5291		
	4-3	4-4	100	18.1	5525		
	4-4	4-5	100	20.2	4950		
	5-1	5-2	100	19.7	5076		
	5-2	5-3	100	21.0	4762		
	5-3	5-4	100	18.9	5291		
	5-4	5-5	100	20.2	4950		
	6-1	6-2	100	20.0	5000		
	6-2	6-3	100	19.2	5208		
	6-3	6-4	100	19.6	5102		
	6-4	6-5	100	22.1	4525		
	7-1	7-2	100	21.2	4717		
	7-2	7-3	100	19.2	5208		
	7-3	7-4	100	19.6	5102		
	7-4	7-5	100	20.5	4878		

续表

石板编号	点号	点号	距离（毫米）	时间（微秒）	波速（米/秒）	平均值	标准差
W2	8-1	8-2	100	21.2	4717	5080	264
	8-2	8-3	100	19.2	5208		
	8-3	8-4	100	19.6	5102		
	8-4	8-5	100	20.5	4878		
	9-1	9-2	100	20.1	4975		
	9-2	9-3	100	18.5	5405		
	9-3	9-4	100	18.9	5291		
	9-4	9-5	100	20.3	4926		
W3	1-1	1-2	300	58.3	5146	4989	256
	2-1	2-2	300	56.7	5291		
	3-1	3-2	300	65.0	4615		
	4-1	4-2	300	61.2	4902		
W4	1-1	1-2	100	19.2	5208	4992	417
	1-2	1-3	100	20.8	4808		
	1-3	1-4	100	19.2	5208		
	1-4	1-5	100	21.0	4762		
	2-1	2-2	100	20.8	4808		
	2-2	2-3	100	18.3	5464		
	2-3	2-4	100	17.4	5747		
	2-4	2-5	100	22.4	4464		
	3-1	3-2	100	23.5	4255		
	3-2	3-3	100	20.6	4854		
	3-3	3-4	100	18.3	5464		
	3-4	3-5	100	20.6	4854		
W6	1-1	1-2	300	53.7	5587	4565	723
	2-1	2-2	300	73.2	4098		
	3-1	3-2	300	74.8	4011		
W7	2-1	2-2	300	60.9	4926	5001	75
	1-2	2-2	300	59.1	5076		
W8	1-2	2-2	300	54.6	5495	5413	59
	2-1	2-2	300	56.0	5357		
	3-1	3-2	300	55.7	5386		

续表

石板编号	点号	点号	距离 （毫米）	时间 （微秒）	波速 （米/秒）	平均值	标准差
W9	1-1	1-2	260	50.1	5190	5382	146
	2-1	2-2	275	49.9	5511		
	3-1	3-2	300	54.2	5535		
	4-1	3-1	300	56.7	5291		
W10	1-1	1-2	300	54.3	5525	5622	104
	2-1	2-2	300	52.4	5725		
	3-1	3-2	300	54.2	5535		
	4-1	4-2	300	52.0	5769		
	5-1	5-2	300	54.0	5556		
W11	1-1	1-2	300	53.7	5587	5119	468
	2-1	2-2	300	64.5	4651		
W12	1-1	1-2	300	65.0	4615	5309	493
	2-1	2-2	300	53.6	5597		
	3-1	3-2	300	52.5	5714		
W13	1-1	1-2	300	62.4	4808	5409	473
	2-1	2-2	300	50.3	5964		
	3-1	3-2	300	55.0	5455		
W14	1-1	1-2	300	59.8	5017	5147	131
	2-1	2-2	300	57.1	5254		
	3-1	3-2	300	56.5	5310		
	4-1	4-2	300	57.9	5181		
	5-1	5-2	300	60.3	4975		
W16	1-1	1-2	280	45.5	6154	6153	144
	2-1	2-2	300	47.4	6329		
	3-1	3-2	300	50.2	5976		
W17	1-1	1-2	300	73.8	4065	4088	57
	2-1	2-2	300	72.0	4167		
	3-1	3-2	300	74.4	4032		
W18	1-1	1-2	300	53.2	5639	5425	188
	2-1	2-2	300	55.0	5455		
	3-1	3-2	300	57.9	5181		

石板编号	点号	点号	距离 （毫米）	时间 （微秒）	波速 （米/秒）	平均值	标准差
W19	1-1	1-2	300	50.2	5976	5804	167
	2-1	2-2	280	50.2	5578		
	3-1	3-2	300	51.2	5859		
W20	1-1	1-2	300	52.0	5769	5964	141
	2-1	2-2	300	49.2	6098		
	3-1	3-2	300	49.8	6024		
W21	1-1	1-2	300	61.8	4854	4893	83
	2-1	2-2	300	59.9	5008		
	3-1	3-2	300	62.3	4815		

5.3 御道石板的表面裂隙深度测量

由回弹强度与里氏硬度强度比值测量结果可知，E9 石板波速平均值偏小于其他石板波速测量值，经过排查，发现 E9 石板存在一处裂隙，裂隙长度约为 15 厘米，需要对其进行裂隙深度测量。

质文物裂隙测量原理

参考张中俭等人发表在《工程勘察》中的《基于超声波法的石质文物表面裂隙深度测量》一文和北京市地方标准《古建筑结构安全性鉴定技术规范》第二部分附录 C 可知，裂隙分为垂直和斜交于文物表面两种情况，现将两种情况分开讨论。

当裂隙垂直于石质文物表面时。如下图所示，若文物表面不存在裂隙时，超声波从一点 I 沿最短的直线距离传播到另一点 II。由于超声波不能穿透裂隙，当文物内有垂直于表面的裂隙时，超声波将绕射裂隙进行传播，即从点 I 直线传播到点 III，再直线传播到点 II。

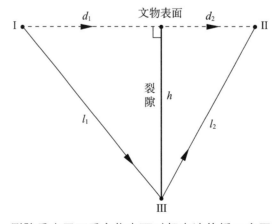

裂隙垂直于石质文物表面时超声波传播示意图

具体测量时，首先在两个超声波测点之间没有裂隙时进行超声波测试。由三维激光扫描仪测量发射和接收换能器之间的距离 l，在超声波仪上读取超声波在岩体中的传播时间 t，根据公式（1）即可得超声波波速 v：

$$v = \frac{1}{t} \tag{1}$$

显然，若不考虑环境变化对石质文物超声波速度的影响，则不管超声波测点之间有无裂隙，该岩石的波速 v 为定值。当两个超声波测点之间有垂直于表面的裂隙时，超声波的传播时间 t 可由超声波仪得到。设裂隙深度为 h，其他几何尺寸如图 1 所示。于是有：

$$\begin{aligned} d_1^2 + h^2 &= l_1^2 \\ d_2^2 + h^2 &= l_2^2 \\ l_1 + l_2 &= vt \end{aligned} \tag{2}$$

由于 d_1、d_2、v、t 为已知数据，解方程组，可求得裂隙深度 h，即：

$$h = \sqrt{\left(\frac{d_1^2 - d_2^2}{vt} + vt\right)^2 / 4 - d_1^2} \tag{3}$$

裂隙测量

利用上述理论，用波速仪对永定门御道石板的裂缝进行深度测量。下图为现场对 E9 石板进行裂缝深度测量。

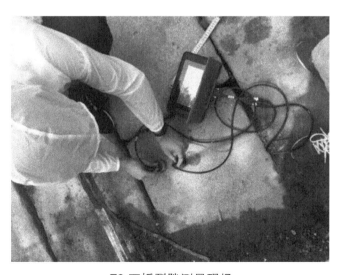

E9 石板裂隙测量现场

343

沿垂直裂隙延伸方向布置测试点，如下图所示。

石板裂隙测量图及换能器的位置

分别将接收和发射换能器分别置于上图中所示的 1、2、4、5 位置，量测距离和时间得：

$$l_{23} = 5\text{cm}, \ l_{34} = 5\text{cm}, \ t_{24} = 24.5\mu s;$$
$$l_{13} = 10\text{cm}, \ l_{34} = 5\text{cm}, \ t_{14} = 35.2\mu s;$$
$$l_{23} = 5\text{cm}, \ l_{35} = 10\text{cm}, \ t_{24} = 35.7\mu s;$$
$$l_{13} = 10\text{cm}, \ l_{35} = 10\text{cm}, \ t_{15} = 39.8\mu s。$$

根据公式（3）解得：

$$h_1 = 2.0\text{cm};$$
$$h_2 = 1.8\text{cm};$$
$$h_3 = 2.2\text{cm};$$
$$h_4 = 2.1\text{cm}。$$

取平均值，得裂隙深度为 $h=2.0\text{cm}$ 所以可知 E9 石板裂隙深度约为 2 厘米。

5.4 御道石板的风化程度评价

为判断御道石板新鲜程度，在永定门公园东西两侧分别各测了 3 个地方新鲜花岗岩的波速，每个地方测 2～3 组波速，如下图所示。

检测东侧新鲜花岗岩台阶、石凳、护栏波速测量图

检测西侧新鲜花岗岩台阶、石凳、护栏波速测量图

新鲜花岗岩测试结果如下表所示。

新鲜花岗岩的波速值表

位置	距离（毫米）	时间（微秒）	波速（米/秒）	平均值（米/秒）	标准差（米/秒）
东侧台阶	300	63.0	4762	4931	228
	300	62.8	4777		
	300	57.1	5254		
东侧石凳	300	58.2	5155	4831	233
	300	63.5	4724		
	300	65.0	4615		
东侧护栏	300	58.0	5172	5095	78
	300	59.8	5017		
西侧台阶	300	61.6	4870	5075	146
	300	58.2	5155		
	300	57.7	5199		
西侧石凳	300	53.1	5650	5691	97
	300	51.5	5825		
	300	53.6	5597		
西侧护栏	300	53.2	5639	5456	184
	300	56.9	5272		

根据石质文物勘察规范，依据工程地质领域经验，可以使用岩石风化系数 F_s 定量描述对永定门御道石板风化程度进行定量描述和评价。取现场新鲜花岗岩波速最大值5691米／秒作为新鲜岩石纵波波速，风化系数可按如下公式确定。

$$F_S = \frac{V_{P0} - V_P}{V_P}$$

其中 F_s 为岩石风化系数；V_{p0} 是新鲜岩石纵波波速（米／秒）；V_p 是风化岩石纵波波速（米／秒）。

岩石风化程度分级表如下表所示。

岩石风化程度分级表

风化程度	风化系数
未风化	$F_s < 0.1$
微风化	$0.1 \leq F_s < 0.25$
弱风化	$0.25 \leq F_s < 0.5$
强风化	$F_s \geq 0.5$

石板的风化系数和风化程度如下表所示。

石板的风化系数和风化程度表

石板编号	石板波速平均值（米／秒）	新鲜花岗岩波速（米／秒）	岩石风化系数	风化程度
E1	5312	5691	0.07	未风化
E2	5477	5691	0.04	未风化
E3	5279	5691	0.08	未风化
E4	4676	5691	0.22	微风化
E5	4974	5691	0.14	微风化
E6	4802	5691	0.19	微风化
E7	4369	5691	0.30	弱风化
E8	5526	5691	0.03	未风化
E9	4399	5691	0.29	弱风化
E10	5535	5691	0.03	未风化
E11	5110	5691	0.11	微风化
E12	4852	5691	0.17	微风化
E13	5329	5691	0.07	未风化
E14	5576	5691	0.02	未风化
E15	5208	5691	0.09	未风化
E16	4621	5691	0.23	微风化

石板编号	石板波速平均值（米/秒）	新鲜花岗岩波速（米/秒）	岩石风化系数	风化程度
E17	5368	5691	0.06	未风化
E18	4991	5691	0.14	微风化
W1	5133	5691	0.11	微风化
W2	5080	5691	0.12	微风化
W3	4989	5691	0.14	微风化
W4	4992	5691	0.14	微风化
W6	4565	5691	0.25	微风化
W7	5001	5691	0.14	微风化
W8	5413	5691	0.05	未风化
W9	5382	5691	0.06	未风化
W10	5622	5691	0.01	未风化
W11	5119	5691	0.11	微风化
W12	5309	5691	0.07	未风化
W13	5409	5691	0.05	未风化
W14	5147	5691	0.11	微风化
W16	6153	5691	−0.08	未风化
W17	4088	5691	0.39	弱风化
W18	5425	5691	0.05	未风化
W19	5804	5691	−0.02	未风化
W20	5964	5691	−0.05	未风化
W21	4893	5691	0.16	微风化

由上表可知，大部分石板处于新鲜未风化状态及微风化状态，E7、E9、W17风化稍重，属于弱风化状态，没有强风化状态的石板。

5.5 小结

经过薄片镜下鉴定、XRD矿物成分、XRF化学成分测试，得知石板石材为花岗岩（花岗岩强度高、耐风化），主要含石英（SiO_2）在67%～77%之间、长石矿物（主要为钾长石，平均含量21%），含少量云母。现场观察到一些石板表面呈现浅肉红色，这是由于岩石中钾长石含量较高的缘故。

石板的工程性质较好，其密度大（2.60克/立方厘米）、吸水率小（1%）、孔隙率小（3%）。石板的单轴抗压强度和硬度高，平均里氏硬度值为755，平均里氏硬度强度 UCS_L 为125兆帕。石板的平均回弹值为62.5，UCS_N 平均值为141兆帕，单轴抗压强度较高。回弹强度与里氏硬度强度相差不大，有理由相信回弹强度与里氏硬度强度计算结果都是可靠的。石板的波速较大（5145 米 / 秒），风化较轻，大部分石板为未风化和微风化，个别石板如 E7、E9、W17 为弱风化。钻入阻力数据显示，石板的风化深度不超过 2 毫米。石板内部无裂隙，仅 E9 石板表面有长约 15 厘米、深约 2 厘米的裂隙。

6. 御道石板的垫层成分及地基土性质

6.1 石板垫层和地基土的矿物成分分析

石板垫层的材料为三合土。三合土是一种建筑材料，它由石灰、黏土和细砂所组成，其实际配比视泥土的含沙量而定。经分层夯实，具有一定强度和耐水性，多用于建筑物的基础或路面垫层。

石板的地基土石板的地基土的位置在石板垫层下方。

石板垫层和地基土的现场取样图和样品图如下图所示，其中 E6 石板下面分别 0 厘米、5 厘米、10 厘米、15 厘米和 20 厘米处取得的土样。

石板垫层和地基土现场取样图

石板垫层和地基土依然采用 XRD 矿物成分测试进行分析，测试结果如下表所示。

御道石板垫层和地基土 X- 射线衍射分析报告表

石板编号	样品号	矿物含量（%）								类型
		石英	钾长石	斜长石	方解石	白云石	黄铁矿	角闪石	黏土矿物	
E6	E6-0	32.8	6.3	13.6	19.1	6.1	/	1.8	20.3	土
	E6-5	11.2	1.1	4.4	72.0	1.0	/	/	10.3	灰
	E6-10	33.6	5.1	18.5	17.2	3.6	0.6	/	21.4	土
	E6-15	37.2	7.7	13.7	23.6	2.2	0.4	1.0	14.2	土
	E6-20	32.6	12.8	23.1	8.7	2.7	/	1.0	19.1	土
E15	E15-2	35.1	14.0	25.0	7.4	5.2	/	1.6	11.7	土
	E15-1	22.7	2.9	9.3	51.6	/	/	0.9	12.6	灰
E13	E13D1	29.0	4.2	27.8	28.7	1.6	/	0.4	8.3	三合土
	E13D2	33.5	3.3	18.3	35.8	1.4	/	0.7	7.0	三合土
E19	W19	17.6	2.3	8.7	53.9	4.6	/	1.0	11.9	灰
	W19D	33.3	2.3	19.0	31.0	7.0	/	/	7.4	三合土
	W19B	28.6	4.2	15.2	34.2	6.3	/	1.4	10.1	三合土
黏土矿物有：伊利石、绿泥石										

具体的御道石板垫层和地基土 XRD 检测结果如下。

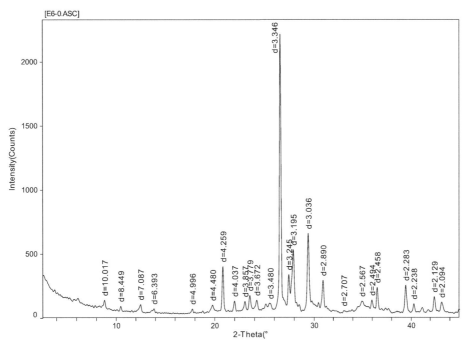

E6-0 X 射线衍射图

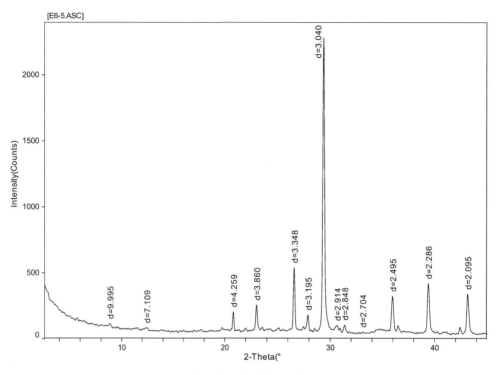

E6-5 X 射线衍射图

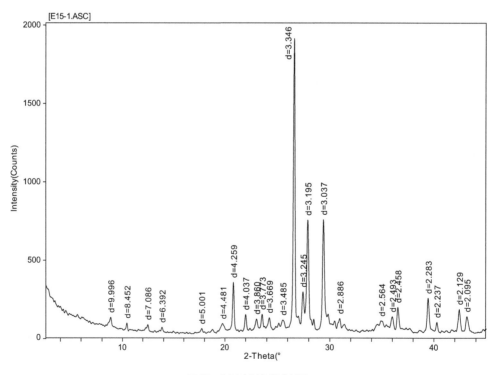

E15-1 X 射线衍射图

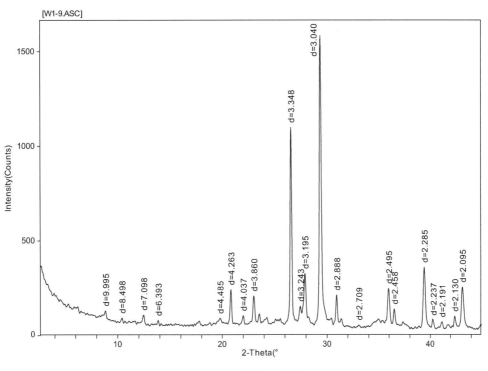

W1-9 X 射线衍射图

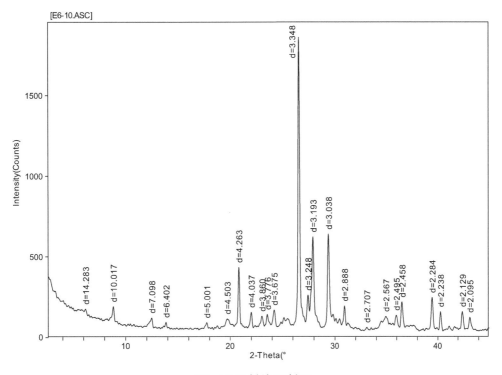

E6-10 X 射线衍射图

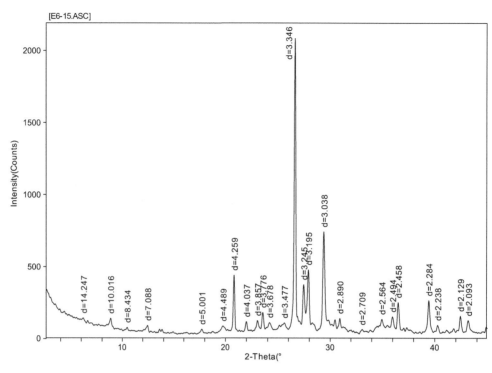

E6-15 X 射线衍射图

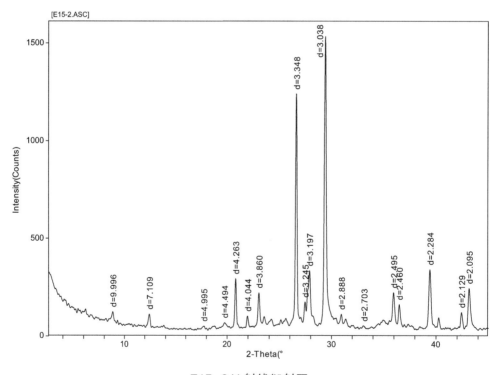

E15-2 X 射线衍射图

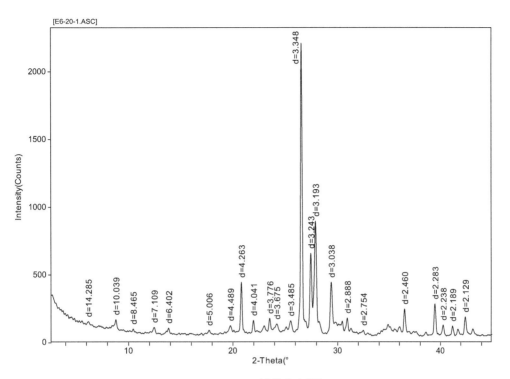

E6-20-1 X 射线衍射图

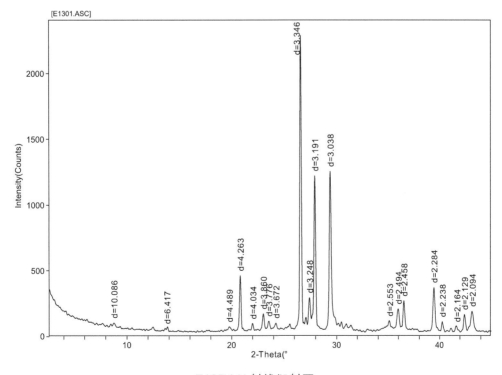

E13D1 X 射线衍射图

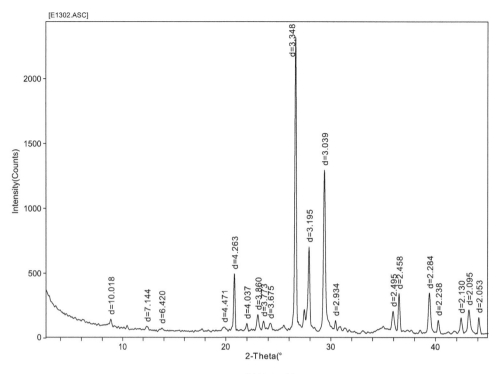

E13D2 X 射线衍射图

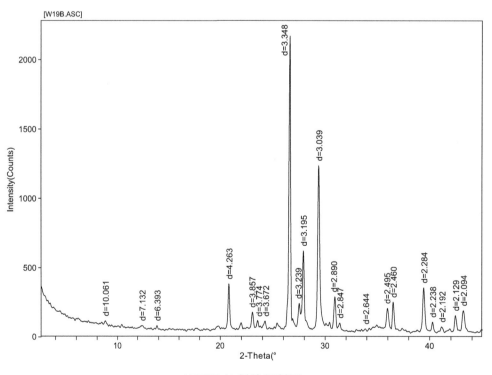

W19D X 射线衍射图

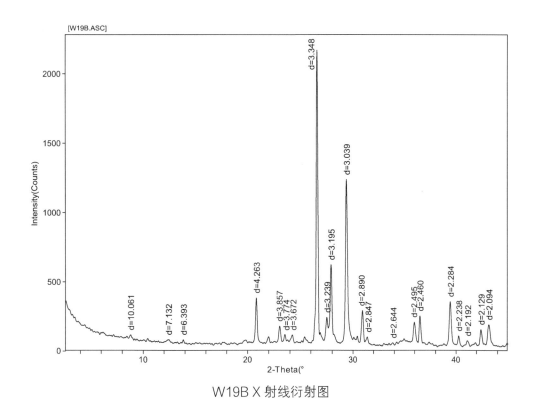

W19B X 射线衍射图

6.2 石板地基土的性质

钻孔取样

采用美国犀牛 HPD 液压取土钻机。该款钻机采用四冲程汽油发动机，以高频振动的方式来输出锤击力，将钻头和钻杆打入土壤中进行取样，这样取样的优点是在钻进是没有任何其他物质的干扰，可以取出还原度非常高的原状土。

在永定门御道勘察中，对 E6 石板底下、W12 和 W13 间隙、W19 底下、W18 和 W19 间隙等四处进行钻孔勘察，分别编号一号钻孔、二号钻孔、三号钻孔、四号钻孔。其中，一号钻孔钻进并取芯 7.01 米，二号钻孔钻进并取芯 7.36 米，三号钻孔钻进并取芯 0.95 米，四号钻孔钻进并取芯 6.56 米。如下图所示，在进行一号钻孔的勘察和总共 4 个钻孔的土芯样。

地基土的物理性质及工程分类

（1）土的粒径

对 2 号钻孔的土样用小刀将其打开，再根据颜色和颗粒粗细黏稠性质进行人工分层，在钻孔深度上共分成十层，在每一层取土样，并在 70 摄氏度条件下烘干至恒重。恒重确定方法为：间隔 24 小时称重的差值不超过第一次称重的 0.1%。然后将试块放在干燥箱内降温至室温 20 摄氏度。

钻机取样

所取土芯

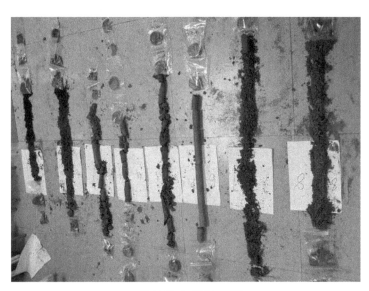

2号钻孔土样展开图

　　将烘干后的土样取出，对其进行粒径划分。实验采用筛分法对永定门 2 号钻孔各层样品进行测试，所选用筛孔径为 2.0 毫米、0.5 毫米、0.25 毫米和 0.075 毫米。称量烘干至恒重的样品质量并记录，准确至 0.1 克。之后将试样倒入依次叠好的筛，然后按照顺时针或逆时针进行筛分。振摇时间为 10 分钟～15 分钟。振摇完成后逐级称取留在各筛上粉末的质量，从而得到筛分后的土样，并进行土的定名。实验结果见下表。

筛分法仪器

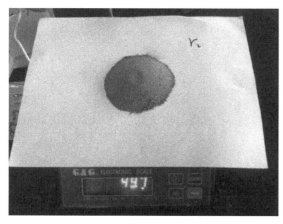

筛分土样称量

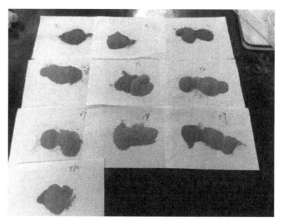

筛分后各层土样

2 号孔筛分法实验结果表

编号	土样质量（克）	>2 毫米质量（克）	>0.5 毫米质量（克）	>0.25 毫米质量（克）	>0.075 毫米质量（克）	<0.075 毫米质量（克）	>0.075 毫米颗粒含量百分比（%）	土的名称	最终分层（米）
1	42.9	2.4	6.5	9.5	38	4.9	88.58	细砂	
2	50.1	0.2	1.1	3.3	48.9	1.2	97.60	细砂	0～1.60
3	41.3	3.4	10.1	12.9	37.7	3.6	91.28	细砂	
4	50.4	1.8	14.6	17.1	46.1	4.3	91.47	细砂	
5	54	7.8	21.2	22.5	44.9	9.1	83.15	粉砂	1.60～2.61
6	56	3.6	18.9	22	48.2	7.8	86.07	细砂	2.61～3.56
7	39.1	1	13.5	17.3	32.5	6.6	83.12	粉砂	3.56～4.51
8	57.5	5.3	26.1	30.7	50.3	7.2	87.48	细砂	4.51～5.71
9	49	2.3	16.5	19.9	39.2	9.8	80.00	粉砂	5.71～6.49
10	35.4	0	1.5	3.9	32.5	2.9	91.81	细砂	6.49～7.36

（2）比重

1）试验过程

按照颗粒划分的结果，2 号孔土层共分成七层，分别从每一层取出土样进行颗粒密度试验。首先研磨土样至颗粒直径为 0.25 毫米。烘干研磨后的粉末至恒重，然后称取大约 10 克，称得质量 m_e。然后向比重瓶中加入大约半瓶蒸馏水，然后加入称好的式样粉末，摇匀。然后将比重瓶放入抽气容器内，抽气到 2 千帕，保持压力，直至不再有气泡上升。取出后慢慢向比重瓶注入水至满瓶，然后让粉末沉淀。最后加水盖上塞子至有少量水从塞子顶溢出，称重 m_1。将比重瓶清空并洗净，然后仅用水将比重瓶装满，称重 m_2。

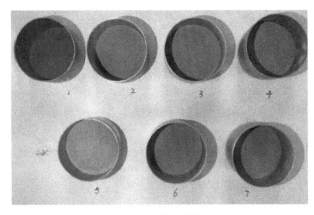

研磨后的土样

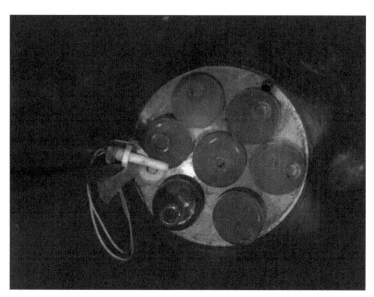

土样于抽气容器中

抽气后瓶加土装满水称量图

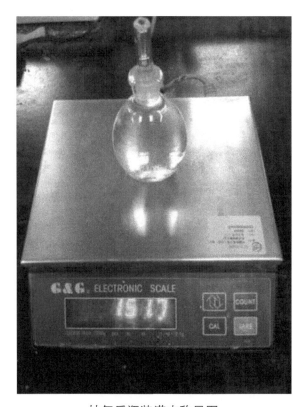

抽气后瓶装满水称量图

七组样品瓶加土装满水示意图

七组样品瓶装满水示意图

2）试验结果

根据上述试验过程记录的数据，分别代入以下公式通过计算可以得到比重。

颗粒密度：

$$G_S = \rho_r = \frac{m_e}{m_e - (m_1 - m_2)} \times \rho_{rh}（20\text{ 摄氏度时，}\rho_{rh} = 1\text{ 克 / 立方厘米}）$$

式中：ρ_r——颗粒密度（克 / 立方厘米）；

m_1——比重瓶装满水和土样粉末的质量（克）；

m_2——比重瓶装满水后的质量（克）；

m_e——土样研磨后烘干得到的质量（克）；

ρ_{rh}——试验中水的密度（克 / 立方厘米），取 1.00 克 / 立方厘米。

试验数据及整理结果如下表所示。

2 号钻孔土样比重测试记录表

编号	取样深度（米）	m_e（克）	m_1（克）	m_2（克）	颗粒密度 ρ_r（克 / 立方厘米）
1	0–1.60	10.5	158.0	151.7	2.500
2	1.60–2.61	9.0	155.8	150.4	2.500
3	2.61–3.56	11.8	150.9	143.8	2.511
4	3.56–4.51	12.3	151.1	143.6	2.562
5	4.51–5.71	11.3	149.3	142.6	2.457

续表

编号	取样深度（米）	m_e（克）	m_1（克）	m_2（克）	颗粒密度 ρ_r（克／立方厘米）
6	5.71–6.49	11.1	150.7	144.0	2.523
7	6.49–7.36	12.5	159.0	151.3	2.604
平均值	/	/	/	/	2.522

（3）含水率

为了能尽量测得原状土样的含水率，通过肉眼对 2 号钻孔进行人工粗略分层，将其分成 7 层。对每一层取出两份土样进行含水率测试，对土样称重得湿土质量 m_0，在 105 摄氏度的恒温下烘干至恒重 m_d。试样的含水率由下式计算可得：

$$w_0 = (\frac{m_0}{m_d} - 1) \times 100$$

试验结果如下表所示。

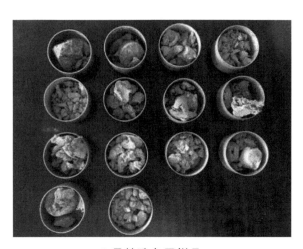

2 号钻孔各层样品

含水率测试结果表

分层数	分层厚度（米）	烘干前质量 m_0（克）	烘干后质量 m_d（克）	含水率 w_0（%）	各层平均含水率 w_0（%）
1	0.00–1.36	47.3	40.4	17.08	16.81
		43.7	37.5	16.53	
2	1.36–2.61	34.8	28.2	23.40	21.15
		42.8	36.0	18.89	
3	2.61–3.56	42.2	35.6	18.54	20.37
		46.8	38.3	22.19	

分层数	分层厚度（米）	烘干前质量 m_0（克）	烘干后质量 m_d（克）	含水率 w_0（%）	各层平均含水率 w_0（%）
4	3.56–4.51	48.8	40.1	21.70	22.28
		47.3	38.5	22.86	
5	4.51–5.46	49.3	41.5	18.80	17.79
		49.4	42.3	16.78	
6	5.46–6.41	49.3	42.8	15.19	19.54
		56.0	45.2	23.89	
7	6.41–7.36	63.2	52.4	20.61	17.85
		49.6	43.1	15.08	

（4）土的干密度

针对永定门 2 号孔的土样，在颗粒划分的七组深度内，分别取样进行七组干密度试验。试验方法采用环刀法，环刀内径为 61.8 毫米，高为 20 毫米。通过利用该一定容积的环刀切取土样，使土样充满环刀，这样环刀的容积即为试样体积。共七组环刀土样。

然后将七组环刀样在 70 摄氏度条件下烘干至恒重。恒重确定方法为：间隔 24 小时称重的差值不超过第一次称重的 0.1%。然后将试样放在干燥箱内降温至室温 20 摄氏度。

将烘干后的环刀土样用电子秤（精度为 0.1 克）进行称重，记录这七组土样的干重，通过下公式进行干密度的计算：

$$\rho = \frac{m}{V} \ (\text{g/cm}^3)$$

土样干密度试验结果如下表所示。

七组环刀土样

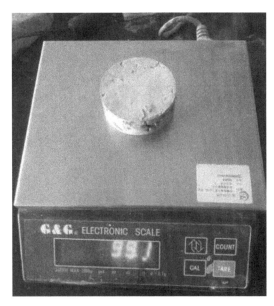

环刀土样干重图

2 号孔地基土干密度结果表

编号	取样深度（米）	干质量 m（克）	体积 V（立方厘米）	干密度（克 / 立方厘米）
1	0–1.60	89.3	60	1.488
2	1.60–2.61	99.6	60	1.660
3	2.61–3.56	103.1	60	1.718
4	3.56–4.51	99.1	60	1.652
5	4.51–5.71	109.5	60	1.825
6	5.71–6.49	95.4	60	1.590
7	6.49–7.36	97.0	60	1.617
平均值	/	/	/	1.650

地基土的力学强度

根据《GBT 50123 土工试验方法标准》，对 2 号钻孔土样进行直剪试验，直剪试验类型为快剪试验。对每一层选取 4 个土样切成环刀样形成一组，共 7 组。分别在 50 千帕，100 千帕，200 千帕，300 千帕的荷载下进行直剪。以 0.8 毫米 / 分钟的速率采样，当剪切量到 8 毫米时，直剪停止。再将土样取出，进行第二组试验。如此循环，共做了七组试验。分别记录每一组的直剪测试结果，得到每一组的抗剪强度与垂直压力关系曲线，从而得到每一组土样在各自含水率下的抗剪强度参数。

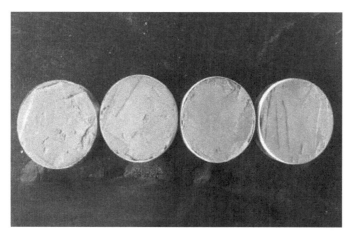

土样剪切前

土样剪切后

地基土的直剪试验过程图

365

2 号孔地基土的直剪试验测试结果表

组数	编号	含水率（%）	荷重（千帕）	抗剪强度（千帕）	黏聚力 c（千帕）	内摩擦角 φ（度）	取样深度（米）
1	1	16.81	50	61.2	26.22	25.2	0–1.60
	2		100	61.4			
	3		200	114.9			
	4		300	172.6			
2	1	21.15	50	87.5	34.36	22.3	1.60–2.61
	2		100	39.9			
	3		200	105.3			
	4		300	170.8			
3	1	20.37	50	34.3	27.46	13.6	2.61–3.56
	2		100	66.8			
	3		200	58.7			
	4		300	107.4			
4	1	22.28	50	23.8	11.3	15.8	3.56–4.51
	2		100	40.9			
	3		200	69.6			
	4		300	95.1			
5	1	17.79	50	48.6	30.16	19	4.51–5.71
	2		100	63.4			
	3		200	98			
	4		300	134.2			
6	1	19.54	50	48.1	16.44	27.8	5.71–6.49
	2		100	61.7			
	3		200	123.1			
	4		300	175			
7	1	17.85	50	75.1	22.66	28.3	6.49–7.36
	2		100	61.5			
	3		200	96.7			
	4		300	207.5			

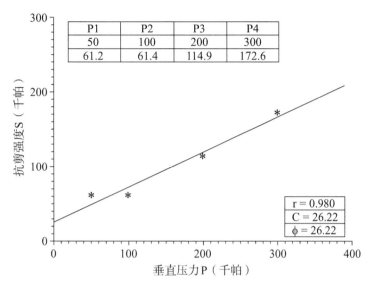

2号孔第1组抗剪强度与垂直压力关系曲线

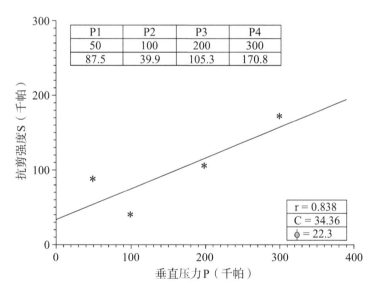

2号孔第2组抗剪强度与垂直压力关系曲线

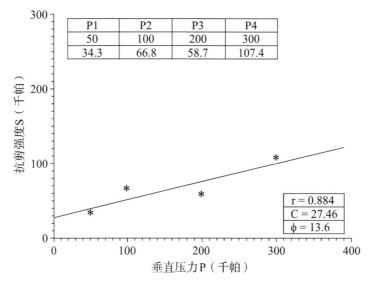

P1	P2	P3	P4
50	100	200	300
34.3	66.8	58.7	107.4

r = 0.884
C = 27.46
φ = 13.6

2号孔第3组抗剪强度与垂直压力关系曲线

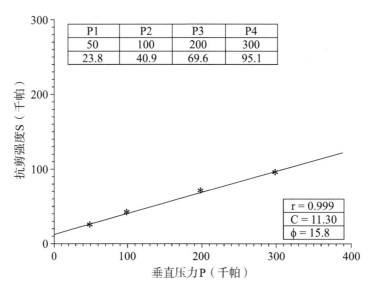

P1	P2	P3	P4
50	100	200	300
23.8	40.9	69.6	95.1

r = 0.999
C = 11.30
φ = 15.8

2号孔第4组抗剪强度与垂直压力关系曲线

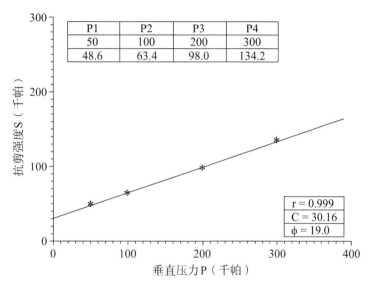

P1	P2	P3	P4
50	100	200	300
48.6	63.4	98.0	134.2

r = 0.999
C = 30.16
φ = 19.0

2 号孔第 5 组抗剪强度与垂直压力关系曲线

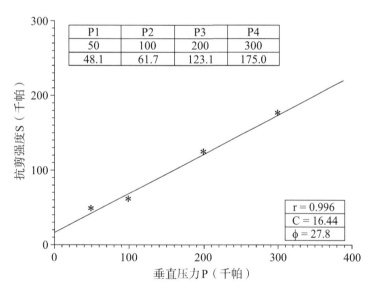

P1	P2	P3	P4
50	100	200	300
48.1	61.7	123.1	175.0

r = 0.996
C = 16.44
φ = 27.8

2 号孔第 6 组抗剪强度与垂直压力关系曲线

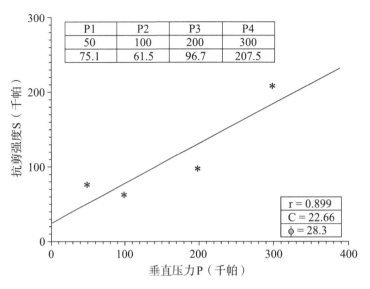

P1	P2	P3	P4
50	100	200	300
75.1	61.5	96.7	207.5

r = 0.899
C = 22.66
φ = 28.3

2 号孔第 7 组抗剪强度与垂直压力关系曲线

地基承载力

按《建筑地基基础设计规范》（GB 50007-2011）确定 2 号孔的地基承载力。它是基于正常使用极限状态的设计，设计中使用容许承载力。2 号孔位于永定门 W12 石板与 W13 石板之间的土体中，钻孔深度为 7.38 米。通过上述实验对 2 号孔的分层情况进行该孔位的地基承载力的计算。该规范给出的计算公式为：

$$f_a = M_b \lambda b + M_d \lambda_m d + M_c c_k$$

式中：f_a——地基承载力的特征值；

M_b、M_d、M_c——承载力系数，可按规范中承载力系数表取值；

b——基础的宽度，大于 6 米按 6 米取值，对于砂土小于 3 米按 3 米取值；

d——基础埋置深度，一般自室外地面标高算起；

γ——基底以下土的加权平均重度，潜水位以下取浮重度；

γ_m——基底以上土的加权平均重度，潜水位以下取浮重度；

c_k、φ_k——基底以下 1 倍底宽 b 内的地基土内摩擦角和黏聚力标准值。

石板为矩形状，可当成条形基础。量测石板尺寸得到石板宽 b 为 0.545 米，石板厚度 d 为 0.2 米。通过颗粒划分得到 2 号孔下的土样全为砂土，且石板宽度 b 为 0.545 米 <3 米，故基底宽度按照 3 米取值。由于土体为七层不均匀质土，因此对这七层土进行相关参数的加权平均。如下表所示。

2号孔分层土样物理参数表

土层编号	分层厚度（米）	黏聚力 c（千帕）	内摩擦角（度）	土体密度（克/立方厘米）	土体重度（千牛/立方米）
1	1.600	26.2	25.2	1.488	14.880
2	1.010	34.4	22.3	1.660	16.600
3	0.950	27.5	13.6	1.718	17.180
4	0.950	11.3	15.8	1.652	16.520
5	1.200	30.2	19.0	1.825	18.250
6	0.780	16.4	27.8	1.590	15.900
7	0.870	22.7	28.3	1.617	16.170
加权平均值	/	24.8	21.7	/	16.435

因此，2号孔基底以下土的加权平均重度 γ=16.435千牛/立方米，基底以上土的加权平均重度 γ_m 为14.880千牛/立方米。由于石板基底宽为0.545，故 c_k、φ_k 取第一层土的内摩擦角和黏聚力，c_k=26.2千帕，φ_k=225.2°。

通过 φ_k=225.200° 查用规范规定的承载力系数表得 M_b、M_d、M_c 的值分别为0.95、4.12、6.7。

代入上式，得

$$fa = 0.95 \times 16.435 \times 3 + 4.12 \times 14.880 \times 0.2 + 6.7 \times 26.2 \approx 234.775\ \text{千帕}$$

因为石板的荷载仅为5～7千帕，故该地基的承载力没有问题。

6.3 小结

人工掀开东侧御道的E6、E13石板和西侧御道的W4、W19石板，发现E13和W19下方布满三合土（厚度约3厘米），石板四周有纯度较高的石灰；而E6和W4下方无三合土垫层，仅石板四周有纯度较高的石灰。纯度较高的石灰分布于石板四周缝隙下方，分析这是石板铺就后在石板四周的缝隙内人工灌入石灰浆。

（1）三合土的比例和成分

经XRD测试可知，御道石板下方三合土中方解石（$CaCO_3$）含量为28.7%～34.2%（质量百分比）。而古代铺设三合土时使用的石灰是生石灰（CaO）熟化后生成的熟石灰（$Ca(OH)_2$），而非 $CaCO_3$。而 $CaCO_3$ 是 $Ca(OH)_2$ 经过长时间碳化后的产物，即熟石灰和空气中的 CO_2 结合所生成的。

根据 $Ca(OH)_2$ 和 $CaCO_3$ 摩尔质量的换算关系，三合土中熟石灰的含量为方解石（$CaCO_3$）含量的 74%（质量百分比）。而熟石灰的密度为 2.2 克 / 立方厘米，土的密度取为 1.7 克 / 立方厘米，这样三合土中熟石灰的体积含量为 16.4% ~ 19.5%。另外，考虑到 XRD 矿物成分测试结果中还含有 1.4% ~ 7.0% 的白云石（$MgCa(CO_3)_2$），白云石应该是生石灰中含有 MgO 所产生的，也即三合土中的石灰除了由 CaO 生成的 Ca（OH）₂，还有少量的 Mg（OH）₂。根据以上分析，可以认为三合土中的灰土比（体积比）为 2：8，即该三合土为俗称的二八土。

另外，经过对 3 组三合土进行颗分，发现粒径大于 2 毫米的占 1.3%、8.1%、12.2%，说明三合土中没有掺加砂子。根据 XRD 的测试结果，可知三合土仅有熟石灰和土。

（2）石板地基土主要为细砂和粉砂，抗剪强度值较高，满足地基的整体稳定性。然而，石板地基土的含水率较高（可达 20%），并且地基土中含有约 20% 左右的黏土矿物（以伊利石和绿泥石为主），黏土矿物具有吸水膨胀、失水收缩的性质，在地表水（降水、浇水）的反复循环作用下，导致部分地基土流失。测平仪的测试结果也显示，石板表面不平整：西侧石板高度相差 105 毫米，而东侧石板高度相差 121 毫米，石板悬空后容易产生较大的拉应力。

（3）根据太沙基地基承载力理论计算永定门御道底下土的承载力，计算结果为 234.775 千帕，此外，御道石板荷载仅为 5 千帕 ~ 7 千帕，故御道底下土的承载力足够大，可以支持石板与行人的荷载。

7. 御道石板的安全性评价

7.1 御道石板的受力模型分析

假设行人的体重为 70 千克，双脚与地面的接触面积为 0.04 立方米，则行人静止站立于石板上时，施加在石板表面的压强为：

$$P_{静} = \frac{G}{s} = \frac{70 \times 9.8}{0.04} = 17150 帕$$

当行人活动于石板上时，应当考虑动荷载所产生的影响。《建筑结构可靠性设计统一标准》GB50068-2018 中规定，动荷载分项系数 γ_Q 取 γ_Q=1.4，则作用于石板表面的压强为：

$$P_{动} = 17150 \times 1.4 = 24000 帕$$

在进行力学计算时，应当充分考虑石板在不利状态下的使用情况，分别建立正常使用情况下的模型、极限状态受静荷载的模型、极限状态受动荷载的模型，并得出石板的变形量和拉压应力值。

查阅《工程地质手册（第 5 版）》岩石力学性质指标的经验数据知，对于花岗岩，其弹性模量取值区间为（$1.4\sim5.6$）$\times10^4$ 兆帕；泊松比 ν 取值区间为 0.36～0.16。根据现场对石板声速和硬度的测量结果，计算得弹性模量 $E=4.0\times10^4$ 兆帕，泊松比 $\nu=0.21$。

花岗岩石板和垫层之间无空隙，二者紧密接触，处于正常使用状态，石板受到均布的行人动荷载作用，石板的受力和位移响应，此时建立模型如下图所示：

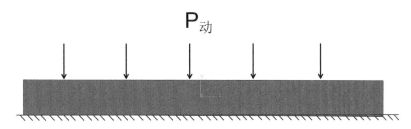

石板处于正常使用状态受到均布的行人动荷载作用模型

花岗岩石板和垫层之间有空隙，二者分离，石板处于非正常使用状态。将此种情况简化为最不利的悬臂梁模型，分别分析石板受到均布的行人静荷载和动荷载时，石板的受力和位移响应，此时建立模型如下图所示：

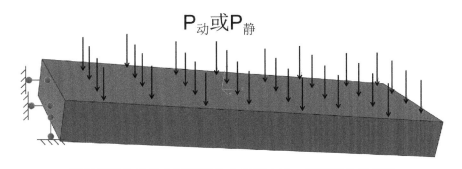

石板极限使用状态下受到均布的行人动、静荷载作用模型

7.2 御道石板的受力和位移分析

理论依据

（1）胡克定律

胡克定律表明，材料在轴向拉伸和压缩的过程中，当材料处于弹性限度内时，杆件的轴向变形与轴力和材料的自身长度成正比，而与材料的横截面面积成反比，引入

比列常数 E，则有：

$$\Delta l = \frac{Nl}{EA}$$

式中：Δl——材料的变形量，单位：米；

　　　N——轴向压力，单位：千牛；

　　　E——材料的弹性模量，单位：帕；

　　　A——材料的截面面积，单位：平方米。

当分析石板处于正常使用状态下的变形量时，可以采用该公式进行计算。

（2）虚功原理

虚功原理阐明，对于一个静态平衡的系统，所有外力的作用，经过虚位移，所作的虚功，总和等于零。考虑一个由一群粒子组成，呈静态平衡的系统。作用于任何一个粒子 Pi 的净力等于零。作用于任何一个粒子 Pi 的净力，经过虚位移，所做的虚功为零。因此，所有虚功的总和也是零。

当分析石板处于非正常使用极限状态下的变形量时，可以采用该原理进行计算。

正常使用条件下石板的变形情况

以 W14 石板为例，计算石板的压缩变形响应。W14 石板尺寸为长 × 宽 × 高 =1680 毫米 ×540 毫米 ×160 毫米，弹性模量 E=4.0×10⁴兆帕，受到动荷载 $P_{动}$=24000 帕作用，则：

$$\Delta l = \frac{Nl}{EA} = 1.0 毫米$$

同样以 W14 石板为例，将其简化为二维简支梁模型如下图所示。

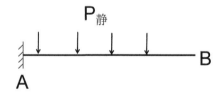

石板极限使用状态下受到均布的行人静荷载作用二维模型

石板惯性矩为：

$$I = \frac{bh^3}{12} = 1.84 \times 10^{-4} m^4$$

所受均布荷载为：

$$q = Pw = 9.46\text{kN}/\text{m}$$

则 A 点剪力 F_A 和弯矩 M_A 为：

$$F_A = ql = 15.89\text{kN}$$

$$M_A = \frac{ql^2}{2} = 13.35\text{kN}\cdot\text{m}$$

B 点的位移为：

$$d_B = \int \frac{MM_p}{EI} = 127\text{mm}$$

将荷载换为动荷载，即可得到 B 点的位移为 177 毫米。

同理，我们使用理论计算的方法计算其他石板在三种使用条件下的位移响应情况如下表所示。

理论计算石板在正常使用和非正常使用条件下的位移响应值表（单位：毫米）

石板编号	正常使用条件	非正常使用条件	
	动荷载	静荷载	动荷载
W14	0.1	127	177
W5	0.06	123	171
W17	0.1	44	60
W19	0.07	49	65
W11	0.04	91	127
W9	0.08	64	89
W8	0.06	116	162
W6	0.08	179	251
E3	0.05	110	158
E4	0.1	180	251
E5	0.07	45	61
E12	0.1	103	143
E10	0.04	144	246
E13	0.05	46	68
E15	0.05	56	77

数值模拟

采用理论计算的方法，建立的模型是二维状态，无法反应石板各个点的变形和受力响应情况。为使石板的受力变形情况更加生动直观，现采用数值模拟的方法进行计算并验证理论模型的正确性。拟采用有限元软件 abaqus 建模分析。

以 W14 石板为例，分析石板在正常使用和非正常使用时，在受到人群静荷载和动荷载作用时的受力和变形情况。

W14 石板正常使用条件下时，运算得到石板变形如下图所示。

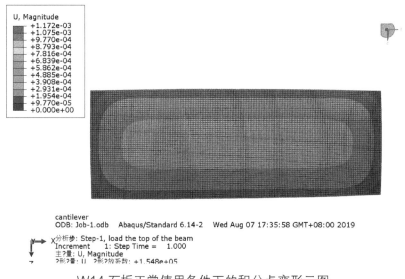

W14 石板正常使用条件下的积分点变形云图

由上图可知，石板受力时，中间区域变形量较小，由中间向两边变形量逐渐增大，在四个节点处变形量最大，查询值最大变形量 =1.2 毫米。

石板的受力情况如下图所示。

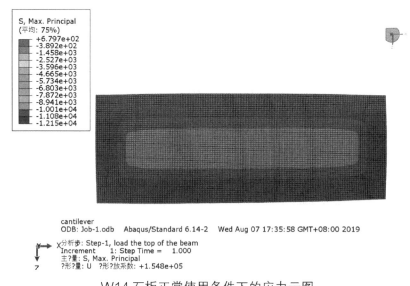

W14 石板正常使用条件下的应力云图

Abaqus 中，默认拉应力为正，压应力为负。观察应力云图知，石板中间区域受到压应力，由中间向两边压应力逐渐减小并在四个节点处产生拉应力。查询值最大拉应力 =680 帕，最大压应力 =12150 帕。

当石板下方垫土流失产生空洞，极限情况为仅有一侧受力时，将模型简化为悬臂梁结构，石板处于极限使用条件时在人群动荷载作用时，运算得到石板变形如下图所示。

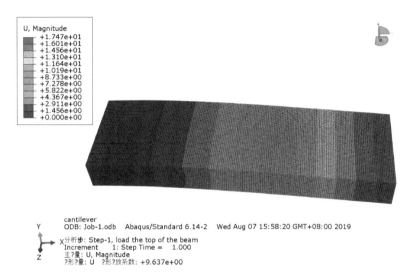

假设 W14 石板处于极限使用条件时在人群动荷载作用下积分点变形云图

由上图可知，当垫土流失，石板受力时，由支撑点向另一边变形量逐渐增大，在石板另一侧处变形量最大，查询值最大变形量 =175 毫米。

石板的受力情况如下图所示。

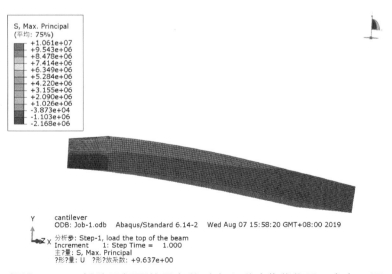

假设 W14 石板处于极限使用条件时在人群动荷载作用下应力云图

观察应力云图知，石板左侧上部区域受到拉应力应力，由左向右拉应力逐渐减小并在中间上部处产生拉应力。石板下部受压应力，查询值最大拉应力 =10.6 兆帕，最大压应力 =2.2 兆帕。

施加静荷载时，运算得到石板变形如下图所示。

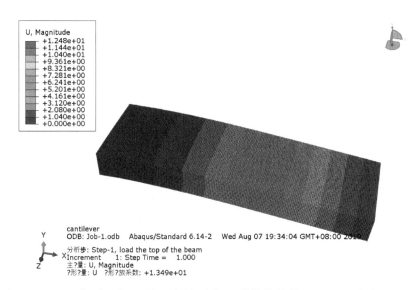

假设 W14 石板处于极限使用条件时在人群静荷载作用下积分点变形云图

由上图可知，当垫土流失，石板受力时，由结点向另一边变形量逐渐增大，在石板另一侧处变形量最大，查询值最大变形量 =125 毫米。

施加静荷载时，石板的受力情况如下图所示。

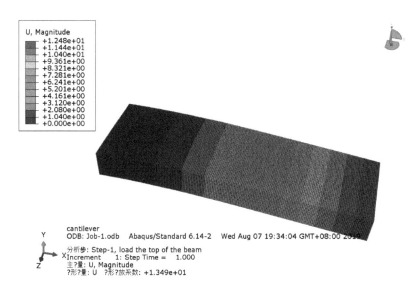

假设 W14 石板处于极限使用条件时在人群静荷载作用下应力云图

观察应力云图知，石板左侧上部区域受到拉应力应力，由左向右拉应力逐渐减小并在中间上部处产生拉应力。石板下部受压应力，查询值最大拉应力 =7.6 兆帕，最大压应力 =1.6 兆帕。

同理，我们使用软件模拟的方法计算其他石板在三种使用条件下的位移响应情况如下表所示。

软件模拟石板在正常使用和非正常使用条件下的位移响应值表（单位：毫米）

石板编号	正常使用条件	非正常使用条件	
	动荷载	静荷载	动荷载
W14	0.1	125	175
W5	0.07	121	169
W17	0.1	42	59
W19	0.08	48	67
W11	0.07	96	134
W9	0.1	69	96
W8	0.1	124	173
W6	0.07	273	383
E3	0.1	108	151
E4	0.1	189	264
E5	0.1	45	63
E12	0.07	107	149
E10	0.08	188	263
E13	0.07	43	61
E15	0.06	53	74

应力响应情况如下表所示。

软件模拟石板在正常使用和非正常使用条件下的应力响应值表（单位：帕）

石板编号	正常使用条件		非正常使用条件			
	动荷载		静荷载		动荷载	
	拉应力	压应力	拉应力	压应力	拉应力	压应力
W14	680	12150	7.6×10^6	1.6×10^6	10.6×10^6	2.2×10^6
W5	1054	9477	2.8×10^6	6.0×10^5	4.0×10^6	8.3×10^5
W17	648	11720	5.0×10^6	9.3×10^5	6.4×10^6	1.3×10^6

续表

石板编号	正常使用条件		非正常使用条件			
	动荷载		静荷载		动荷载	
	拉应力	压应力	拉应力	压应力	拉应力	压应力
W19	606	11130	5.2×10^6	1.1×10^6	7.3×10^6	1.5×10^6
W11	583	10830	2.4×10^6	4.9×10^5	3.4×10^6	6.9×10^5
W9	1201	12130	5.4×10^6	1.1×10^6	7.5×10^6	1.6×10^6
W8	1267	12170	5.6×10^6	1.1×10^6	7.9×10^6	1.5×10^6
W6	427	8960	1.2×10^7	2.4×10^6	1.7×10^7	3.3×10^6
E3	570	11800	2.3×10^6	4.8×10^5	3.2×10^6	6.7×10^5
E4	689	12250	9.3×10^6	2.0×10^6	1.3×10^7	2.8×10^6
E5	668	11980	4.6×10^6	9.5×10^5	6.5×10^6	1.3×10^6
E12	559	10540	2.7×10^7	5.7×10^6	3.8×10^7	8.0×10^6
E10	602	11090	3.3×10^6	6.8×10^5	4.6×10^6	9.5×10^5
E13	632	10600	5.3×10^6	1.1×10^6	7.4×10^6	1.5×10^6
E15	530	10200	6.1×10^6	1.3×10^6	8.5×10^6	1.8×10^6

其他石板的数值模拟结果如下。

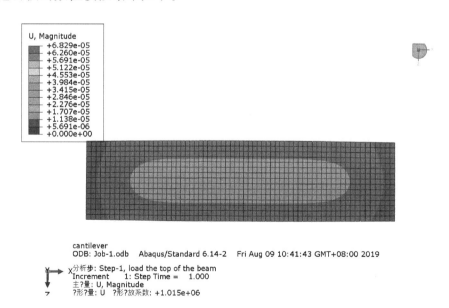

W5 石板正常使用条件下的积分点变形云图

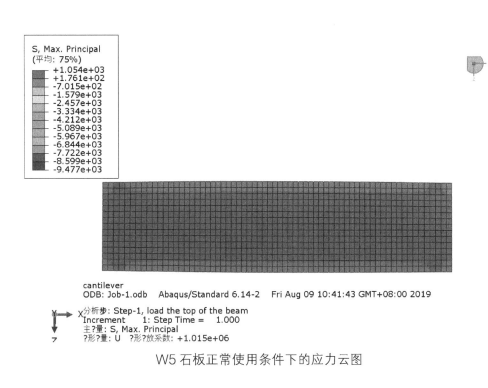

S, Max. Principal
(平均: 75%)
+1.054e+03
+1.761e+02
-7.015e+02
-1.579e+03
-2.457e+03
-3.334e+03
-4.212e+03
-5.089e+03
-5.967e+03
-6.844e+03
-7.722e+03
-8.599e+03
-9.477e+03

cantilever
ODB: Job-1.odb   Abaqus/Standard 6.14-2   Fri Aug 09 10:41:43 GMT+08:00 2019

分析步: Step-1, load the top of the beam
Increment   1: Step Time =   1.000
主?量: S, Max. Principal
?形?量: U   ?形?放系数: +1.015e+06

W5 石板正常使用条件下的应力云图

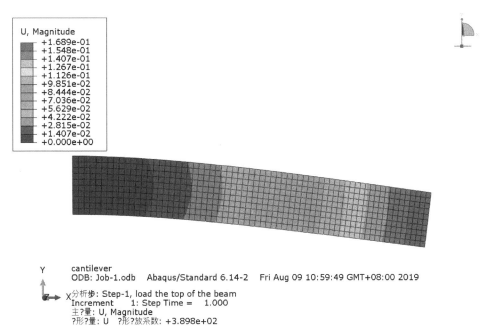

U, Magnitude
+1.689e-01
+1.548e-01
+1.407e-01
+1.267e-01
+1.126e-01
+9.851e-02
+8.444e-02
+7.036e-02
+5.629e-02
+4.222e-02
+2.815e-02
+1.407e-02
+0.000e+00

cantilever
ODB: Job-1.odb   Abaqus/Standard 6.14-2   Fri Aug 09 10:59:49 GMT+08:00 2019

分析步: Step-1, load the top of the beam
Increment   1: Step Time =   1.000
主?量: U, Magnitude
?形?量: U   ?形?放系数: +3.898e+02

假设 W5 石板处于极限使用条件时在人群动荷载作用下积分点变形云图

381

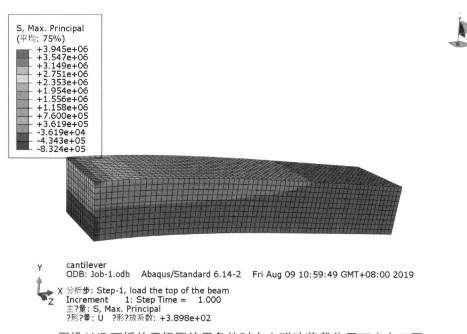

S, Max. Principal
(平均: 75%)
+3.945e+06
+3.547e+06
+3.149e+06
+2.751e+06
+2.353e+06
+1.954e+06
+1.556e+06
+1.158e+06
+7.600e+05
+3.619e+05
-3.619e+04
-4.343e+05
-8.324e+05

cantilever
ODB: Job-1.odb   Abaqus/Standard 6.14-2   Fri Aug 09 10:59:49 GMT+08:00 2019

分析步: Step-1, load the top of the beam
Increment   1: Step Time =   1.000
主?量: S, Max. Principal
?形?量: U   ?形?放系数: +3.898e+02

假设 W5 石板处于极限使用条件时在人群动荷载作用下应力云图

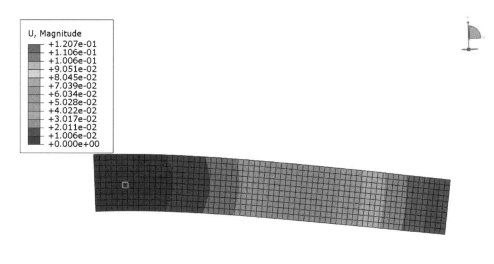

U, Magnitude
+1.207e-01
+1.106e-01
+1.006e-01
+9.051e-02
+8.045e-02
+7.039e-02
+6.034e-02
+5.028e-02
+4.022e-02
+3.017e-02
+2.011e-02
+1.006e-02
+0.000e+00

cantilever
ODB: Job-1.odb   Abaqus/Standard 6.14-2   Fri Aug 09 11:08:11 GMT+08:00 2019

分析步: Step-1, load the top of the beam
Increment   1: Step Time =   1.000
主?量: U, Magnitude
?形?量: U   ?形?放系数: +5.455e+02

假设 W5 石板处于极限使用条件时在人群静荷载作用下积分点变形云图

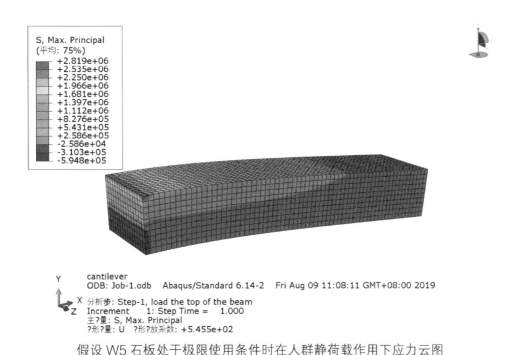

S, Max. Principal
(平均: 75%)
+2.819e+06
+2.535e+06
+2.250e+06
+1.966e+06
+1.681e+06
+1.397e+06
+1.112e+06
+8.276e+05
+5.431e+05
+2.586e+05
-2.586e+04
-3.103e+05
-5.948e+05

Y
X
Z

cantilever
ODB: Job-1.odb   Abaqus/Standard 6.14-2   Fri Aug 09 11:08:11 GMT+08:00 2019
分析步: Step-1, load the top of the beam
Increment   1: Step Time =   1.000
主?量: S, Max. Principal
?形?量: U ?形?放系数: +5.455e+02

假设 W5 石板处于极限使用条件时在人群静荷载作用下应力云图

U, Magnitude
+1.088e-04
+9.975e-05
+9.068e-05
+8.161e-05
+7.254e-05
+6.347e-05
+5.441e-05
+4.534e-05
+3.627e-05
+2.720e-05
+1.814e-05
+9.068e-06
+0.000e+00

cantilever
ODB: Job-1.odb   Abaqus/Standard 6.14-2   Fri Aug 09 16:23:14 GMT+08:00 2019
X 分析步: Step-1, load the top of the beam
Increment   1: Step Time =   1.000
主?量: U, Magnitude
?形?量: U ?形?放系数: +1.009e+06

W17 石板正常使用条件下的积分点变形云图

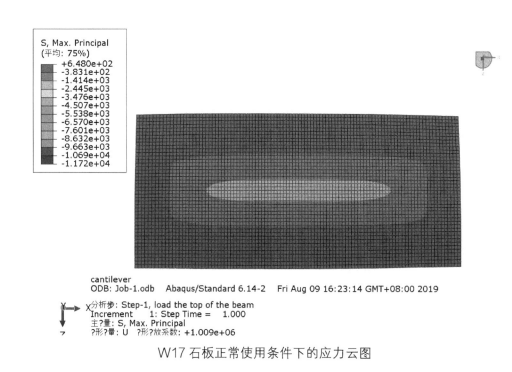

W17 石板正常使用条件下的应力云图

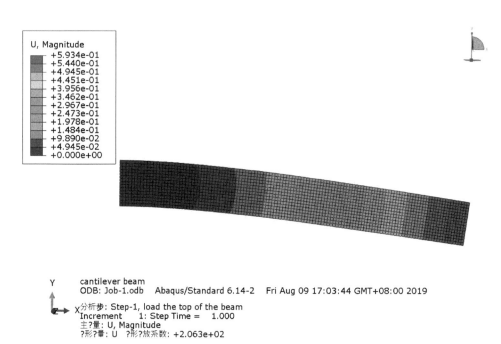

假设 W17 石板处于极限使用条件时在人群动荷载作用下积分点变形云图

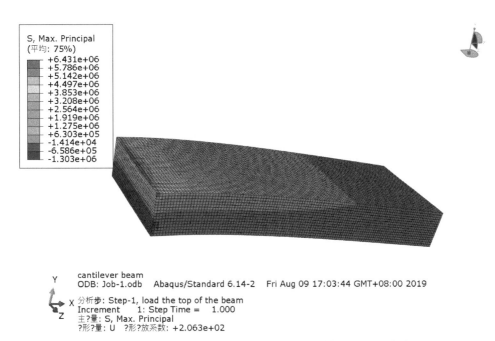

假设 W17 石板处于极限使用条件时在人群动荷载作用下应力云图

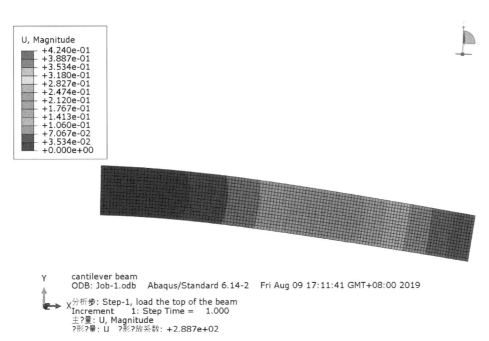

假设 W17 石板处于极限使用条件时在人群静荷载作用下积分点变形云图

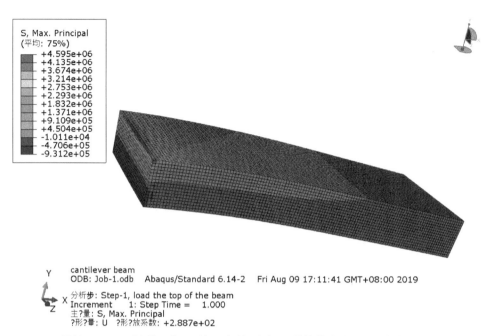

S, Max. Principal
(平均: 75%)
+4.595e+06
+4.135e+06
+3.674e+06
+3.214e+06
+2.753e+06
+2.293e+06
+1.832e+06
+1.371e+06
+9.109e+05
+4.504e+05
-1.011e+04
-4.706e+05
-9.312e+05

Y
X
Z
cantilever beam
ODB: Job-1.odb   Abaqus/Standard 6.14-2   Fri Aug 09 17:11:41 GMT+08:00 2019
分析步: Step-1, load the top of the beam
Increment   1: Step Time =   1.000
主?量: S, Max. Principal
?形?量: U   ?形?放系数: +2.887e+02

假设 W17 石板处于极限使用条件时在人群静荷载作用下应力云图

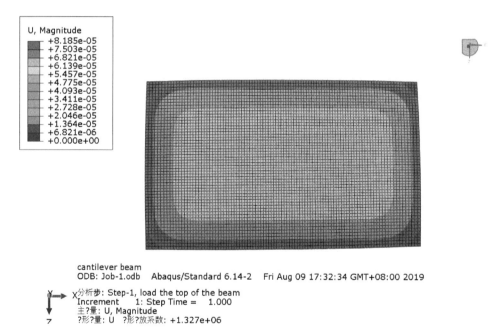

U, Magnitude
+8.185e-05
+7.503e-05
+6.821e-05
+6.139e-05
+5.457e-05
+4.775e-05
+4.093e-05
+3.411e-05
+2.728e-05
+2.046e-05
+1.364e-05
+6.821e-06
+0.000e+00

Y
X
Z
cantilever beam
ODB: Job-1.odb   Abaqus/Standard 6.14-2   Fri Aug 09 17:32:34 GMT+08:00 2019
分析步: Step-1, load the top of the beam
Increment   1: Step Time =   1.000
主?量: U, Magnitude
?形?量: U   ?形?放系数: +1.327e+06

W19 石板正常使用条件下的积分点变形云图

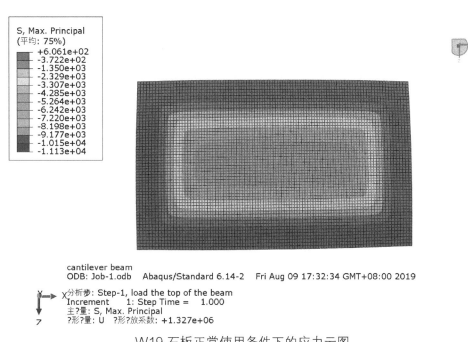

S, Max. Principal
(平均: 75%)
+6.061e+02
-3.722e+02
-1.350e+03
-2.329e+03
-3.307e+03
-4.285e+03
-5.264e+03
-6.242e+03
-7.220e+03
-8.198e+03
-9.177e+03
-1.015e+04
-1.113e+04

cantilever beam
ODB: Job-1.odb   Abaqus/Standard 6.14-2   Fri Aug 09 17:32:34 GMT+08:00 2019

X 分析步: Step-1, load the top of the beam
Increment   1: Step Time =   1.000
主?量: S, Max. Principal
?形?量: U   ?形?放系数: +1.327e+06

W19 石板正常使用条件下的应力云图

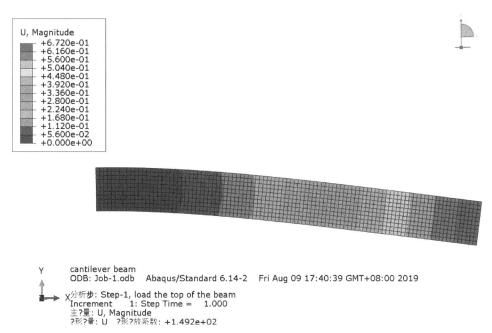

U, Magnitude
+6.720e-01
+6.160e-01
+5.600e-01
+5.040e-01
+4.480e-01
+3.920e-01
+3.360e-01
+2.800e-01
+2.240e-01
+1.680e-01
+1.120e-01
+5.600e-02
+0.000e+00

cantilever beam
ODB: Job-1.odb   Abaqus/Standard 6.14-2   Fri Aug 09 17:40:39 GMT+08:00 2019

X 分析步: Step-1, load the top of the beam
Increment   1: Step Time =   1.000
主?量: U, Magnitude
?形?量: U   ?形?放系数: +1.492e+02

假设 W19 石板处于极限使用条件时在人群动荷载作用下积分点变形云图

cantilever beam
ODB: Job-1.odb   Abaqus/Standard 6.14-2   Fri Aug 09 17:40:39 GMT+08:00 2019

分析步: Step-1, load the top of the beam
Increment   1: Step Time =   1.000
主?量: S, Max. Principal
?形?量: U   ?形?放系数: +1.492e+02

假设 W19 石板处于极限使用条件时在人群动荷载作用下应力云图

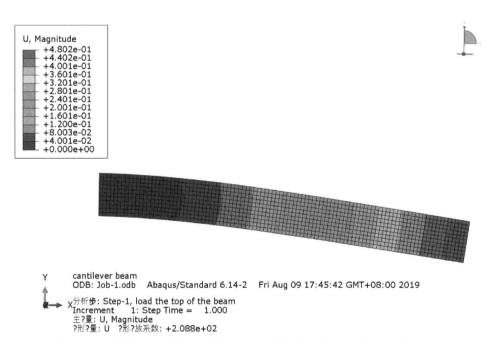

cantilever beam
ODB: Job-1.odb   Abaqus/Standard 6.14-2   Fri Aug 09 17:45:42 GMT+08:00 2019

分析步: Step-1, load the top of the beam
Increment   1: Step Time =   1.000
主?量: U, Magnitude
?形?量: U   ?形?放系数: +2.088e+02

假设 W19 石板处于极限使用条件时在人群静荷载作用下积分点变形云图

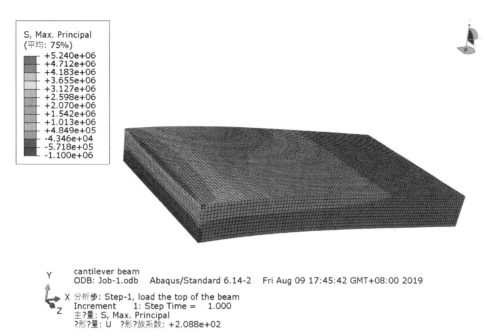

假设 W19 石板处于极限使用条件时在人群静荷载作用下应力云图

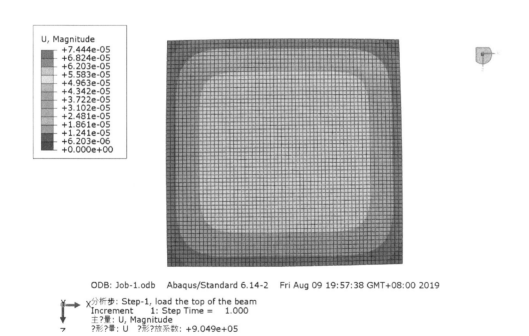

W11 石板正常使用条件下的积分点变形云图

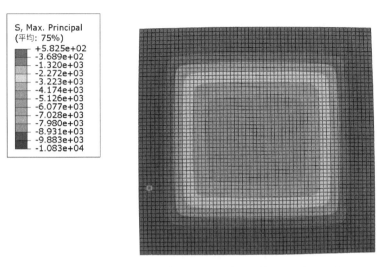

S, Max. Principal
(平均: 75%)
+5.825e+02
-3.689e+02
-1.320e+03
-2.272e+03
-3.223e+03
-4.174e+03
-5.126e+03
-6.077e+03
-7.028e+03
-7.980e+03
-8.931e+03
-9.883e+03
-1.083e+04

ODB: Job-1.odb　Abaqus/Standard 6.14-2　Fri Aug 09 19:57:38 GMT+08:00 2019

分析步: Step-1, load the top of the beam
Increment　　1: Step Time =　　1.000
主?量: S, Max. Principal
?形?量: U　?形?放系数: +9.049e+05

W11 石板正常使用条件下的应力云图

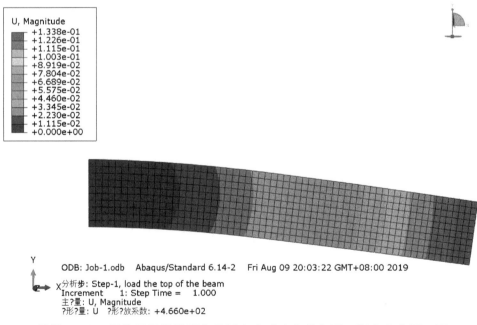

U, Magnitude
+1.338e-01
+1.226e-01
+1.115e-01
+1.003e-01
+8.919e-02
+7.804e-02
+6.689e-02
+5.575e-02
+4.460e-02
+3.345e-02
+2.230e-02
+1.115e-02
+0.000e+00

ODB: Job-1.odb　Abaqus/Standard 6.14-2　Fri Aug 09 20:03:22 GMT+08:00 2019

分析步: Step-1, load the top of the beam
Increment　　1: Step Time =　　1.000
主?量: U, Magnitude
?形?量: U　?形?放系数: +4.660e+02

假设 W11 石板处于极限使用条件时在人群动荷载作用下积分点变形云图

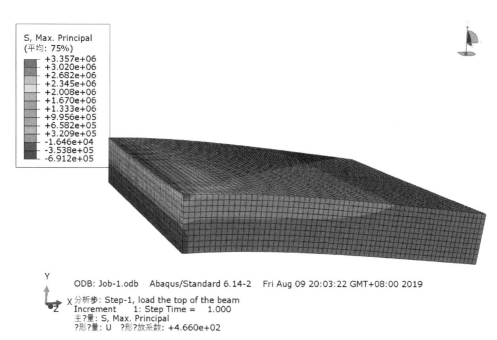

S, Max. Principal
(平均: 75%)
+3.357e+06
+3.020e+06
+2.682e+06
+2.345e+06
+2.008e+06
+1.670e+06
+1.333e+06
+9.956e+05
+6.582e+05
+3.209e+05
-1.646e+04
-3.538e+05
-6.912e+05

Y
X
Z

ODB: Job-1.odb   Abaqus/Standard 6.14-2   Fri Aug 09 20:03:22 GMT+08:00 2019
分析步: Step-1, load the top of the beam
Increment   1: Step Time =   1.000
主?量: S, Max. Principal
?形?量: U   ?形?放系数: +4.660e+02

假设 W11 石板处于极限使用条件时在人群动荷载作用下应力云图

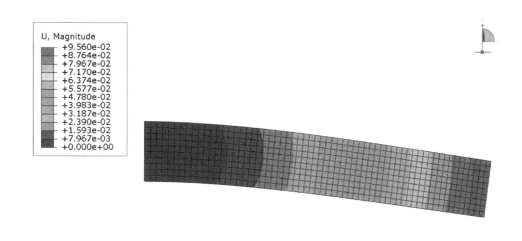

U, Magnitude
+9.560e-02
+8.764e-02
+7.967e-02
+7.170e-02
+6.374e-02
+5.577e-02
+4.780e-02
+3.983e-02
+3.187e-02
+2.390e-02
+1.593e-02
+7.967e-03
+0.000e+00

Y
X
Z

ODB: Job-1.odb   Abaqus/Standard 6.14-2   Fri Aug 09 20:09:13 GMT+08:00 2019
分析步: Step-1, load the top of the beam
Increment   1: Step Time =   1.000
主?量: U, Magnitude
?形?量: U   ?形?放系数: +6.521e+02

假设 W11 石板处于极限使用条件时在人群静荷载作用下积分点变形云图

391

ODB: Job-1.odb   Abaqus/Standard 6.14-2   Fri Aug 09 20:09:13 GMT+08:00 2019
分析步: Step-1, load the top of the beam
Increment   1: Step Time =   1.000
主?量: S, Max. Principal
?形?量: U   ?形?放系数: +6.521e+02

假设 W11 石板处于极限使用条件时在人群静荷载作用下应力云图

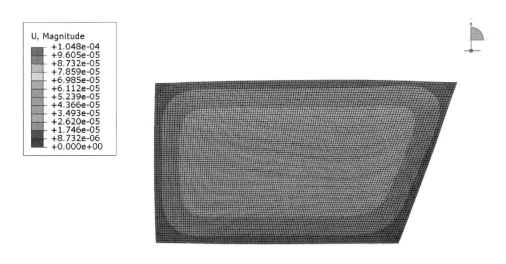

ODB: Job-1.odb   Abaqus/Standard 6.14-2   Fri Aug 09 21:09:41 GMT+08:00 2019
分析步: Step-1, load the top of the beam
Increment   1: Step Time =   1.000
主?量: U, Magnitude
?形?量: U   ?形?放系数: +1.448e+06

W9 石板正常使用条件下的积分点变形云图

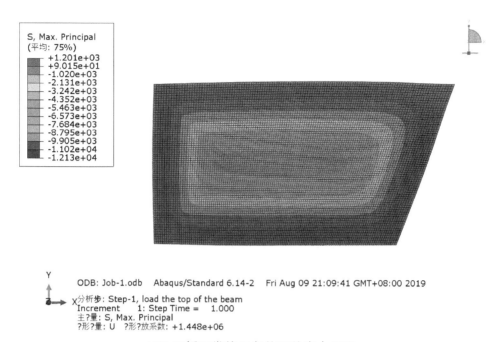

S, Max. Principal
(平均: 75%)
+1.201e+03
+9.015e+01
-1.020e+03
-2.131e+03
-3.242e+03
-4.352e+03
-5.463e+03
-6.573e+03
-7.684e+03
-8.795e+03
-9.905e+03
-1.102e+04
-1.213e+04

ODB: Job-1.odb   Abaqus/Standard 6.14-2   Fri Aug 09 21:09:41 GMT+08:00 2019
分析步: Step-1, load the top of the beam
Increment   1: Step Time =   1.000
主?量: S, Max. Principal
?形?量: U   ?形?放系数: +1.448e+06

W9 石板正常使用条件下的应力云图

U, Magnitude
+9.626e-01
+8.824e-01
+8.022e-01
+7.220e-01
+6.418e-01
+5.615e-01
+4.813e-01
+4.011e-01
+3.209e-01
+2.407e-01
+1.604e-01
+8.022e-02
+0.000e+00

ODB: Job-1.odb   Abaqus/Standard 6.14-2   Fri Aug 09 21:16:32 GMT+08:00 2019
分析步: Step-1, load the top of the beam
Increment   1: Step Time =   1.000
主?量: U, Magnitude
?形?量: U   ?形?放系数: +1.457e+02

假设 W9 石板处于极限使用条件时在人群动荷载作用下积分点变形云图

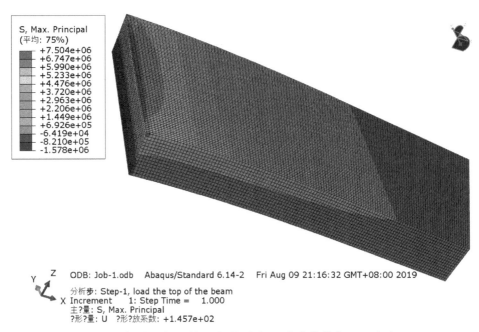

S, Max. Principal
(平均: 75%)
+7.504e+06
+6.747e+06
+5.990e+06
+5.233e+06
+4.476e+06
+3.720e+06
+2.963e+06
+2.206e+06
+1.449e+06
+6.926e+05
-6.419e+04
-8.210e+05
-1.578e+06

ODB: Job-1.odb   Abaqus/Standard 6.14-2   Fri Aug 09 21:16:32 GMT+08:00 2019
分析步: Step-1, load the top of the beam
Increment   1: Step Time =   1.000
主?量: S, Max. Principal
?形?量: U   ?形?放系数: +1.457e+02

假设 W9 石板处于极限使用条件时在人群动荷载作用下应力云图

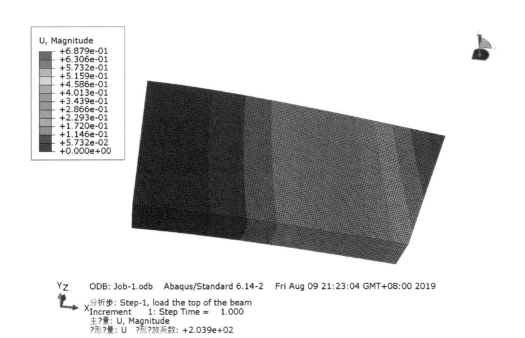

U, Magnitude
+6.879e-01
+6.306e-01
+5.732e-01
+5.159e-01
+4.586e-01
+4.013e-01
+3.439e-01
+2.866e-01
+2.293e-01
+1.720e-01
+1.146e-01
+5.732e-02
+0.000e+00

ODB: Job-1.odb   Abaqus/Standard 6.14-2   Fri Aug 09 21:23:04 GMT+08:00 2019
分析步: Step-1, load the top of the beam
Increment   1: Step Time =   1.000
主?量: U, Magnitude
?形?量: U   ?形?放系数: +2.039e+02

假设 W9 石板处于极限使用条件时在人群静荷载作用下积分点变形云图

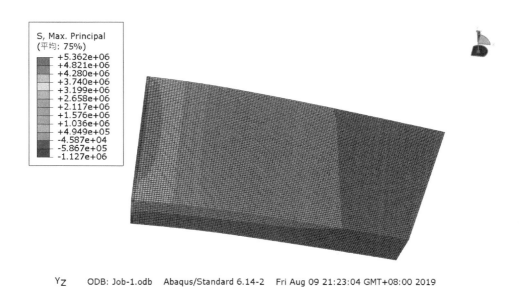

ODB: Job-1.odb Abaqus/Standard 6.14-2　Fri Aug 09 21:23:04 GMT+08:00 2019
分析步: Step-1, load the top of the beam
Increment　　1: Step Time =　1.000
主?量: S, Max. Principal
?形?量: U　?形?放系数: +2.039e+02

假设 W9 石板处于极限使用条件时在人群静荷载作用下应力云图

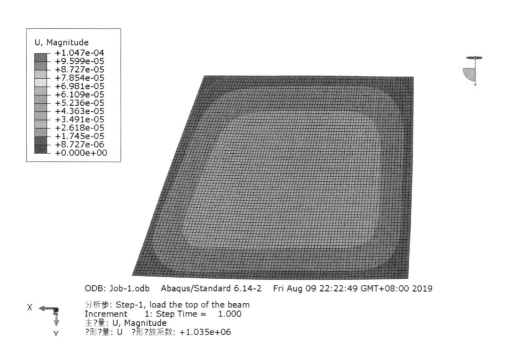

ODB: Job-1.odb　Abaqus/Standard 6.14-2　Fri Aug 09 22:22:49 GMT+08:00 2019
分析步: Step-1, load the top of the beam
Increment　　1: Step Time =　1.000
主?量: U, Magnitude
?形?量: U　?形?放系数: +1.035e+06

W8 石板正常使用条件下的积分点变形云图

395

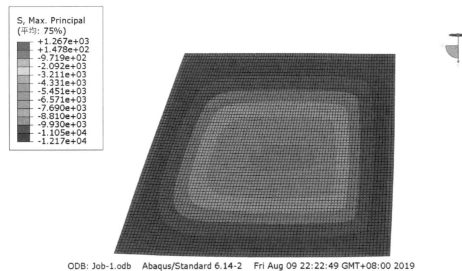

W8 石板正常使用条件下的应力云图

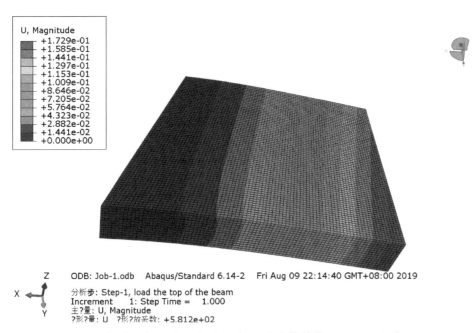

假设 W8 石板处于极限使用条件时在人群动荷载作用下积分点变形云图

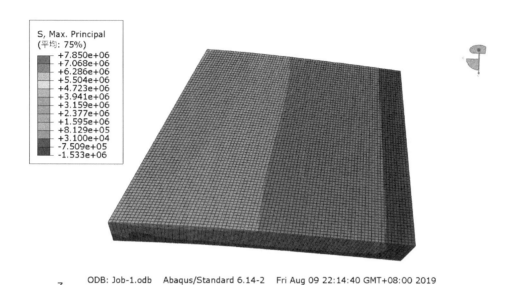

假设 W8 石板处于极限使用条件时在人群动荷载作用下应力云图

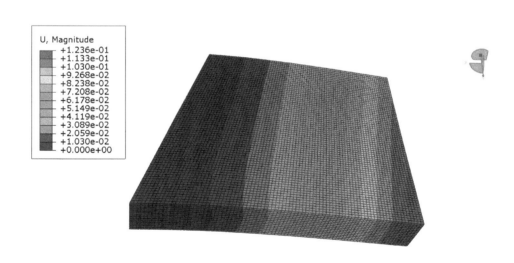

假设 W8 石板处于极限使用条件时在人群静荷载作用下积分点变形云图

ODB: Job-1.odb   Abaqus/Standard 6.14-2   Fri Aug 09 22:28:00 GMT+08:00 2019

分析步: Step-1, load the top of the beam
Increment   1: Step Time =   1.000
主?量: S, Max. Principal
?形?量: U   ?形?放系数: +8.134e+02

假设 W8 石板处于极限使用条件时在人群静荷载作用下应力云图

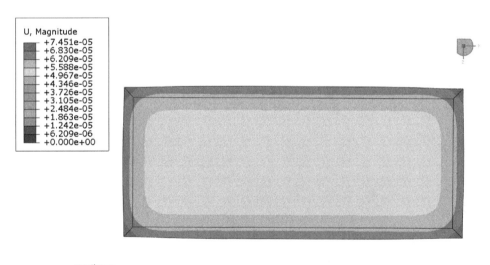

cantilever
ODB: Job-1.odb   Abaqus/Standard 6.14-2   Sat Aug 10 12:16:47 GMT+08:00 2019

分析步: Step-1, load the top of the beam
Increment   1: Step Time =   1.000
主?量: U, Magnitude
?形?量: U   ?形?放系数: +2.100e+06

W6 石板正常使用条件下的积分点变形云图

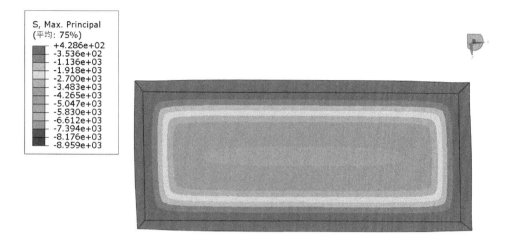

W6 石板正常使用条件下的应力云图

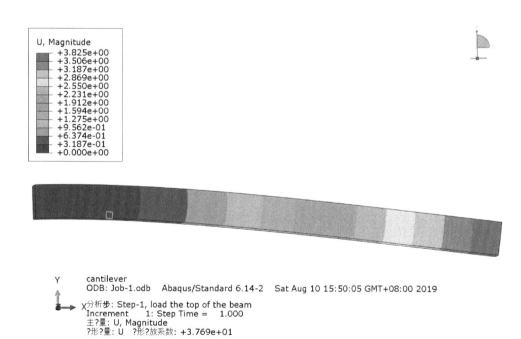

假设 W6 石板处于极限使用条件时在人群动荷载作用下积分点变形云图

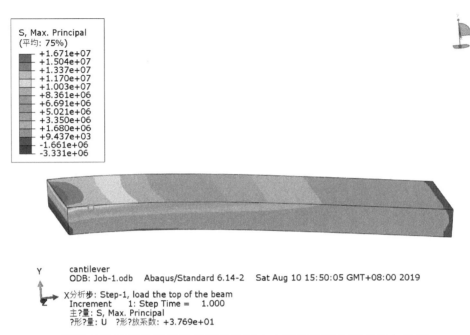

假设 W6 石板处于极限使用条件时在人群动荷载作用下应力云图

假设 W6 石板处于极限使用条件时在人群静荷载作用下积分点变形云图

S, Max. Principal
(平均: 75%)
　　+1.194e+07
　　+1.075e+07
　　+9.556e+06
　　+8.362e+06
　　+7.169e+06
　　+5.975e+06
　　+4.781e+06
　　+3.588e+06
　　+2.394e+06
　　+1.200e+06
　　+6.743e+03
　　-1.187e+06
　　-2.381e+06

Y
X
Z
cantilever
ODB: Job-1.odb　Abaqus/Standard 6.14-2　Sat Aug 10 15:55:11 GMT+08:00 2019
分析步: Step-1, load the top of the beam
Increment　　1: Step Time =　1.000
主?量: S, Max. Principal
?形?量: U　?形?放系数: +5.274e+01

假设 W6 石板处于极限使用条件时在人群静荷载作用下应力云图

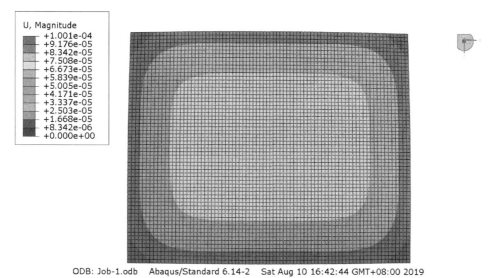

U, Magnitude
　　+1.001e-04
　　+9.176e-05
　　+8.342e-05
　　+7.508e-05
　　+6.673e-05
　　+5.839e-05
　　+5.005e-05
　　+4.171e-05
　　+3.337e-05
　　+2.503e-05
　　+1.668e-05
　　+8.342e-06
　　+0.000e+00

ODB: Job-1.odb　Abaqus/Standard 6.14-2　Sat Aug 10 16:42:44 GMT+08:00 2019
Y
X
Z
分析步: Step-1, load the top of the beam
Increment　　1: Step Time =　1.000
主?量: U, Magnitude
?形?量: U　?形?放系数: +8.671e+05

E3 石板正常使用条件下的积分点变形云图

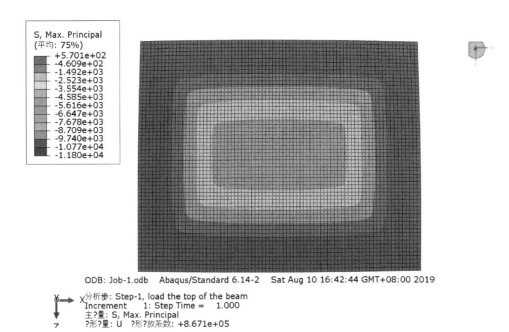

S, Max. Principal
(平均: 75%)
+5.701e+02
−4.609e+02
−1.492e+03
−2.523e+03
−3.554e+03
−4.585e+03
−5.616e+03
−6.647e+03
−7.678e+03
−8.709e+03
−9.740e+03
−1.077e+04
−1.180e+04

ODB: Job-1.odb   Abaqus/Standard 6.14-2   Sat Aug 10 16:42:44 GMT+08:00 2019

Y   X 分析步: Step-1, load the top of the beam
Increment   1: Step Time =   1.000
主?量: S, Max. Principal
?形?量: U   ?形?放系数: +8.671e+05

E3 石板正常使用条件下的应力云图

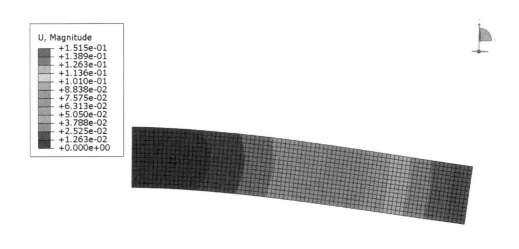

U, Magnitude
+1.515e-01
+1.389e-01
+1.263e-01
+1.136e-01
+1.010e-01
+8.838e-02
+7.575e-02
+6.313e-02
+5.050e-02
+3.788e-02
+2.525e-02
+1.263e-02
+0.000e+00

ODB: Job-1.odb   Abaqus/Standard 6.14-2   Sat Aug 10 16:54:47 GMT+08:00 2019

Y   X 分析步: Step-1, load the top of the beam
Increment   1: Step Time =   1.000
主?量: U, Magnitude
?形?量: U   ?形?放系数: +5.312e+02

假设 E3 石板处于极限使用条件时在人群动荷载作用下积分点变形云图

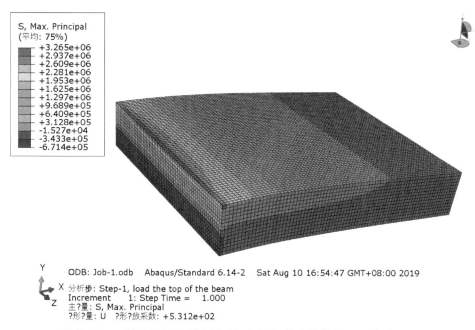

假设 E3 石板处于极限使用条件时在人群动荷载作用下应力云图

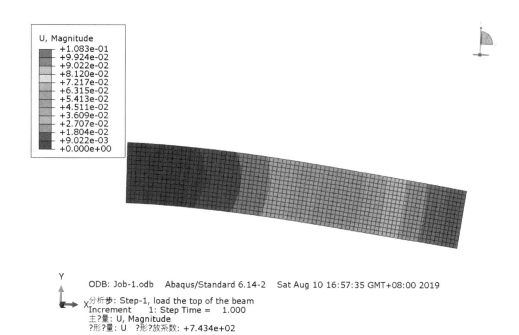

假设 E3 石板处于极限使用条件时在人群静荷载作用下积分点变形云图

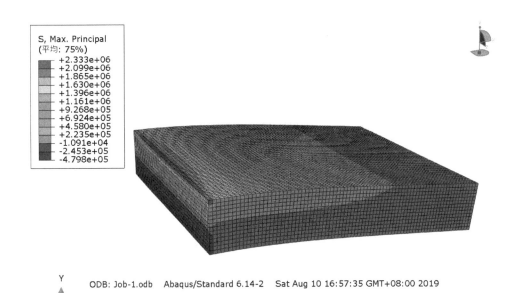

S, Max. Principal
(平均: 75%)
+2.333e+06
+2.099e+06
+1.865e+06
+1.630e+06
+1.396e+06
+1.161e+06
+9.268e+05
+6.924e+05
+4.580e+05
+2.235e+05
-1.091e+04
-2.453e+05
-4.798e+05

ODB: Job-1.odb   Abaqus/Standard 6.14-2   Sat Aug 10 16:57:35 GMT+08:00 2019
X 分析步: Step-1, load the top of the beam
Increment   1: Step Time =   1.000
主?量: S, Max. Principal
?形?量: U   ?形?放系数: +7.434e+02

假设 E3 石板处于极限使用条件时在人群静荷载作用下应力云图

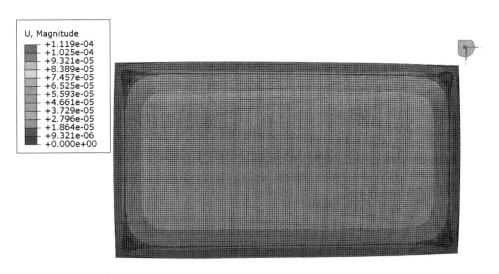

U, Magnitude
+1.119e-04
+1.025e-04
+9.321e-05
+8.389e-05
+7.457e-05
+6.525e-05
+5.593e-05
+4.661e-05
+3.729e-05
+2.796e-05
+1.864e-05
+9.321e-06
+0.000e+00

ODB: Job-1.odb   Abaqus/Standard 6.14-2   Sat Aug 10 20:01:07 GMT+08:00 2019
X 分析步: Step-1, load the top of the beam
Increment   1: Step Time =   1.000
主?量: U, Magnitude
?形?量: U   ?形?放系数: +1.730e+06

E4 石板正常使用条件下的积分点变形云图

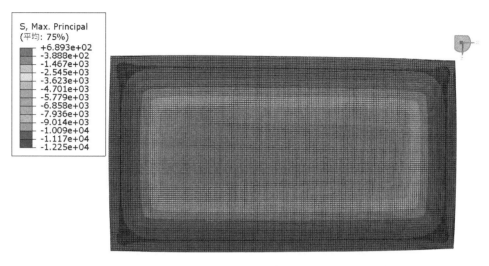

ODB: Job-1.odb　Abaqus/Standard 6.14-2　Sat Aug 10 20:01:07 GMT+08:00 2019

分析步: Step-1, load the top of the beam
Increment　　1: Step Time =　1.000
主?量: S, Max. Principal
?形?量: U　?形?放系数: +1.730e+06

E4 石板正常使用条件下的应力云图

ODB: Job-1.odb　Abaqus/Standard 6.14-2　Sat Aug 10 20:10:23 GMT+08:00 2019

分析步: Step-1, load the top of the beam
Increment　　1: Step Time =　1.000
主?量: U, Magnitude
?形?量: U　?形?放系数: +6.737e+01

假设 E4 石板处于极限使用条件时在人群动荷载作用下积分点变形云图

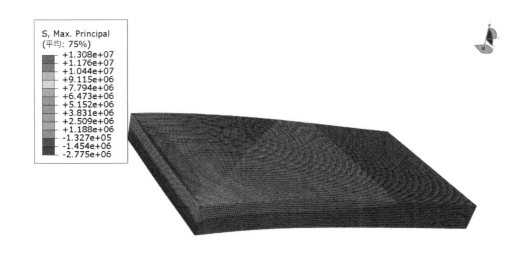

S, Max. Principal
(平均: 75%)
+1.308e+07
+1.176e+07
+1.044e+07
+9.115e+06
+7.794e+06
+6.473e+06
+5.152e+06
+3.831e+06
+2.509e+06
+1.188e+06
-1.327e+05
-1.454e+06
-2.775e+06

ODB: Job-1.odb   Abaqus/Standard 6.14-2   Sat Aug 10 20:10:23 GMT+08:00 2019
分析步: Step-1, load the top of the beam
Increment   1: Step Time =   1.000
主?量: S, Max. Principal
?形?量: U   ?形?放系数: +6.737e+01

假设 E4 石板处于极限使用条件时在人群动荷载作用下应力云图

U, Magnitude
+1.891e+00
+1.733e+00
+1.576e+00
+1.418e+00
+1.261e+00
+1.103e+00
+9.455e-01
+7.879e-01
+6.303e-01
+4.727e-01
+3.152e-01
+1.576e-01
+0.000e+00

ODB: Job-1.odb   Abaqus/Standard 6.14-2   Sat Aug 10 20:23:10 GMT+08:00 2019
分析步: Step-1, load the top of the beam
Increment   1: Step Time =   1.000
主?量: U, Magnitude
?形?量: U   ?形?放系数: +9.428e+01

假设 E4 石板处于极限使用条件时在人群静荷载作用下积分点变形云图

ODB: Job-1.odb Abaqus/Standard 6.14-2 Sat Aug 10 20:23:10 GMT+08:00 2019
分析步: Step-1, load the top of the beam
Increment 1: Step Time = 1.000
主?量: S, Max. Principal
?形?量: U ?形?放系数: +9.428e+01

假设 E4 石板处于极限使用条件时在人群静荷载作用下应力云图

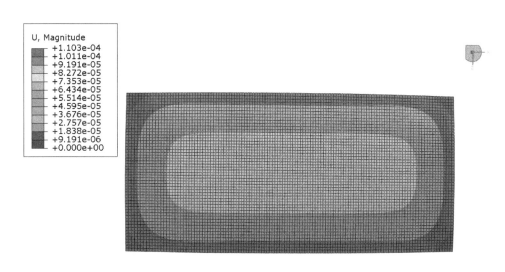

ODB: Job-1.odb Abaqus/Standard 6.14-2 Sat Aug 10 21:17:11 GMT+08:00 2019
分析步: Step-1, load the top of the beam
Increment 1: Step Time = 1.000
主?量: U, Magnitude
?形?量: U ?形?放系数: +1.216e+06

E5 石板正常使用条件下的积分点变形云图

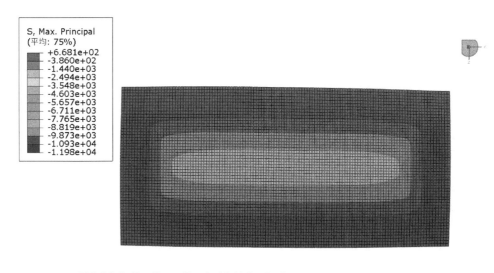

ODB: Job-1.odb   Abaqus/Standard 6.14-2   Sat Aug 10 21:17:11 GMT+08:00 2019

分析步: Step-1, load the top of the beam
Increment   1: Step Time =   1.000
主?量: S, Max. Principal
?形?量: U   ?形?放系数: +1.216e+06

E5 石板正常使用条件下的应力云图

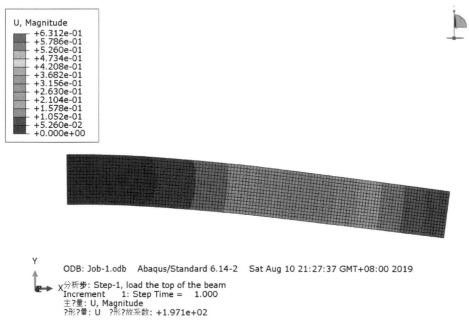

ODB: Job-1.odb   Abaqus/Standard 6.14-2   Sat Aug 10 21:27:37 GMT+08:00 2019

分析步: Step-1, load the top of the beam
Increment   1: Step Time =   1.000
主?量: U, Magnitude
?形?量: U   ?形?放系数: +1.971e+02

假设 E5 石板处于极限使用条件时在人群动荷载作用下积分点变形云图

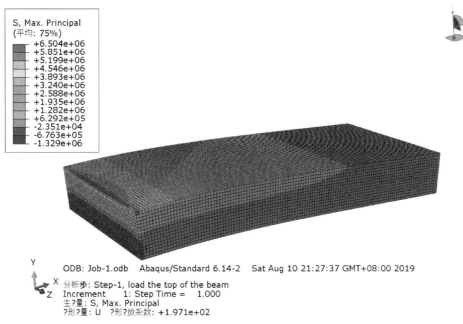

假设 E5 石板处于极限使用条件时在人群动荷载作用下应力云图

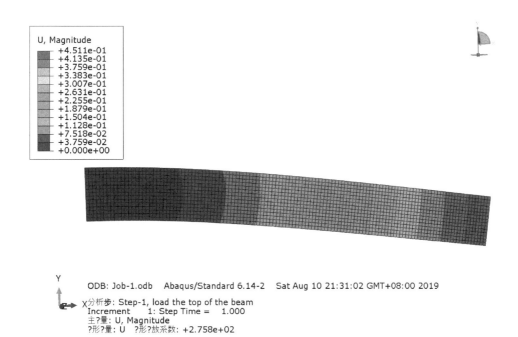

假设 E5 石板处于极限使用条件时在人群静荷载作用下积分点变形云图

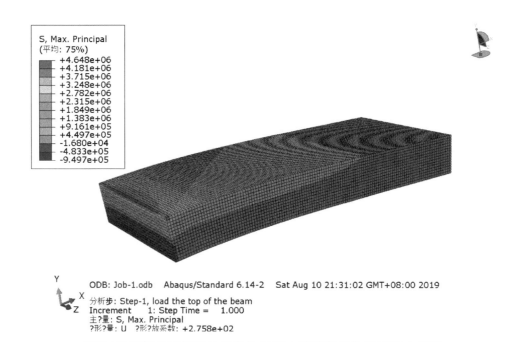

S, Max. Principal
(平均: 75%)
+4.648e+06
+4.181e+06
+3.715e+06
+3.248e+06
+2.782e+06
+2.315e+06
+1.849e+06
+1.383e+06
+9.161e+05
+4.497e+05
-1.680e+04
-4.833e+05
-9.497e+05

ODB: Job-1.odb   Abaqus/Standard 6.14-2   Sat Aug 10 21:31:02 GMT+08:00 2019
分析步: Step-1, load the top of the beam
Increment   1: Step Time =   1.000
主?量: S, Max. Principal
?形?量: U   ?形?放系数: +2.758e+02

假设 E5 石板处于极限使用条件时在人群静荷载作用下应力云图

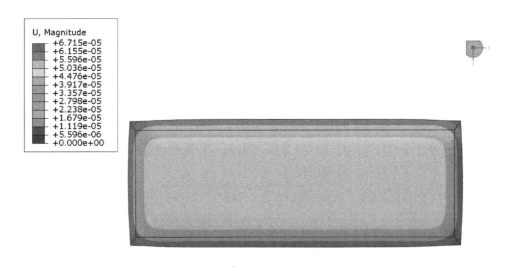

U, Magnitude
+6.715e-05
+6.155e-05
+5.596e-05
+5.036e-05
+4.476e-05
+3.917e-05
+3.357e-05
+2.798e-05
+2.238e-05
+1.679e-05
+1.119e-05
+5.596e-06
+0.000e+00

ODB: Job-1.odb   Abaqus/Standard 6.14-2   Sat Aug 10 21:48:03 GMT+08:00 2019
分析步: Step-1, load the top of the beam
Increment   1: Step Time =   1.000
主?量: U, Magnitude
?形?量: U   ?形?放系数: +3.030e+06

E12 石板正常使用条件下的积分点变形云图

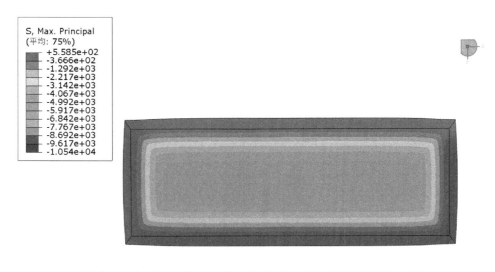

S, Max. Principal
(平均: 75%)
+5.585e+02
-3.666e+02
-1.292e+03
-2.217e+03
-3.142e+03
-4.067e+03
-4.992e+03
-5.917e+03
-6.842e+03
-7.767e+03
-8.692e+03
-9.617e+03
-1.054e+04

ODB: Job-1.odb　Abaqus/Standard 6.14-2　Sat Aug 10 21:48:03 GMT+08:00 2019

分析步: Step-1, load the top of the beam
Increment　　1: Step Time =　1.000
主?量: S, Max. Principal
?形?量: U　?形?放系数: +3.030e+06

E12 石板正常使用条件下的应力云图

U, Magnitude
+1.493e+01
+1.369e+01
+1.245e+01
+1.120e+01
+9.956e+00
+8.712e+00
+7.467e+00
+6.223e+00
+4.978e+00
+3.734e+00
+2.489e+00
+1.245e+00
+0.000e+00

ODB: Job-1.odb　Abaqus/Standard 6.14-2　Sat Aug 10 21:53:22 GMT+08:00 2019

分析步: Step-1, load the top of the beam
Increment　　1: Step Time =　1.000
主?量: U, Magnitude
?形?量: U　?形?放系数: +1.253e+01

假设 E12 石板处于极限使用条件时在人群动荷载作用下积分点变形云图

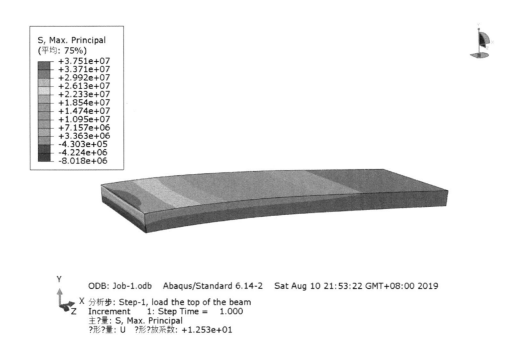

假设 E12 石板处于极限使用条件时在人群动荷载作用下应力云图

假设 E12 石板处于极限使用条件时在人群静荷载作用下积分点变形云图

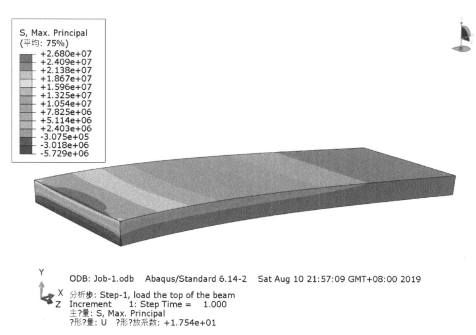

假设 E12 石板处于极限使用条件时在人群静荷载作用下应力云图

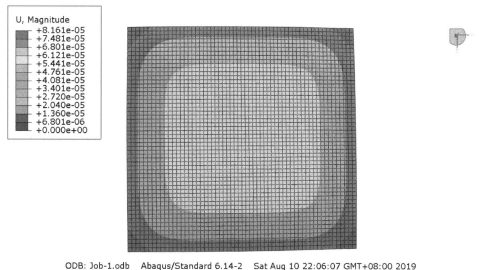

E10 石板正常使用条件下的积分点变形云图

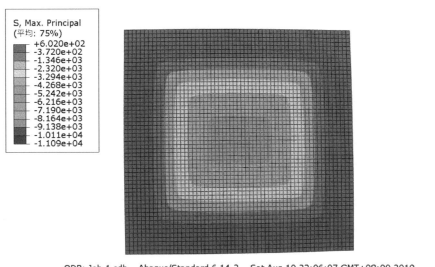

E10 石板正常使用条件下的应力云图

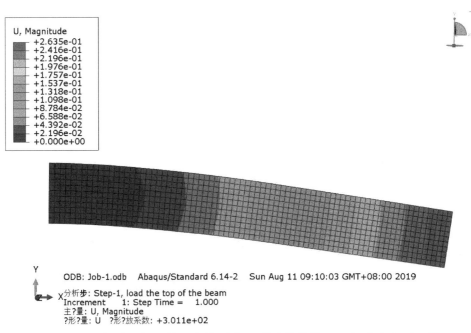

假设 E10 石板处于极限使用条件时在人群动荷载作用下积分点变形云图

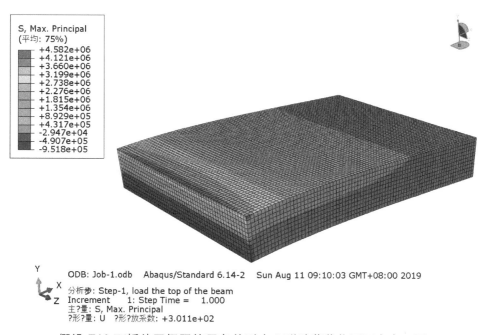

假设 E10 石板处于极限使用条件时在人群动荷载作用下应力云图

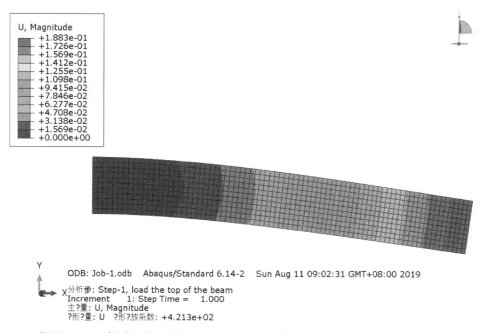

假设 E10 石板处于极限使用条件时在人群静荷载作用下积分点变形云图

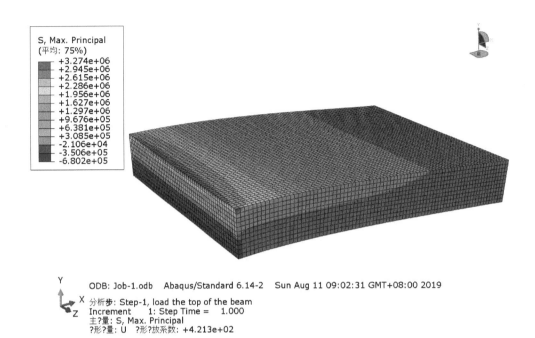

假设 E10 石板处于极限使用条件时在人群静荷载作用下应力云图

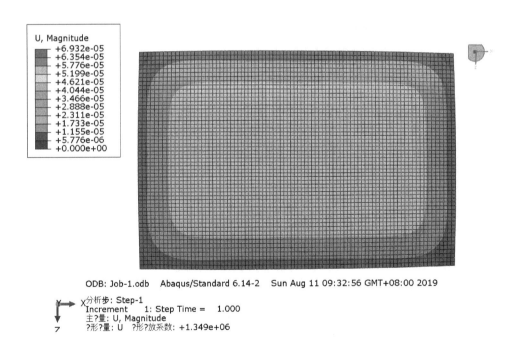

E13 石板正常使用条件下的积分点变形云图

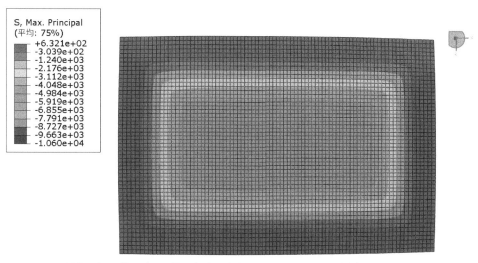

S, Max. Principal
(平均: 75%)
+6.321e+02
-3.039e+02
-1.240e+03
-2.176e+03
-3.112e+03
-4.048e+03
-4.984e+03
-5.919e+03
-6.855e+03
-7.791e+03
-8.727e+03
-9.663e+03
-1.060e+04

ODB: Job-1.odb   Abaqus/Standard 6.14-2   Sun Aug 11 09:32:56 GMT+08:00 2019

分析步: Step-1
Increment   1: Step Time =   1.000
主?量: S, Max. Principal
?形?量: U   ?形?放系数: +1.349e+06

E13 石板正常使用条件下的应力云图

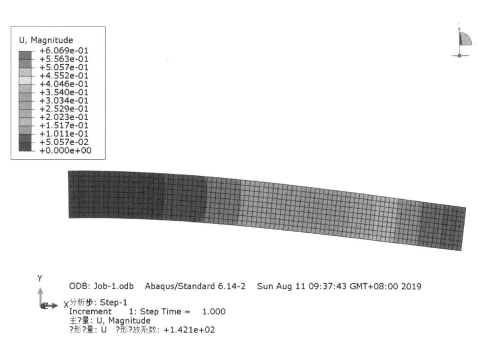

U, Magnitude
+6.069e-01
+5.563e-01
+5.057e-01
+4.552e-01
+4.046e-01
+3.540e-01
+3.034e-01
+2.529e-01
+2.023e-01
+1.517e-01
+1.011e-01
+5.057e-02
+0.000e+00

ODB: Job-1.odb   Abaqus/Standard 6.14-2   Sun Aug 11 09:37:43 GMT+08:00 2019

分析步: Step-1
Increment   1: Step Time =   1.000
主?量: U, Magnitude
?形?量: U   ?形?放系数: +1.421e+02

假设 E13 石板处于极限使用条件时在人群动荷载作用下积分点变形云图

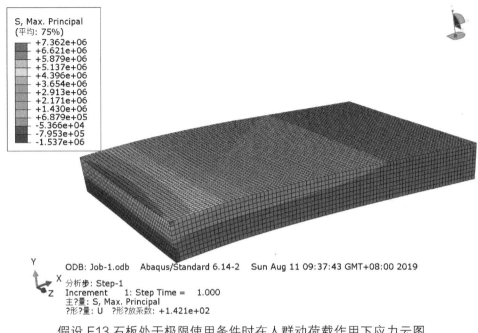

S, Max. Principal
(平均: 75%)
+7.362e+06
+6.621e+06
+5.879e+06
+5.137e+06
+4.396e+06
+3.654e+06
+2.913e+06
+2.171e+06
+1.430e+06
+6.879e+05
-5.366e+04
-7.953e+05
-1.537e+06

ODB: Job-1.odb   Abaqus/Standard 6.14-2   Sun Aug 11 09:37:43 GMT+08:00 2019
分析步: Step-1
Increment   1: Step Time =   1.000
主?量: S, Max. Principal
?形?量: U   ?形?放系数: +1.421e+02

假设 E13 石板处于极限使用条件时在人群动荷载作用下应力云图

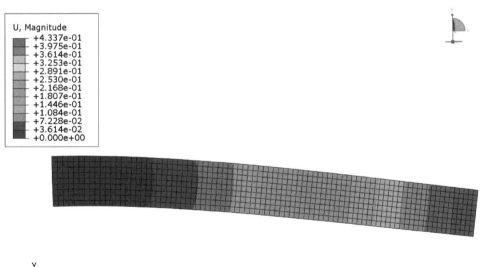

U, Magnitude
+4.337e-01
+3.975e-01
+3.614e-01
+3.253e-01
+2.891e-01
+2.530e-01
+2.168e-01
+1.807e-01
+1.446e-01
+1.084e-01
+7.228e-02
+3.614e-02
+0.000e+00

ODB: Job-1.odb   Abaqus/Standard 6.14-2   Sun Aug 11 09:40:35 GMT+08:00 2019
分析步: Step-1
Increment   1: Step Time =   1.000
主?量: U, Magnitude
?形?量: U   ?形?放系数: +1.988e+02

假设 E13 石板处于极限使用条件时在人群静荷载作用下积分点变形云图

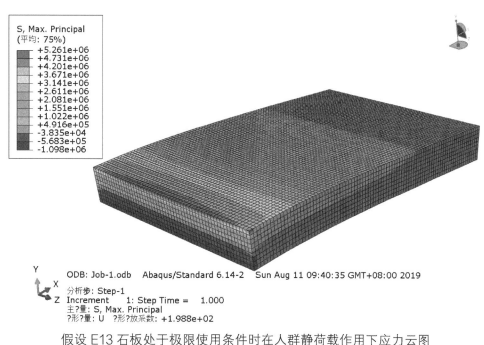

假设 E13 石板处于极限使用条件时在人群静荷载作用下应力云图

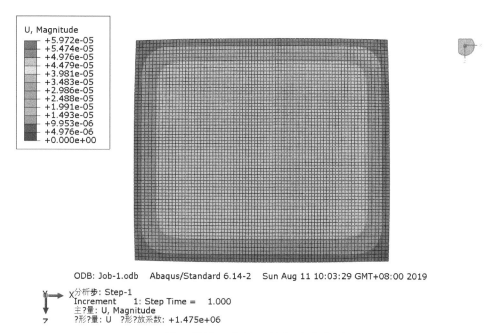

E15 石板正常使用条件下的积分点变形云图

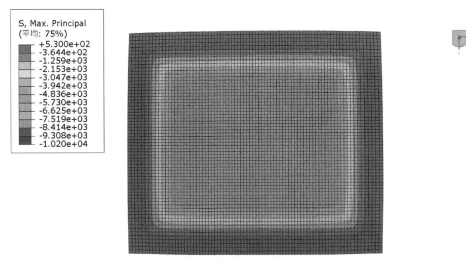

S, Max. Principal
(平均: 75%)
+5.300e+02
-3.644e+02
-1.259e+03
-2.153e+03
-3.047e+03
-3.942e+03
-4.836e+03
-5.730e+03
-6.625e+03
-7.519e+03
-8.414e+03
-9.308e+03
-1.020e+04

ODB: Job-1.odb   Abaqus/Standard 6.14-2   Sun Aug 11 10:03:29 GMT+08:00 2019

分析步: Step-1
Increment   1: Step Time =   1.000
主?量: S, Max. Principal
?形?量: U   ?形?放系数: +1.475e+06

E15 石板正常使用条件下的应力云图

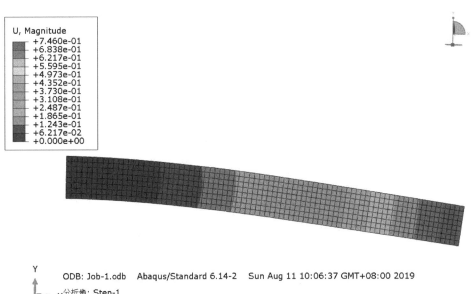

U, Magnitude
+7.460e-01
+6.838e-01
+6.217e-01
+5.595e-01
+4.973e-01
+4.352e-01
+3.730e-01
+3.108e-01
+2.487e-01
+1.865e-01
+1.243e-01
+6.217e-02
+0.000e+00

ODB: Job-1.odb   Abaqus/Standard 6.14-2   Sun Aug 11 10:06:37 GMT+08:00 2019

分析步: Step-1
Increment   1: Step Time =   1.000
主?量: U, Magnitude
?形?量: U   ?形?放系数: +1.088e+02

假设 E15 石板处于极限使用条件时在人群动荷载作用下积分点变形云图

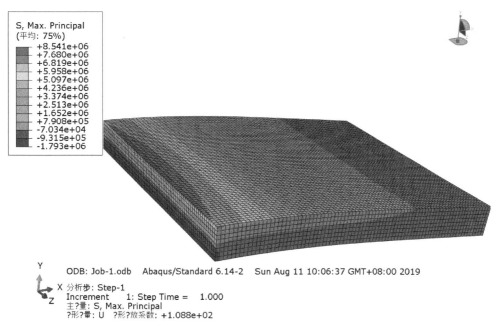

假设 E15 石板处于极限使用条件时在人群动荷载作用下应力云图

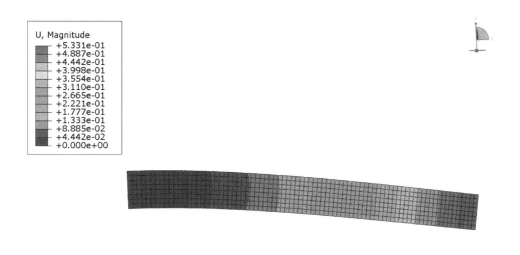

假设 E15 石板处于极限使用条件时在人群静荷载作用下积分点变形云图

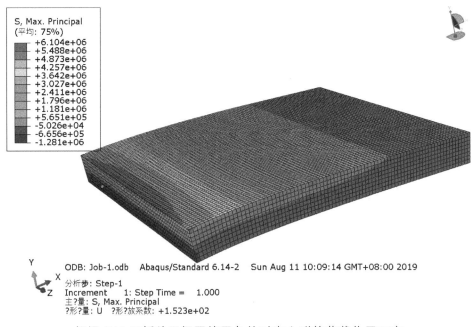

S, Max. Principal
(平均: 75%)
+6.104e+06
+5.488e+06
+4.873e+06
+4.257e+06
+3.642e+06
+3.027e+06
+2.411e+06
+1.796e+06
+1.181e+06
+5.651e+05
-5.026e+04
-6.656e+05
-1.281e+06

Y
X
Z
ODB: Job-1.odb   Abaqus/Standard 6.14-2   Sun Aug 11 10:09:14 GMT+08:00 2019
分析步: Step-1
Increment   1: Step Time =   1.000
主?量: S, Max. Principal
?形?量: U   ?形?放系数: +1.523e+02

假设 E15 石板处于极限使用条件时在人群静荷载作用下应

7.3 小结

分析数据可知，采用理论计算和数值模拟得出的结果相差不大，两种方法均具有足够的可靠性。而数值模拟法可以更加清晰直观地反映出石板上每一个点的受力变形情况。

岩石材料的抗拉强度远远小于其抗压强度，在分析评价石板受力的安全性时，应着重分析石板所受到的最大拉应力。《工程地质手册（第5版）》岩石力学性质指标的经验数据中，对于花岗岩的抗压强度取值建议为 100 兆帕～250 兆帕，抗拉强度为 7 兆帕～15 兆帕。正常使用过程中，石板所受到的拉应力大约为 400 兆帕～1000 帕之间，压应力为 0.01 兆帕左右，远小于花岗岩的抗拉、抗压强度度，变形极小，石板可以安全的工作。当石板处于非正常使用状态时，比如石板上站满了人，并且石板底下出现空洞时，虽然压应力远小于其抗压强度，但是石板的拉应力会很大，大多在 5 兆帕左右，有点甚至达到 13 兆帕、17 兆帕、38 兆帕。且石板越长、越薄，拉应力越大。即石板在正常使用状态下，可以承受行人动、静荷载作用；然而，部分石板因部分地基土流失而悬空，而处于非正常使用状态下，这些石板将在行人动、静作用下产生较大的拉应力和竖向位移。如 E12 和 W6 在非正常使用使会产生 27 兆帕～38 兆帕和 12 兆帕～17 兆帕的拉应力，该拉应力值大于花岗岩的最大抗拉强度（不超过 15 兆帕），所以，石板在这种非正常使用状态下会折断。总之，对于厚度较小、长度较大的石板

（如 E12、W6）会比较容易发生断裂，应该铺好垫层，防止石板受力不均匀。

因此，为了使石板能够承受足够的荷载，石板下部垫土应当平整且密实，尽量避免出现凸起和空腔。

8. 结论与建议

8.1 石板的周边环境

御道整体南高北低、西高东低、中间高两侧低。最高点在最南端的平地中间道路部分，最低点在西侧御道最北端的凹槽鹅卵石路，高差是 1052 毫米。其中，西侧御道检测区的最高点在 W16 石板的东南角，最低点在 W1、W2 石板的北端，高差是 105 毫米；东侧御道检测区的最高点在 E18 石板的西南角，最低点在 E15 石板的东南角，高差是 121 毫米。

御道石板为整个路面（甚至整个公园）最低处，石板外侧为人工草地。草地外侧为花岗岩台阶，台阶外侧还是人工草地。御道外侧草地的土壤含水率低于台阶外侧的土壤相应值，而高于御道内部的土壤相应值，说明御道内土壤的水分可能受到外侧草地的补给。

提出以下建议：

（1）将御道周边降低，防止雨水汇集到御道石板；

（2）铲除石板外侧的草地并作硬化处理，或者采取工程措施（如止水帷幕）来阻隔石板外侧草地的浇水向石板补给；

（3）石板间存在缝隙进行灌浆，表面采用传统油灰进行勾缝。防止水渗到石板下方，导致垫层土流失、软化；

（4）重新设置排水系统，保证降水可以及时、顺畅地从御道石板排走。

8.2 石板病害

石板的病害比较严重，主要的病害是积尘、黏土附着、植物病害、微生物病害。本次共调查东、西两侧 23.34 平方米的石板，其中积尘、黏土附着、植物病害、微生物病害、人为污染、铁锈、表面溶蚀、黑色结壳、动物病害、残缺分别占总调查面积的79%、20%、31%、12%、2.24%、0.27%、0.4%、1.27%、0.07%、0.02%（由于病害类型可以重复，故病害面积总和大于100%）。石板病害程度主要为轻微，个别为中等程度，但是某些人为污染、铁锈、黑色结壳、残缺等造成游人视觉上不舒服。

提出以下建议：

（1）人工去除石板周边及表面的植物、苔藓，并进行抗藻处理；

（2）对于石板上的铁锈和黑色结壳等病害，可以采用蒸汽或激光清洗等专业手段进行无损清洗；

（3）对于残缺石板进行补缺。

8.3 石板的工程性质和风化程度

经过薄片镜下鉴定、XRD 矿物成分、XRF 化学成分测试，得知石板石材为花岗岩（花岗岩强度高、耐风化），主要含石英、长石矿物，含少量云母。石板的工程性质较好，其密度大（2.60 克 / 立方厘米）、吸水率小（1%）、孔隙率小（3%）。石板的强度和硬度高，平均里氏硬度值为 755，平均回弹值为 62.5，抗压强度较高，平均值为 141 兆帕，在回弹强度与里氏硬度强度的相互验证下，有理由相信回弹强度与里氏硬度强度计算结果都是可靠的。石板的波速较大（5145 米 / 秒），风化较轻，大部分石板为未风化和微风化，个别石板为弱风化。钻入阻力数据显示，石板的风化深度不超过 2 毫米。石板内部无裂隙，仅 E9 石板表面有长约 15 厘米、深约 2 厘米的裂隙。

提出以下建议：

（1）目前石板的强度较高、风化程度较弱，且对于花岗岩而言，抗风化能力较好，故可以不对石板进行抗风化处理；

（2）对有裂隙的石板如 E9）进行加固处治，如灌浆加固，对于已经断裂的石板则进行粘接处理；

（3）由于仅掀开了部分石板，建议对所有的石板有无裂隙及裂隙发育程度进行详细勘察（包括内部裂隙和表面裂隙）。

8.4 石板垫层成分和地基土性质

人工掀开东侧御道的 E6、E13 石板和西侧御道的 W4、W19 石板，发现 E13 和 W19 下方布满三合土（厚度约 3 厘米），石板四周有纯度较高的石灰；而 E6 和 W4 下方无三合土垫层，仅石板四周有纯度较高的石灰。纯度较高的石灰分布于石板四周缝隙下方，分析这是石板铺就后在石板四周的缝隙内人工灌入石灰浆。

（1）三合土的比例和成分

经 XRD 测试可知，御道石板下方三合土中方解石（$CaCO_3$）含量为 28.7–34.2%

（质量百分比）。根据 Ca（OH）$_2$ 和 CaCO$_3$ 摩尔质量的换算关系以及熟石灰和土的密度，可以认为三合土中的灰土比（体积比）为 2:8，即该三合土为俗称的二八土。另外，经过对 3 组三合土进行颗分，发现粒径大于 2 毫米的占 1.3%、8.1%、12.2%，说明三合土中没有掺加砂子。根据 XRD 的测试结果，可知三合土仅有熟石灰和土。

（2）石板地基土主要为细砂和粉砂，抗剪强度值较高，满足地基的整体稳定性，地基承载力计算结果为 234.775 千帕。然而，石板地基土的含水率较高（可达 20%），并且地基土中含有约 20% 左右的黏土矿物（以伊利石和绿泥石为主），黏土矿物具有吸水膨胀、失水收缩的性质，在地表水（降水、浇水）的反复循环作用下，导致部分地基土流失。测平仪的测试结果也显示，石板表面不平整：西侧石板高度相差 105 毫米，而东侧石板高度相差 121 毫米，石板悬空后容易产生较大的拉应力。

提出以下建议：

1）对御道石板进行平整、归安，减少平整度；

2）采取措施（如改善排水系统、铺设垫层等）保证石板下方的地基土在若干年内不发生流失，杜绝石板悬空。按照文物保护的原则在石板下方加固或重铺垫层。

8.5 石板的安全性评价

经理论分析和数值计算，可知：石板在正常使用状态下，可以承受行人动、静荷载作用；然而，部分石板因部分地基土流失而悬空，而处于非正常使用状态下，这些石板将在行人动、静作用下产生较大的拉应力和竖向位移。对于厚度较小、长度较大的石板（如 E12、W6）将容易发生断裂。

提出以下建议：在保证石板下方垫层均匀、不流失的条件下，可以打开玻璃护罩使石板供行人行走，但不建议车辆驶入石板上。

后　记

从此检测项目开始，许立华所长、韩扬老师、关建光老师、黎冬青老师给予了大量的支持和建议，居敬泽、杜德杰、姜玲、胡睿、王丹艺、房瑞、刘通等同志，在开展勘察、测绘、摄影、资料搜集、检测等方面做了大量工作。在此致以诚挚的感谢。

本书虽已付梓，但仍感有诸多不足之处。对于北京石质文物本体及其预防性保护研究仍然需要长期细致认真的工作，我们将继续努力研究探索。至此再次感谢为本书出版给予帮助、支持的每一位领导、同事、朋友，感谢每一位读者，并期待大家的批评和建议。

张　涛

2020 年 8 月 11 日